われらはチンパンジーにあらず

ヒト遺伝子の探求

ジェレミー・テイラー 著

鈴木光太郎 訳

新曜社

JEREMY TAYLOR
NOT A CHIMP
The hunt to find the genes that make us human

この本の出版を見ることなく亡くなったウィルマーと、
その助力なくしてはこの本がありえなかったバーバラに捧げる。

まえがき

多くの点で、本書は、テレビの科学番組を制作するなかで積もりに積もった欲求不満から生まれた。霊長類の比較認知研究、そしてヒトとその近縁の霊長類との類似性と差異についての考えはずっと私のまわりにあったが、それらを科学ドキュメンタリーとしてうまく料理できずにいた。動物の認知の比較と進化というテーマを四半世紀以上にわたって見続けてきたおかげで、いまやっと橋の下を流れる厖大な水の流れを見つめることができるようになった。流行は来ては去る。ヒトと類人猿の心の類似性——あるいは差異——の見方については、とくにそれが言える。

私は、アメリカ式手話を使って種の壁を越えて意思を伝えたチンパンジー、ワシューを撮った『ホライズン』の最初の科学ドキュメンタリーのことを思い出す。そしてその後、ボノボのカンジが単語を示す記号のキーボードを叩いた。彼らは、スー・サヴェージ＝ランボーの言うように、「人間の心の片鱗」をのぞかせる類人猿だった。

1988年、BBCの科学番組『アンテナ』を制作していた頃、アンドリュー・ホワイトゥンとディック・バーンの著書『マキャヴェリ的知性』の見本刷りがオフィスのドアマットの上にドサッと届いた時のことは、はっきり覚えている。その時を境に、霊長類学はとても刺激的なものになった。ほんとうに、霊長類は、とりわけチンパンジーのような大型類人猿は、かの有名なフィレンツェの政治家のように、狡猾で、卑劣で、ずる賢く、そして相手を操るのに長けているのだろうか？　彼らは、相手の心の奥深くまで入り込んで、相手がなにを思い、なにを望んでいるかを知り、その情報を利用して相手をだましたりできるのだろうか？

若かったダニエル・ポヴィネリと、霊長類の認知能力について議論した時のことは昨日のように覚えている。私たちは、ラファイエットにある、ワニのいる堀に囲まれたレストランの椅子に座って、プラスチックのタッパーの容器からエビオクラと新ジャガを手づかみで食べた。ポヴィネリが昼食を終えて戻るのは、彼にとっての王国、ニューイベリア研究センターだった。ルイジアナ大学は、彼に声をかけて、生まれ故郷の南部の地に彼を呼び戻し、それまで医療研究用のチンパンジー繁殖センターであったものを、米国内の飼育チンパンジーとしては最大規模の集団を有する霊長類認知研究施設に変身させたのだった。彼は、まるでお菓子屋の鍵をもらった子どものようだった。

当時、ポヴィネリは、ニコラス・ハンフリーとアリソン・ジョリーによって始められ、ホワイトゥンとバーンの研究によって広められた時代精神（ツァイトガイスト）を共有していた。それは、チンパンジーやほかの霊長類にとってもっとも厳しく潜在的に不安定な環境が、物理環境ではなく仲間という社会環境なのだから、彼らはその環境に対処するために、私たちとよく似た形の社会的認知を進化させたという考えである。この考えはその後練り上げられて、ロビン・ダンバーの「社会脳」仮説として結実した。ダンバーは、ヒトを含む霊長類では、脳の新皮質の大きさと社会集団の大きさの間には関係があるとした。ポヴィネリの初期の研究は、類人猿の心的生活についてのこうした楽観論を反映していたが、類人猿に言語を教える研究も、類人猿の認知研究も、１９９０年代には冷たく厳しい批判を浴び、類人猿の認知を測ったとされる実験の有効性に疑念が投げかけられた。現在は、振り子はまた逆方向に振れており、数多くの研究グループが、類人猿がマキャヴェリ的な権謀術数を用いているという主張を声高にしつつある。とはいえ、反論がないわけではない。ポヴィネリのような気難しげな懐疑論者に言わせると、それらの研究者は自らの心の内容を被験体の類人猿に投影しているにすぎない。ポヴィネリは、これまでに行なわれた実験が、ゼノンの矢――標的までの距離はたえず半分になり続けはするものの、標的には永遠にたどり着けない――のように欲求不満にさせるものばかりで、実際にチンパンジーの心の内側に踏み込むことができた実験はないし、チンパンジーが他者の心についてや物理世界の作用のしかたについてなにを知っていて、なにを知っていないか、あるいはどの程度のことを知っているかを正確に示すことができた実験もない、と主張する。動物の認知の比較研究において影響力のある陣営は、類人猿の心とヒトの心とが連続していると語り、私たちとチンパンジーの間の認知的距離がほんのわずかだとしている。これに対し、もうひとつの陣営は、ヒトの認知は霊長類のなかでヒトに特有だという流行らない考えに私たちを連れ戻す。

本書を書き始めた時、とりあえずつけたタイトルは、「私たちをヒトにする1・6％」というものだった。私の目的はつねに、通俗科学というメディアによって広められた印象を精査してみることにあった。その印象とは、ヒトとチンパンジーは遺伝コードがほんの1・6％（あるいはそれ以下）違うだけであり、したがってこのほんのわずかな違いによって生み出される類人猿とヒトの間の認知と行動の違いも同じように小さいはずだというものである。しかし、ここ数年で、ゲノム科学とその技術は、ゲノム解析における威力と解像度を飛躍的にアップさせており、その結果、初期のゲノム研究が生み出した「1・6％の呪文」を拭い去りつつある。

認知の比較研究もそうだが、ゲノム研究におけるチンパンジーとヒトの差異や類似性についての結論も、どのような見方をするかに決定的に依存する。たとえば高性能の光学顕微鏡を用いて、ヒトの染色体の完全なセットをチンパンジーのそれと並べて観察すると、両者がよく似ていることに圧倒されるはずである。ほかの大型類人猿と私たちがこんなにも近縁なのかという感覚をもつに違いない。チンパンジー、ゴリラやオランウータンは24対の染色体をもつのに対し、ヒトは23対の染色体をもつが、私たちの第２染色体は、チンパンジーの２つの染色体が合体したもので、顕微鏡を用いれば、チンパンジーの２つの染色体が融合してひとつになったのがどこかを見ることができる。これらの染色体を染色すると現われる帯状の縞模様は、驚くほどよく似ている。そしてこうした帯の類似性は、２つのゲノムのほかの染色体の多くにも見られる。しかし、チンパンジーとヒトの染色体について、すべての逆位――ＤＮＡの大きなかたまりがひっくり返ってつながっている――を表示した最新のマップを左右に並べて仔細に見てみると、染色体は、逆位配列を示す赤い線の嵐によってほとんど覆い尽くされる。今度は、２つのゲノムの間にこれほど多くの構造的変化がほんの６００万年間に起こったということに圧倒される。もちろん、すべての逆位が遺伝子のはたらきに変化を生じさせるわけではないが、その多くは変化を生じさせている。逆位は、チンパンジーの祖先とヒトの祖先の最初の分岐に重要な役割をはたしたのかもしれない。

ヒトとチンパンジーのゲノムの違いをどの程度と見積もるかは、どこを見るかと、どれだけ深いところを見るかに依存する。最新のゲノム技術は、ゲノムという鉱床の深くまで入ることを可能にし、驚くほどさまざまな遺伝メカニズムを明らかにしてきたが、その多くにはひとつの共通点がある。それらのメカニズムは、多様性を促進するようにはたらき、種内の個体差を増幅する。現在では、たとえば、個々の人間が、ほんの3年ほど前に考えられていたほどには互いに遺伝的に同一でないということがわかっている。ヒトとチンパンジーのゲノムを比較する場合、これらのメカニズムによって、遺伝的距離がさらに増幅される。本書で私が試みるのは、ゲノムの「アラジンの宝の洞窟」を掘り進んだこれらのゲノム科学者たちの足跡をたどることである。時には、なかなか先に進めぬこともある。探検家と同様、科学者は、新たな見通しに到達するまでに、曲がるところを間違えたり、密林に迷い込んだり、山道が険しすぎて歩けなかったりするのがふつうである。もしあなたが、洞窟探検と聞いて怖じけづくのと同様、遺伝学と聞いて怖じけづいているなら、勇気を出して、私についてきてほしい。私とアラジンの洞窟の行けるところまで行ってみよう。そうすれば、あなたはそこにある宝の山を見つけ、ヒトとチンパンジーの遺伝的差異についての通俗的な解説がいかに歪んだものかがわかり始めるだろう。

時にはきついこともあるが、これはやるだけの価値のある冒険だ。広い視野と洞察力をもった世界中の数多くの研究者たちが、遺伝学、動物の比較認知科学、神経科学をひとつにまとめ、人間の本性の研究への新たな包括的アプローチを作り上げつつある。本書は、彼らの研究の物語の一部でもある。彼らは、チンパンジーやほかの類人猿とどこがどう違うのかという点から、ヒトの本性を記述しようとする。600万年の間に、私たちヒトはおそらくチンパンジーに似た生き物から進化した（私たちはまだはっきりそうだと確信できずにいるが）。ヒトの進化についての答えは、チンパンジーのゲノムに比べて私たちのゲノムの構造的変化の数がかなり多いということにあり、それが大量の遺伝子の進化をもたらし、私たちの脳を実質的にデザインし直し、ヒトの進化した特殊な認知を生み出したのに違いない。もしそんなことはないと思うのなら、人間に慣れた近くのチンパンジーにこの本を手渡して、どうするかを観察してみるとよい。

謝　辞

たくさんの研究者の方々が、仕事でご多忙ななか、私の質問に貴重な時間を割いてくださり、私の求めに応じて種々の情報と論文のコピーを送ってくださった。これらすべての方々に感謝申し上げる。なかでもとりわけ、時間と情報、援助と助言、そして忍耐を捧げていただいたのは、次の方々である。サイモン・フィッシャー、ファラネー・ヴァルガ＝カーデム、マーカス・ペムブリー、ジェイン・ハースト、ジェフ・ウッズ、クリストファー・ウォルシュ、アジト・ヴァーキ、ジェイムズ・シケラ、トッド・プレウス、ダニエル・ポヴィネリ、ジョゼプ・コールとマックス・プランク進化人類学研究所のスタッフのみなさん、ネイサン・エムリー、ニコラ・クレイトン、アレックス・カセルニック。とくにリチャード・ランガムは、ヒトの自己家畜化の考えを再検討すべき時に来ているという示唆を与えてくださり、11章はそれによって弾みがついた。本書は、これらの方々の支えがあって内容豊かなものになったが、事実の誤認や省略があれば、もちろんその責任はすべて私にある。

最後に、オックスフォード大学出版局編集部のレイサ・メノンには深く感謝したい。彼女は、本書の議論の展開をガイドしてくださり、温かく力強い励ましと、文法と明快さに対する鋭い眼差しをもって、本書を（そうであることを願うが）読みやすいものに仕上げてくださった。

目次

装幀――虎尾　隆

1章　いとこから兄弟へ

アイルランド西部の田舎を旅していて、道に迷ってしまったアメリカ人。近くの畑で野良仕事をしている農夫をやっと見つけると、車を畑の縁石に寄せ、歩いて彼のところまで行って、次のように尋ねた。「お仕事中すみません。キルケニーへはどう行ったらいいですかね？」農夫は、無精ひげの生えたあごに手をやって、考え込んでから言った。「いやー、キルケニーは、こっからは行かねえけどな」。

　人類にとってもっとも知的な旅のひとつは、進化における私たち自身の起源を探ることだ。私たちは、自分たちがなにに由来するのか、なにが私たちをヒトにするのかという問いに答えるための決定的な手がかりを、私たち自身とほかの動物の遺伝子のなかに探しつつある。そしてアイルランドの田舎で運悪く道に迷った旅行者と同じく、理想的な出発点を選んではいない。あてがわれている出発点はチンパンジーだ。選択の余地はほかにない。というのは、私たちの進化史の地図の現在の座標軸がＤＮＡでマークされていて、現存する生物のなかでＤＮＡが私たちにもっとも近いのはチンパンジーだからだ。いまいる地点から出発して、進化の過去を少しずつさかのぼり、位置を確認しながら一歩ずつ、私たちにつながるＤＮＡの中間地点をたどってゆけるのなら、そのほうがよい。でも、そんなことは不可能だ。ほんの3万５０００年前のネアンデルタール人以降、そのＤＮＡは消滅してしまった。アメリカ人旅行者を迷わせたアイルランドの田舎の道標のように、そのＤＮＡは朽ち果てている。

もしコーカサスの人里離れた地方にホモ・エレクトゥスの村があったり、南スペインの自然保護区にホモ・ハイデルベルゲンシスの部族が居留していたり、あるいはいまもホモ・フロレシエンシスの「小人（こびと）たち」がインドネシアでコモドオオトカゲを勇壮に狩ったりしているなら、どんなにか役立つことだろう。しかし、彼らはみな消え去ってしまった。そのＤＮＡや行動も、彼らとともに失われてしまった。私たちの手元にあるのは、ホミニンの化石のジグソーパズルで、これは1世紀以上にわたるフィールドワークのあとでも、驚くぐらいに小さなピースばかりで、かつてある人はそれを誇張して、全部を寄せ集めても、ちょっと大きめの一輪車に収まってしまうと言ったほどだ。ジグソーとは言っても、完成すべき全体がこうだとわかっているわけではない。しかも、ピースの大半が欠けている。

この15年の技術の爆発的進展のおかげで、私たちのゲノムのなかの厖大な数のＤＮＡの塩基配列が解読できるようになり、２０００年にはヒトゲノムの最初のラフスケッチが公表され、２００3年にはより詳細で精密なものが完成した。２００5年からは、チンパンジーについても良質の「生命の書」が使えるようになっている。これによって、私たちは、時間をさかのぼり、私たちの直接の祖先のホミニッドを飛び越えて、ヒトの遺伝子とチンパンジーの遺伝子とを比べることができる。つまり、私たちは、約６００万年前に私たちと分かれた種と私たちとの間の遺伝的差異にもとづいて、なにが私たちをヒトらしくしているのかを明らかにする作業に本格的にとりかかったのだ。そして６００万年前に枝分かれしたということは、チンパンジーも進化してきているわけなので、両者はその2倍の1200万年という進化的時間だけ隔てられていることになる。

この大規模で大胆な科学的企ては、その企てによって生活の糧を得ている数知れないゲノム科学者にとっては意味があるとしても、その一方で、たくさんの誤った考え――たとえば、私たちの祖先はチンパンジーだという考え（そうではない）や、ヒトらしさの起源は類人猿と私たちを分けるかなり少数の変異遺伝子のなかのさらにひと握りの遺伝子に由来するといった考え――を生み出してきた。それはまた、ヒトの進化について、ヒトとチンパンジーの比較だけにもとづく狭量な見方ももたらしている。私たちは、ヒトの進化の地図を描く際のもっとも重要な基準点としてチンパンジーを採用するという残念な立場にいて、しかもその地図からチンパンジーが姿を消してしまう（すなわち絶滅）という危険にもさらされている。

ヒトと類人猿の比較へのこうした固執は、ヴィクトリア朝以前の探検家たちが「暗黒大陸」（西アフリカ）からサル、類人猿、サハラ以南のアフリカ人について、戸惑うぐらいに多様な報告や標本をヨーロッパへと持ち帰った時に始まる。古生物学がヒトの起源の研究に大きく貢献するはるか以前に、野生児や知的発達の遅れた人も含め、この多様なヒト科のごった煮は、ヒトと動物がどのような関係にあるかを考える上での唯一の材料だった。どのように自然を順序づけ、どのように言語のような能力の起源や、ヒトの特徴とされる文明や文化に向かう傾向を位置づければよいのか？　17世紀になると、人類学と霊長類学が芽生え、大型類人猿についての疑問を考えることが「人間らしさ」の本質の理解につながるという認識が現われる。

トマス・ハックスリーによれば、大型類人猿についての最初の明解な記述が現われるのは、17世紀のアフリカからである。とりわけ興味を引くのは、1625年頃に出版されたアンドリュー・バッテルの解説だ。彼は、アンゴラ全域を探検中に怪物のような生き物に遭遇した。

ポンゴは、どこから見ても人間のようだが、身長の点で巨人だ。背がひじょうに高く、人間の顔をし、目がくぼんでいて、眉毛が長い。顔と耳には、そして手にも毛がない。全身は毛むくじゃらだが、毛はそれほど密ではなく、濃い茶色をしている。

バッテルの獣は明らかにチンパンジーだが、話すことはできず、樹の上で眠り、雨よけを作り、果実を食べ、森で働いている人間を襲って死なすという悪しき習性をもっていた。

これらの類人猿は原始的なヒトなのか？　それとは別の動物なのか？　ことばはできるのか？　まもなく、生きている標本がイギリスに運ばれてきた。1661年、ギニアから連れて来られた1頭の大型霊長類の見かけに、あのサミュエル・ピープスもだまされている。

私には、その生き物が英語をかなり理解しているように思えた。教えれば、話すことも、しぐさで意思を伝えることもできるようになるかもしれない。

1698年、1頭の若いチンパンジーがアフリカから船で運ばれ、到着後まもなく病死し、解剖学者のエドワード・タイソンの手で解剖された。タイソンは、時代を先取りしていた人物で、類人猿とヒトの比較研究の草分け的存在になった。彼は、類人猿とヒトの解剖学的特徴の類似点と相違点についての詳細な記述を出版した。そのなかでは47の類似点があげられている。彼がとくに驚いたのは、チンパンジーとヒトの脳の見かけがよく似ていることだった。

18世紀に、自然哲学者たちは、宗教的教義から「自然の階梯」――下等な存在からヒトへとつながる存在の大いなる連鎖――というアリストテレスの考えを復活させ、それを鉱物、植物、動物（サル、類人猿、野生児、アフリカの黒人、現代ヨーロッパ人まで）にあてはめた。ヒトは、この存在の連鎖のなかで神の地位――神そのものよりは少し地位が低いが――にあった。この「階梯」は進化論の先駆けだった。これらの思想家のなかで先頭に立っていたのは、スコットランドの変わり者貴族、モンボッド卿だった。彼は、ヒトが動物からオランウータン（彼はこの名称を類人猿を意味するものとして用いており、当時これらの名称どうしは交換可能だった）を通って進歩したものであると断言した。彼は、オランウータンがことばを習得しない唯一の理由は、彼らが文化的にまだ十分には進歩していないからだと確信していた。

スウェーデンの有名な分類学者、カロルス・リンネウス（カール・フォン・リンネ）は、地球上の知られているすべての動植物の一大分類を初めてやってのけた。彼は、ヒト、類人猿や新世界にいる動物をこの分類のなかに位置づけるのに四苦八苦し、この分類に神秘的動物のための余地を設けさえした。彼は、単純な「存在の連鎖」を拒絶し、複数の垂直軸に広げて群を設け、その群を属や種に枝分かれさせた。たとえば、霊長類という群には、ヒト、類人猿、サル、キツネザル、コウモリをおいた。チンパンジーとオランウータンを最初にホモ・トログロディテスという種に分類し、私たちをホモ・サピエンスと呼んだのは、彼である。しかし、彼の図式は、本質的には依然として大きな「自然の階梯」だった。すべての種は、神によって造られ、固定され、不変で、その外的特徴にしたがって縦に段階づけられており、自らの地位をわきまえていた。

ダーウィンは、1859年の『種の起源』の出版によって必然的に自然の不変性に挑み、存在の大いなる連鎖、「自然の階梯」の考えを一掃した（はずだった）。彼にとって、ヒトがチンパンジーと共通の祖先から進化してきたことは明白だった。ダーウィンも、トマス・ハックスリーも、ヒトと類人猿の間の知的距離を縮めることで、「ソーピイ・サム」と呼ばれたウィルバーフォースのような聖職者からの批判をかわそうと努めた。ダーウィンにとって、言語は躓きの石だった。なぜならダーウィンも、ハックスリーも、どのように言語が、微小で漸進的なステップ――ダーウィンはこれが自然淘汰による進化の特徴だと主張していた――を踏んで進化することができたのか、納得のゆく説明を与えることができなかったからである。それは、ダーウィンを批判していたオックスフォード大学のマックス・ミューラーに反論の隙を与えることになった。これはいまも私たちが直面している問題である。ミューラーは次のように書いている。

動物とヒトの間に横たわるひとつの大きな障壁は、言語だ。自然淘汰のプロセスが、鳥のさえずりや獣の叫びから、意味のある語を生じさせることなどあるわけがない。

今日にあっても、私たちは、かつて自然哲学者が頭を悩ましたのと同じく、2つの互いに関係する疑問を問うている。すなわち、どのようにして私たちは類人猿から進化したのだろうか？　どのようにしてヒトになったのだろうか？　ヴィクトリア朝以前の先駆者たちの時代から現在にいたるまで、1世紀以上にわたる古生物学的研究、数十年におよぶ霊長類のフィールド研究、比較遺伝学における強力な実験的研究、神経科学的研究、そして認知心理学的テストが積み重ねられてきた。ヴィクトリア朝時代には、自由思想の自然哲学が、キリスト教と剣を交えていた。皮肉にも、キリスト教は、天地創造論と理知的デザインの形式をとりながら、いまも正統派の進化に挑戦し続けており、一部の信者にはその議論が説得力に富むものとして受け入れられている。しかし現在は、私たちと類人猿の進化的関係についての考えを混乱させているもうひとつの要因がある。それは、野生チンパンジーに迫りつつある絶滅の脅威である。これは、類人猿の種を保護しその生息地を守るという根本的な必要性に直結しており、自然保護論者は、私たちに行動を起こさせるべく強力な議論を探し求めてきた。これらすべてが、科学者に、意図的にせよそうでないにせよ、チンパンジーと私たちとの間にある隔たりの小ささを誇張させることになった。というのは、もし、遺伝学的にも、神経生物学的にも、チンパンジーと私たちとがほとんど区別がつかないのなら、その行動もそう違わないはずだと論じられるからである。そして彼らが私たちの一員なら、私たちは彼らの幸福に倫理的な責務がある。これは、いわゆる近縁だから似ているという議論の一種だ。本書で述べるように、こうした見方は見当違いというだけでなく、誤りでもある。そうした見方は、ペットやほかの動物を――さらには無生物さえも――擬人化して見るという私たちの生まれながらの傾向の術中に陥り、科学が私たちに教えてくれることを歪めてきた。私は、事実を明確にし、チンパンジーとの適正な距離関係をとり戻したいと思っている。本書では、私たちがどのようにしてヒトになったか、チンパンジーとはどのような点でどの程度異なるのかについて、ここ数年の科学が示し始めていることも紹介しよう。そのなかで私が用いるのは、ヒトとチンパンジーを比較する科学、すなわちゲノム学、神経科学、認知心理学の成果である。しかしそれをするまえに、私たちとチンパンジーとの関係についてもう少し見ておきたい。

２００５年３月の初め、セイント・ジェイムズ・デイヴィスとラドンナ・ジェイムズは、以前は彼らの所有で、自宅で子どもの頃から育てたオスのチンパンジー、モーの39歳の誕生日を祝うために、カリフォルニア州カリエンテにあるアニマル・ヘヴン・ランチ（「動物の安息地」の意）に向かった。彼らは、モーのためにたくさんのオモチャと「ラズベリー入りの見るからにおいしそうなケーキ」をたずさえて到着した。ラドンナがちょうどケーキを切ろうとしたその時、視野の隅にあって気がついたのは、隣の檻のチンパンジーのうちの１頭が自由に動ける状態にあるということだった。ＣＮＮは、次に起こったことを次のように伝えている。

夫妻がモーのためのケーキをもって檻の外に立っていた時、隣の檻の４頭のチンパンジーのうちの２頭、バディとオリエがセイント・ジェイムズ・デイヴィスに襲いかかった。彼は顔面に重傷を負い、睾丸と片足を引きちぎられた。最初に攻撃したのは16歳のオスのチンパンジー、バディだった。バディが射殺された後、13歳のオスのオリエが重傷のセイント・ジェイムズの体をつかむと、道路まで引きずっていった。

地方テレビ局のＮＢＣ４の報道によると、ラドンナ・ジェイムズは、夫がたちまちに襲われてしまったことを次のように語った。

目が合ったとたんに、突進してきたのよ。防ぐことなんかなにもできなかったわ。その大きなチンパンジーが私の背後から来て、私を夫のほうに突き飛ばしたの。そして後ろから、私の親指を噛みちぎったの。……夫は、とんでもないことになったということがわかっていたはずだわ。なぜって、私を押し戻したから。その時、その２頭が彼に向かって行ったの。１頭は彼の頭に、もう１頭は足に噛みついた。でも、彼はずっと彼らに説得を試みていたの。彼らは――なんと言えばいいかしら――彼を生きたまま食べていたの。

テレビはさらに、セイント・ジェイムズが、猛烈な攻撃によって睾丸と片足を失っただけでなく、両手の指全部、片目、鼻と頬と唇の一部、そして尻の一部も失ったと伝えた。彼は、ロマ・リンダ医療センターに移され、体が死と格闘している間、昏睡状態が誘導された。

その数か月後、『ワシントン・ポスト』紙に、デイヴィス夫妻とモーがどのような関係にあったかという記事が載った。セイント・ジェイムズは、２人が結婚する以前の１９６７年に、この赤ちゃんチンパンジーをタンザニアから連れてきた。彼は以前はレーサーをしていたが、その時にはウエストコーヴィナにある自分の車体ショップで、この子をスリングに入れて抱えながら仕事をした。モーは、２人にとって養子のようなものであり、結婚式では花婿付添人役もつとめた。モーは、大きくなるまで、デイヴィス夫妻のベッドで眠った。モーは、トイレの使い方を覚え、ＴＶで西部劇を見るのが好きだった。ラドンナは、がんのせいで子どもを産めない身体になっていた。モーは息子も同然だった。

残念なことに、この幸せそのものだったデイヴィスの家庭に暗雲がのしかかった。モーが、囲いから外に逃げ出し、町中を暴れ回ったあげくつかまったが、その時に警察官の手を噛んだのである。その後、してはいけないという警告があったにもかかわらず、ある女性がモーの檻の格子の間から指を差し入れ、モーはそれを噛み切ってしまった。指の爪には、赤のマニキュアが塗られていた。デイヴィス夫妻は、モーが指を甘草(かんぞう)と勘違いしたのだと主張した。この事件には市当局が介入し、即刻モーをアニマル・サンクチュアリに移すよう要求した。彼らは、悲しみに打ちひしがれた。

『レーシング・ウエスト』誌は、5月7日号で、全米自動車競争協会のこのベテランレーサーについての続報を載せることができた。この時点では、彼は昏睡状態から覚めていた。

彼は喋ろうと試みたが、それはほとんどできなかった。唇がなくなっていたのだ。医者は、喉の振動を音声に変える装置を彼につけさせた。彼の最初の一声は、「モーはどうしてる?」だった。

この事件は、私に強烈な印象を残した。というのは、私がそれまで聞いていた生き生きとした話のどれひとつとして、ヒトとチンパンジーの関係のこうした相反する世界を示してはいなかったからである。すなわち、一方では、人間がチンパンジーに対して情緒的に強い絆をもち、奇妙なほどの擬人化を行ない、チンパンジーは人間みたいな行動をして私たちを魅了するが、他方では、戦慄させずにはおかないほどの残忍な攻撃もする。そして片や、チンパンジーの良心にことばで訴えかける男性と、片や、彼の睾丸を引きちぎるチンパンジー。

なぜ、これほど多くの人々が、自然は牙をむくことがあるのに、自分たちとチンパンジーとを同一視することが重要だと思っているのだろうか? なぜ、チンパンジーの生態学的救出を支持するために、彼らを私たちと同じだとみなそうとするのだろうか？　なぜ、ヒトが独特だという考えは、こうも恥ずべき考えになってしまったのだろうか？　それは、専門外の人間の場合、チンパンジーを擬人化するという生まれつきの能力が、チンパンジーにも自分たちと同じ認知の衣装を着せずにいられないということなのだろうか？　生物学者の場合には、創造論者に対して強硬姿勢をとり、ヒトとチンパンジーの生物学的連続性を強調するだけでなく、両者間の大きな距離をごく小さいものにしなければならないということなのだろうか？　そこにあるのは、チンパンジーの賢さと知恵の誇張なのか、それともヒトの知性の行き着く先に対する自信の喪失なのか、あるいはその両方なのだろうか？

ゲノム科学によってヒトの起源を探る闘いの第2ラウンドが開始される以前、頼りにされていたのは古生物学だった。さかのぼること半世紀前の1950年代、世界的に有名な古生物学者、ルイス・リーキーは、そのアプローチには2つの重要な欠点があることを自覚していた。すなわち、DNAは化石として残らないし、行動もそうだということである。そのため、私たちの祖先の行動は、彼らの骨の化石から得られる手がかりにもとづいて、間接的に推理するしかない。こうした理由から、彼は、ヒトの起源を探るには3種類の大型類人猿のフィールド研究を並行して行なう必要があると判断した。彼は、これによって、私たちの進化的祖先の行動について重要な洞察が得られると考えた。その通り、野生の大型類人猿の行動について現在私たちの知ることの多くは、リーキーの3人の「天使たち」、ジェイン・グドール（チンパンジー）、ダイアン・フォッシー（ゴリラ）、ビルーテ・ガルディカス（オランウータン）のフィールドワークによってもたらされた。

ここでは、このフィールドワークの大部分の価値に異議を唱えようというのではない。それらは、霊長類の行動や社会構造について、それまで知りえなかった多くのことを教えてくれた。問題なのは、それらの研究が人間行動の進化についてどれだけ多くのことを教えてくれたかである。ジェイン・グドール協会のウェブページには、実に明快に、次のように述べられている。

> かつてはヒトだけのものとされていたさまざまな心の特性——推論にもとづく思考、抽象、一般化、シンボル表象と自己概念——は、チンパンジーにもあることがはっきり示されてきました。彼らには、非言語コミュニケーションとして抱擁、キス、肩叩き、くすぐりもあります。喜びと悲しみ、恐怖と落胆といった彼らの感情の多くは、私たちのそれと似ていたり、同じだったりします。性格、理性的思考、なかでも喜び、絶望、共感を感じ表出する能力をもつのは私たちだけではないということを認めるなら、私たちは、改めてチンパンジーに対して畏敬の念をもつようになるでしょう。**ヒトとそれ以外を分ける線は、かつてははっきりしていると考えられていましたが、いまは曖昧になっています**。（強調はテイラーによる）

この線は、時に消えかかりそうになることもあった。私たちがチンパンジーの道具使用について最初に知ることができたのは、ジェイン・グドールのおかげだった。１９６０年、グドールは、タンザニアのゴンベで、彼女のお気に入りのオスのチンパンジー、デイヴィッド・グレイベアドが草の茎を用いて、アリ塚のなかのアリを釣り、茎にくっついてきたアリをなめるようにして食べるのを観察した。この観察を聞いたルイス・リーキーは、「道具もヒトも、いまや再定義が必要だ。チンパンジーをヒトとして認める必要がありそうだ」と大げさに反応した。グドールはさらに、チンパンジーが木から小枝を折ってとり、葉をとり去って、釣るのに適した形にするのを観察した。それ以来、アフリカ各地で、チンパンジーが小枝を用いて蜂蜜を掬いとり、ハチ、シロアリや藻を釣り上げるところが観察され、葉をスポンジ代わりにして液体を吸い出し、台石の上においたナッツを粗雑な石のハンマーで叩き割り、原始的なすり鉢とすりこぎを用いてナッツを叩いて潰し、そして植物のなかから鉤状のものを選び、それを使って昆虫を採るのが目撃された。最近では、先の尖った枝を粗雑な槍として用いたり、枝を棍棒として用いたり、逃げようとする獲物に向けて岩を投げつけるのが目撃されている。ヒトとチンパンジーの関係について、グドールの姿勢は明確だ。グドールの有名な映画も、『チンパンジー――こんなにも私たちに似ている』と題されている。グドールにとって、チンパンジーは「実質的に人間」であるようだ。

チンパンジーとヒトが近い関係にあるという科学的話題は、すぐに大衆文化に広まる。写真家ジェイムズ・モリソンが撮ったチンパンジーやほかの大型類人猿の美しい肖像写真は、「目を覗き込んでよ」と私たちに誘いかけ、その目を覗き込んだ私たちは、そこに映った私たち自身の姿を見る。2006年、BBCテレビの代表的科学番組『ホライズン』は、コメディアンのダニー・ウォレスが司会を務める「チンパンジーも人間」という番組を放映した。以下は番組の宣伝文句。「ダニーには、チンパンジーもヒトだということを世界に知らしめる使命があります。彼は、私たちの多毛の親戚を家族の一員にする時が来ていると思っています」。2008年初め、イギリスのチャンネル5は、日本の松沢哲郎のチンパンジー研究についてのドキュメンタリーを放映した。実はこの直前に、「チンパンジー、数学で大学生を負かす」という見出しが新聞各紙を飾っていた。ドキュメンタリーでは、松沢の研究室のスター・チンパンジー、アユムがコンピュータゲームで人間を負かす様子が映し出されていた。このゲームでは、ランダムに並んだ四角い枠の中に1から9までの数字が瞬間的に映し出され、次に、数字のあった場所がすべて空白の枠に置き換わる。被験者は、数字の場所を思い出して、小さな数字から順に画面上の枠にタッチしなければならない。チンパンジーはこれがきわめてよくでき（人間よりもよくできる）、数字の画面が0・5秒以下の間提示された場合でさえ、数字の80％までも記憶していた。以下がその解説である。「この地球上でもっとも賢いという評価は、これからはヒトだけのものではなくなるかもしれない！」ついに、ほかの類人猿に対してヒトがいかに優れているかという尊大な仮定は、危うくなった！　番組の言いたいのはそういうことだった。けれども、これは、数学的能力ではなく、直観像記憶（一種の写真的記憶）のテストである。ヒトの幼児は、こうした能力をもっているが、その後それは言語や数詞の真の記号的理解に飲み込まれてしまう。サヴァン症候群では、重度の認知障害をもちながら、すぐれた直観像能力をもつことがある。だとすると、チンパンジーは、ほんとうの意味で、私たちを跳び越しているのだろうか？

野生チンパンジーの道具使用と彼らがお互いを欺く――意図的に相手をだましているように見える――やり方についての報告は、ヒトのユニークさの壁が決定的に破られたという明確な証拠として示されてきた。だが、これから見てゆくように、チンパンジーが粗雑な道具を成形する時に物理的な力の性質についてどれだけのことを知っているか、ほかの個体と相互作用し合う時にその心の内容についてどれだけのことを知っているかについて、現在の認知科学者たちの見解は、歩み寄りが難しいと言えるほどに、はっきり分かれている。

ヒトとチンパンジーの間の溝を埋めるよう解釈されてきたのは、霊長類のフィールド研究からの証拠だけではない。タンパク質化学やゲノム科学からの証拠も、そうだった。霊長類のさまざまな属、科、目の間の関係を表現する系統樹を描く上で、1960年以前の自然人類学は、伝統的な分類方法に頼っていた。この伝統的方法は、霊長類をひとつのグループにまとめるために原始的な特徴とより進んだ特徴の区別にもとづいた進化的前進の程度という概念を用いていた。脳の大きさはそうした特徴のひとつである。このようにして、大型類人猿はみなショウジョウ科（*Pongidae*）として分類され、ヒトは、特殊でより進んだケースとみなされた。当時デトロイトのがん研究所にいたモリス・グッドマンは、これを疑問に思い、霊長類の系統樹を描き直すことにとりかかった。

当時一般に考えられていたのは、大型類人猿やヒトすべてに共通する祖先から最初に枝分かれしたのはテナガザルだというものだった。次にチンパンジー、オランウータン、ゴリラの三者とヒトの系統が分かれ、その後この三者からオランウータンが分かれ、次にチンパンジーとゴリラが分かれた。グッドマンは、この分類では、ヒトとほかの類人猿の距離が遠すぎること、そしてゴリラとチンパンジーとが近い関係にあることに疑問を抱いた。ちょうど分子生物学の時代が幕を開けたところだった。DNAの構造がクリックとワトソンによって発見されてから、まだ10年も経っていなかった。DNAを解析する技術どころか、DNAがコードしているタンパク質のなかのアミノ酸を解析する技術もまだなかった。グッドマンは、ヒトの血清タンパク質が、オランウータンやテナガザルのそれよりも、ゴリラやチンパンジーのそれと強く反応することを発見した。この結果は、ヒトがゴリラやチンパンジーとより近縁だということを物語っていた。彼は、この結果を、1962年に開催された「ヒトの親類」というシンポジウムで発表し、自分が誕生させつつある分子分類学の立場に立つなら、論理的に考えてヒト科のなかにヒトとチンパンジーやゴリラを並べるべきだと主張した。この考えは、進化生物学者の大御所、ジョージ・ゲイロード・シンプソンやエルンスト・マイヤーによって端から否定された。グッドマンの目には、これらの伝統的な生物学者たちは、ヒトが梯子の頂上に位置するという人間を中心に自然を見る見方――ダーウィン以前の「自然の階梯」という旧態然とした考え――を依然としてとり続けているように映った。彼は、急いでデトロイトに戻ると、自分の新たな科学を構築する作業にとりかかった。当時すでに、アミノ酸を比較するための初期のコンピュータ・プログラムと、量的には限られていたが、DNAの塩基配列のデータがあった。彼はこれを発展させ、動物種をタンパク質配列の点でどれだけ近いかによって分類する方法を開発した。1980年代初めまでに、彼は、6種類のグロビンタンパク質と、さらに別の4種類のタンパク質――2種類のフィブリノペプチド、シトクロムC、炭酸脱水酵素――の配列を比較した。ヒトとチンパンジーは、アミノ酸の配列が99・6%同一で、ゴリラとヒト、ゴリラとチンパンジーでは、99・3%が同一だった。さらに、ヒトとチンパンジーの間の遺伝的距離は、チンパンジーとゴリラの間のそれよりも小さかった。結論は、ヒトとチンパンジーは、同じ属に属しているというものだった。この時までに、いくつかの研究グループが、時間経過にともなうDNA塩基の置換速度にもとづいて、進化の分子時計の時間を計算しており、それによると、ヒトの系統とチンパンジーの系統が分岐したのは、590万年前であった。これに対して、それ以前に化石の証拠にもとづいて行なわれた推定では、それを2000万年と見積もっていた。私たちにとって遠いいとこに思われていたものが、急速に家族の一員になりつつあった。

　ジャレド・ダイアモンドは、1989年の『第3のチンパンジー（邦題は人間はどこまでチンパンジーか）』のなかで、この分子データを利用した。ダイアモンドは、読者に次のような思考実験をしてみようと言う。動物園に新たにコーナーを設けて、素裸になった何人かの人間をそこに入れ、ブーとかウーとしか言えないようにしてみたとする。そこに、ほかの星から観察眼に長けた宇宙人がやってきたとする。その宇宙人は、「ためらうことなく、私たちがほとんど無毛の直立歩行するチンパンジーであって、ザイールにいるピグミー・チンパンジーと熱帯アフリカにいるコモン・チンパンジーに加えて、私たちを第3のチンパンジーとして分類するだろう」。チンパンジーは、遺伝子的にはホモ・トログロダイトと呼ばれる権利をもっているとも言えるし、公平さを期すなら、逆に、私たちヒトのほうが、パン・サピエンス・サピエンスと呼ばれるべきかもしれない。

グッドマンは、1990年代後半、ヒトが、非コード部分のDNAの98・3%以上をチンパンジーと共有しているように見えるし、タンパク質をコードしている遺伝子内では、その共有の割合は99・5%にもなるようだということから、ヒトを、多少のモデルチェンジをした類人猿として見るべきだと主張し続けた。すべての類人猿は、ヒト科としてヒトに含められるべきであり、チンパンジーとその近縁種のピグミー・チンパンジー（ボノボ）は、ヒト属としてヒトに含められるべきである。2000年に、グッドマンは、分子進化に関心をもつ多数の著名なアメリカの科学者と一緒になって、ヒトゲノム進化プロジェクトに、ヒトの全ゲノム（当時、公表されるほんの数か月前だった）とチンパンジー、ボノボ、そしてそのほかの高等霊長類の全ゲノムを直接比較することが可能になるよう求めるロビー活動を行なった。その提案のなかで、彼らは、ヒトとチンパンジーの行動的差異が、はじめに考えられたよりもはるかに少なく、両者の遺伝的距離はきわめて小さいと述べた。また彼らは、ニュージーランド議会が、科学的助言と動物の権利に関心を寄せる人々の意見にもとづいて、すべてのホミニッドに3つの基本的な法的権利――人間によって命を奪われない権利、苦痛や虐待されない権利、そして医学・科学的実験に使用されない権利――

を与えるという法律制定を検討しつつあると指摘した。グッドマンのおかげで、ヒト属にチンパンジーを含めることを支持するための根拠が得られたので、それは、人権をチンパンジーまで拡大できるということを意味した。

2001年から2005年にかけて、4つの重要な研究が、ヒトとチンパンジーのDNA配列の類似性についてのグッドマンの初期の研究を確認した。2001年、国立台湾大学とシカゴ大学のフェン＝チー・チェンとウェン＝ヒュウン・リーは、すべての大型類人猿どうしの間で、既知の遺伝子を含んでいない53の領域のDNAを比較した。グッドマンの研究のような初期の研究は、いまより粗い技術とごく限られたDNA領域に頼っていて、チンパンジーのゲノムとヒトのゲノムの間の差異を約1・6%だとしていた。信頼性を高めるためには、多くの領域をサンプルする必要があり、自然淘汰を受けやすかったと予想される遺伝子は――部分的に差異を歪める可能性があるので――避ける必要もあった。彼らは、ヒトとチンパンジーの間の配列の分岐が1・24%にすぎないことを見出した。2002年、ライプツィヒのマックス・プランク進化人類学研究所のインゴ・エーベルスベルガーのチームは、ヒトとチンパンジーの間で、ゲノム全体にわたる8859のDNA配列（トータルすると、200万のDNA塩基対になる）を比較した。彼らも、配列の平均的分岐が1・24%だとした。2004年、ウェイン州立大学のデレク・ワイルドマンとモリス・グッドマンらは、ヒトの97の遺伝子のコード配列部分（タンパク質を作る遺伝子として機能するDNAをもった、割合としては小さな部分）の9万のDNA塩基対を用い、これらを対応するチンパンジーの塩基対と比較した。それらは99・4%類似していた。彼らは、2つの種間の行動的類似性を強調した。両者の遺伝的近さを考えた場合、それは論理的に見えた。最終的に2005年、世界中の24

の研究室を代表する67名の最先端にいるゲノム科学者の大規模な共同研究である「チンパンジーのゲノム配列決定・解析コンソーシアム」では、チンパンジーのゲノムの最初の完全な配列がヒトゲノムの対応する配列と比較され、その結果が公表された。これは、両者が共有する2万を超える遺伝子と30億のDNA塩基対の比較をしたということを意味する。それぞれのゲノムの96％以上が直接比較可能であり、平均すると、これらの領域内では、両者のゲノムは98・8％似ていた。けれども、彼らが記しているように、配列のこの高い類似度においてさえ、2つの種の間では単一のDNA塩基の置換が3500万箇所、それよりも大きな規模の置換が500万箇所あり、重複や欠失による遺伝子の得失もあり、配列の全体的類似性は96％まで下がった。

当然ながら、『サイエンス』誌は、この発見を「その年度の大発見」に選んだ。エリザベス・キュロッタとエリザベス・ペニージは、科学者たちがいまや、配列の確定した両方のゲノムを用いて、ヒトとチンパンジーを分けた4000万の進化的出来事を、ひとつずつ検討することができるまでになっていると記した。「この差異のカタログのなかのどこかに、私たちをヒトたらしめる特性、たとえば毛が少ないこと、直立姿勢、巨大で創造的な脳のための遺伝子の青写真がある」。このコンソーシアムの中心人物のひとり、スヴァンテ・ペーボは、次のように述べた。「ヒトとチンパンジーのDNAがあまりに似ていることにいささか面食らっている。私は、ヒトがこれほど特殊で、しかもこの地球を占有しているのに、両者のゲノムに大きな違いがあるという強力な証拠が見つからないことに、まだ驚いている」。コンソーシアムは、ダーウィンに敬意を表しながら、次のように述べている。

1世紀以上も前、ダーウィンとハックスリーは、ヒトがアフリカの大型類人猿と最近の祖先を共有していると仮定した。分子にもとづく現代の研究は、この予想をみごとに確認し、それらの関係を明確にして、コモン・チンパンジーとピグミー・チンパンジーが進化の点で私たちにもっとも近い現存の生き物だということを示してきた。それゆえ、ヒトとの類似性と差異の点で、チンパンジーは、私たちのことを教えてくれるのにとりわけふさわしい。

コンソーシアムは、チンパンジーという存在そのものが、私たちをヒトたらしめている遺伝子を突き止めることに力を貸しつつあるまさにその時に、その生存を脅かされつつあることに遺憾の意を示すことで報告を結んでいる。遺伝子の点でチンパンジーが私たちに近いということは、彼らの保護活動のための明確な理由になるはずだという。

野生チンパンジーを守るために、実効性のある対策がいますぐに必要である。私たちは、いかに小さな差異が彼らと私たちの種を分けているかを明確にすることこそ、動物界における私たちの兄弟分、これらの驚くべき霊長類に対する私たちの責務の認識を深めることになると思う。

デレク・ワイルドマンとの共著論文が公表された時、『ナショナル・ジオグラフィック』には、グッドマンの次のようなことばが引用されている。

野生のチンパンジーとゴリラの消滅は、差し迫っているように見える。チンパンジーをヒト属へと移すことは、彼らと私たちの驚くほどの類似性を認め、それによって私たちのもっとも近い近親者を尊び、慈悲深くあつかう助けになるだろう。

チンパンジーとヒトの近さについての初期のパイオニア、モリス・グッドマンの研究に始まって、2005年のゲノム・コンソーシアムの結論まで、ヒトとチンパンジーの遺伝的類似性について集まってきた証拠は、それが行動の類似性に必然的に反映されているはずだと示唆することを可能にした。そしてこれらの科学的結論は、チンパンジーやほかの大型類人猿はほとんどヒトであるから、保護の点で特別なケースなのだと論じることによって、保護問題と一体化されたのだった。この考えはすでに何年かにわたって、哲学者のピーター・シンガーとパウラ・カヴァリエリによって1993年に始められた大型類人猿プロジェクトの哲学のなかに示されていた。彼らのウェブサイトのロゴにあるのは、チンパンジーの手の人差し指の先が檻の格子越しにヒトの手の指先に触れようとしている場面だ。これは、システィナ礼拝堂の天井画、神が人間に生命の閃きを分かち与える瞬間を描いたミケランジェロの《アダムの創造》をそのまま模したものだ。ウェブサイトの絵は両者が兄弟関係にあるということを象徴しているだけなのか、それとも、もとの絵の構図が意味しているのとは逆に、チンパンジーが、人間性の閃きをヒトに分かち与えようとしているのか？　以下は彼らの声明だ。

対等な者たちのコミュニティを、すべての大型類人猿、すなわちヒト、チンパンジー、ボノボ、ゴリラ、オランウータンが含まれるように拡張するよう要望する。

対等な者たちのコミュニティは道徳的コミュニティであり、そこでは私たちは、一定の基本的な道徳の原則や権利を、お互いの関係を支配するものとして、そして法律によって強制されるものとして受け入れる。これらの原則や権利とは、生存権、個人の自由の保護、虐待の禁止などである。

この考えは、大型類人猿が、ヒトと遺伝的に類似したDNA以上のものを共有しているという紛れもない科学的証拠にもとづいている。彼らは、恐怖、不安と幸せといった情動を経験する豊かな感情的・文化的存在である。彼らも、道具を作り使用し、ほかの言語を習得し教えるといった知的能力をもっている。自分の過去を記憶し、未来の計画も立てる。これらとほかの倫理的に重要な特質に鑑みて、この大型類人猿プロジェクトは開始された。

この哲学は、2007年にスペインとオーストリアの両方で猛烈な勢いで実行に移され、オーストリアの法廷では、ヒアスルというチンパンジーに人権を認めさせるために用いられた。『ガーディアン』紙は、エイプリルフールの日に「オーストリア人の」チンパンジー、ヒアスルの話題を掲載した。あいにく、それはジョークなどではなかった。科学は法の狂気に近いものになってしまっていた。ヒアスルは、1982年に、生医学研究に使うためにシェラレオネからオーストリアに密輸されてきた。税関検査官が水際でそれを防ぎ、結局ヒアスルは、10歳まで人間の家庭で育てられ、その後アニマル・サンクチュアリに移された。ヒアスル（2008年現在26歳）の権利要求運動の契機になったのは、サンクチュアリの閉鎖だった。というのは、ヒアスルを動物園か製薬会社（イギリスとは事情が異なり、オーストリアではチンパンジーを医学研究に使える）に売却すれば、サンクチュアリの負債の一部を返すことができるからである。あるオーストリアの企業家は、ヒアスルと、動物工場反対連盟という動物愛護団体の代表マーティン・バラックとに、５０００ユーロ――ほぼ1か月分の食費と獣医に支払う金額に相当――を寄付した。条件は、そのお金をどう使うかについて人間とチンパンジーとの間で合意があることだった。あいにく、オーストリアの法律では、人間しか個人献金を受けとれない。このお金やそれを基金としてヒアスルに集まる献金を管理するために小さな財団を設立するのが、賢明なやり方のように思われた。しかしバラックはそうせず、ヒアスル（洗礼名はマティアス・ヒアスル・パン）の法定後見人を探した。オーストリアの法律では人間にしか法定後見人が認められていないため、バラックの要求は基本的に、ヒアスルに人権を与えるというものだ。提案されている法定後見人は、イギリス人女性のポーラ・スティッブである。

マスメディアは、ヒアスルの「人間らしい」行動についてさまざまなことを伝えた。ヒアスルは隠れんぼが大好きで、くすぐってもらうと喜び、テレビを見、お絵かきをし、鏡に映るのが自分だというのもわかった。「私たちの第一の主張は、ヒアスルはひとりの人間であって、基本的人権があるということなのです」と、このグループの代表の弁護士、エーベルハルト・トイアは語る。「ここで言っているのは、生きる権利、だれからも苦しめられない権利、ある条件のもとで自由になる権利のことです。投票権があると言っているのではありません」。

２人の世界的に有名な霊長類学者、ジェイン・グドールとヴォルカー・ソマーは、ヒアスルの裁判を支援した。ソマーが裁判所に提出した摘要書には、「生物学的にも、知的にも、社会的にも、ヒトとヒトに近い類人猿を分ける明確な基準などないのだから、両者を分断することは支持されない」。グドールもソマーも、チンパンジーとヒトとが遺伝的に99％似ているという、いまや決まり文句になった主張を持ち出している。

すべての生物学者が、ヒアスルについての「科学的」議論に納得しているわけではない。ＢＢＣの伝えるところによると、ロンドン大学ユニヴァーシティ・カレッジの教授、スティーヴ・ジョーンズは次のように反論している。

よく言われるように、チンパンジーは私たちとＤＮＡの約98％が同じで、バナナは私たちとＤＮＡの約50％が同じだ。しかし私たちは98％のチンパンジーではないし、50％のバナナでもない。私たちは、まるごとの人間であって、この点で人間以外のなにものでもない。権利という人間の作った構成物をヒト以外の動物にも与えようというのは、誤り以外のなにものでもない。権利には責任がともなう。私はこれまで、皿の上のバナナを盗んだからといって、チンパンジーが処罰されるのを見たことなどない！

最終的に、この訴訟の裁判官、バーバラ・バートルは、ヒアスルは、知的に遅れがあるわけでも、切迫した危険な状況にあるわけでもない（これがオーストリアの法律における法定後見人指名のための２つの主要な基準である）との裁定を下した。ヒアスルの法定代理人は、いま上訴を検討中だ。

オーストリアで起こっていることは、時代の流行の一部だ。１９９９年、ニュージーランドは、すべての種の大型類人猿に「ヒト以外のホミニッド」としての権利を認めた。現在の大型類人猿プロジェクトは、類人猿の人権をスペインの法律に正式に記すというより広範囲の取り組みを支持している。ニュージーランドの法律にも、彼らが関わっていた。スペインで提出されている法案は、類人猿に生存権、個人の自由の保護、苦痛を与えることの禁止などを認めるだけでなく、個人による類人猿の所有の禁止と見世物での類人猿の使用の禁止も含んでいる。それがもしいまの形で通れば、スペイン政府は、世界中の類人猿に権利を認めるかどうかについて国際フォーラムを開催しなければならない。2008年半ばに、この案件はスペイン議会を通過した。

スペイン議会でこの運動を支持している緑の党は、次のような決まり文句を用いている。すなわち、「人間にこんなにも近い」、「相当な知能と自覚があり、もちろん自意識もある」、「彼らの社会的・感情的欲求は、ハンデをもった人たち、幼児、高齢者、知的に遅れのある人たちと同じレベルにあり、彼らみなに権利がある」。

私は個人的には、チンパンジーを幼児や知的に遅れのある人と同等の存在として記述することをとても不快に感じている。そう感じるのは、幼児や知的に遅れのある人には人権があるし、彼らには未成熟あるいは知的な発達の遅れという点で保護される必要があるからである。そうした記述は、チンパンジーが知的に未成熟なヒトだということを暗示しているが、私はこれがどちらの種に対しても非礼にあたると思う。ヒトとチンパンジーが遺伝的にも認知的にも近い関係にあるという主張は、両者が同等だということを支持するために、ことあるごとに使われる。たとえチンパンジーが遺伝的にヒトと99%同じだからといって、それで彼らがヒトになるわけではないし、法律的に人間の権利を認められた個人（一人格）になるわけでもない。スティーヴ・ジョーンズが指摘しているように、権利は遺伝学とはなんの関係もない。権利は人間の社会的な構成物だからだ。

時に、遺伝的・認知的類似性のこうした科学的議論だけに目を向けていると、この2つの種を分かつもっとも重要な事実を見失ってしまいかねない。ヒトは喋り、言語をもち、文化、芸術、音楽、科学、技術をもち、そして過去を記憶し、これからの計画を立て、死を恐れ、税金を払う。チンパンジーとヒトの間の98・5%という遺伝的類似性を持ち出して、極度に単純化した議論を展開する人たちは、ヒトが98・5%のチンパンジーで、チンパンジーは98・5%のヒトだと考えるよう仕向ける。タンパク質やDNAの比較が可能になる以前、すなわち古生物学だけが頼りで、ヒトの起源の図を描くのにアフリカの化石をもとにしていた時には、こうしたことは考えられたこともなかった。チンパンジーのものとされる化石はこれまでひとつだけ発見されているが、それはつい最近になってだった。人類は、アウストラロピテクスと共通の祖先から分岐した後に始まり、それがヒト属になった。現在あるDNAどうしの比較の必要性は、ヒトを広げてチンパンジーを含むように強いてきた。そして時に忘れてしまいがちなのは、私たちがチンパンジーに由来するわけではなくて、彼らとほぼ同じような姿形をして、ほぼ同じように行動したのかもしれない（あるいはしなかったのかもしれない）ものに由来する、ということだ。

　ヒトの進化についてのコメントのなかには、ヒトの起源の答えを遺伝子のなかに見つけ出せるということに対してきわめて懐疑的な見方がある。私はこれには賛成しかねる。探しているものの多くは、ゲノムを比較することによって見つけ出せると思う。実際、ヒト、チンパンジーやほかの大型類人猿の間の遺伝子の差異は、**適切に解釈されるなら**という条件つきで、興味をそそる多くの手がかりをすでに提供しつつある。関係する遺伝、認知、行動についての比較科学がうまく統合されたなら、その仕事は容易になるはずだが、ほとんどの場合、その三者と私たちの脳や神経系の機構的構造とはまだ適切には関係づけられていない。もし科学者、自然保護論者、哲学者が、チンパンジーとヒトの種間の比較と、チンパンジーとほかの大型類人猿の保護の必要性（なぜなら彼らは「ほとんどヒト」だから）とを一緒くたにして論じるのを自制するなら、この仕事はもっと容易になるだろう。私は、最近の科学的成果を詳しく見てゆくことで、それが「チンパンジーは私たち」という主張を支持しているのかどうか、それがヒトとチンパンジーの違いは「たんに」量的なものだということを示唆するのかどうかを明らかにしようと思う。結局のところ、私たちはモデルチェンジした類人猿にすぎないのか、それとも霊長類のなかで独特な存在なのか？　これは、形をなしつつある科学だ。私たちは、動く標的を撃とうとしており、しかもその標的の動きは速い。現在、強力なゲノム技術を用いたチンパンジーとヒトの厖大なゲノム配列の確定と比較によって、これらが実現しつつある。ゲノム研究は、精神病の遺伝を調べるなかでヒトの認知の進化についての魅力的に見えた手がかりに惑わされてしまった研究を、影の薄いものにしつつある。それらの手がかりは、「私たちをヒトたらしめる遺伝子」として最初に候補としてあがったうちのいくつかであった。次の章では、いくつかのこうした思わぬ発見の例を見ることによって、チンパンジーとヒトの違いについての探求を始めることにしよう。

2章　言語遺伝子ではなかった遺伝子

ＫＥ家の子ども　「ルーウ……アウ」
聞き手　「ローラね。どこに住んでいるの？」
子ども　（聞き取り不能）
聞き手　「おとしはいくつ？」
子ども　「フォア。フォア・ウェス」

現代の類いまれな科学的探偵物語のひとつは、イギリスのある大家族における発話と言語の障害に関係する遺伝子の発見をめぐる物語だ。偶然の要素に満ちたその物語は、科学的な論争が詰まっており、ヒトの進化を考える上でも重要な意味をもっている。

特異的言語障害（ＳＬＩ）は、同じ家系に出現する傾向がある。ＫＥ家は、そのＳＬＩの基準に照らしても、例外的な例である。西ロンドンのブレントフォードにある小学校のエリザベス・オーガーの特別支援教室には、そのような言語障害児が何人もいた。1980年代後半のある時期には、教室には7人の子どもがいたが、みながこの同じ家系に属していた。それ以前にも、その家系の何人かが、この教室に通っていたことがあった。彼らは、程度はさまざまだが、みな麻痺しているような喋り方をした。あたかも顔の下半分が凍りついているかのようで、とにかく、単語を正しく言うことができなかった。彼らのうち何人かは、ことばを探しているかのように、たどたどしく喋った。文は短く、途中で切れ、語彙数も少なかった。その発話は、電文のようだと言われた。実際、この子たちがもっとも簡単な文を言うのに難儀している場面を撮ったビデオ映像を見ると、単語をなめらかに言うためにしなくてはいけない口の形になっていないのがわかる。子音は、彼らにとってもっとも難しかった。たとえば「スプーン」が「ブーン」、「テーブル」が「エーブル」、「ブルー」が「ブ」というように、子音が落ちたり、省かれたり、近い音に変わったりした。「パラレログラム（平行四辺形）」のような多音節語は、まったく言えなかった。動詞の語形変化を忘れることが多く、現在形の語幹だけを用いた。家族のなかでこの障害をもっていて、年長でもっとも流暢に話す人でさえ、その流暢さの程度は、個々の音節を明瞭に特徴づける典型的な遷移をなぞるだけで、単数形と複数形の区別や動詞の適切な時制の形を無視し、発話のはざまを、肩をすくめたり、手でジェスチャーをしたり、ことばにならない声で埋めることで、なんとか得られていた。

オーガーは、この家族を詳しく調べる必要があると判断し、ロンドン大学の小児健康研究所の遺伝医学の専門家、マイケル・バレイツァーに話をもちかけた。バレイツァーは、研究室の主任のマーカス・ペムブリーと相談した結果、エリザベス・オーガーを、この家族の言語障害をもった2人とともに、研究所の研究会に招くことになった。その頃の大部分の言語学者は、言語障害には遺伝が関係しているという考え方に拒否反応を示していたが、バレイツァーとペムブリーにとって、そのような大家族のなかに同じような症状が見られるということは、大部分の言語学者が考えているのとは逆のことを示していた。しかし、言語のような複雑な現象の場合、それらの遺伝が単純だと思うのは認識が甘く、多数の遺伝子が関与している可能性のほうが高かった。とはいえ、この問題はきわめて刺激的だった。彼らのところで研修医をしていたジェイン・ハーストは、この一家を訪ねて、彼らの症状を調べ、遺伝的検査のために血液を採取するよう指示を受けた。

ハーストは、遺伝医学の専門家であり、言語心理の専門家ではなかったが、その家族のなかで言語に障害がある者とない者をすぐに見分けることができた。言語能力のテストを用いたわけではなかったが、彼らの話すのに耳を傾けるだけで十分だった。その結果、3世代で、そうした言語障害をもっている家族が16人いた。言語障害のない親から生まれた子は、言語障害がなかったが、親に言語障害があった場合には、決まってその障害が子に受け継がれていた。彼女は、丹念にKE家の家系をさかのぼっていった。その結果、研究者のだれもが予想していなかったことが明らかになった。この特殊な言語障害は、複数の遺伝子が影響し合うことによるものではなく、常染色体にある単一の優性遺伝子が影響しているというパターンがはっきり見てとれた。

遺伝子の突然変異は、優性か劣性かどちらかとして記述される。変異が劣性の場合、それが私たちのなかに形質あるいは特性として発現するためには、両親から受けとる遺伝子がどちらも劣性でなければならない。専門的には、これはホモ接合と呼ばれる。しかし、もしある遺伝子の変異が優性ならば、一方の親からその変異遺伝子をひとつだけ受けとっても、その結果は隠れずに、表に現われる。したがって、どの子も、50％の確率で、この遺伝子の突然変異とそれにともなう形質を受け継ぐ可能性がある。ＫＥ家に見られたのはこのパターンだった。これが言語遺伝子の最初の証拠になるのでは？　すぐにそう思ったのはＢＢＣテレビだった。血液を採取しているところを、映像に収められないか？　ハーストは、その時まだ血液を採取していない人がまだひとりいて、それがもっとも重要な祖母だということを思い出した。彼女こそ、この家系のなかの言語に障害のある者のなかで最長老であり、この祖母から障害が子孫へと受け継がれていったのだ。１９８９年1月、ハーストは、ちょうど最初の子がお腹のなかにいた。ブライトンの自宅から西ロンドンまで、車で行くのは辛かった。「その時はつわりがひどくて。『採血の時に、具合が悪くなって、そこを撮られたら、どうしましょう！』って、それだけを考えていたわ」。

ちょうど同じ頃、カナダのモントリオールの心理言語学者、マーナ・ゴプニクは、イギリスのオックスフォードにいる息子たち一家のもとを訪ねる準備をしていた。ゴプニクは、マギル大学に認知科学研究グループを立ち上げたばかりだった。このグループは定期的に会合をもち、そのメンバーには小児科医もいた。彼らのなかのひとりが、彼女に興味深い14歳の患者を紹介した。この子は、流暢に話すことに大きな困難を抱えていた。彼は、ごく単純な文を話したが、単語は適切なのに、時制や単数・複数形を適切に使うことができなかった。彼の父親も同じ問題を抱えていた。父親は、コンピュータ科学者として才能を発揮していたが、簡単な日常会話をするのさえ難しく、ことばを発する時にはぎこちなく、文法も誤っていた。それは、ゴプニクに、卒中のような脳への外傷によって生じる言語障害をもった（とくに主要な言語処理中枢であるブローカ野を損傷した）失語症患者の発話を思わせた。この父親と話してみて、ゴプニクは、彼が語形変化がほとんどできないということに気づいた。たとえば〝two computer〟と言い、複数形にすることができなかった。彼の妻は、ゴプニクに、夫には言語障害があると思うと言い、彼が簡単な文を作る時でさえ、語形変化の必要な単語があると難儀していると語った。"We built the pool about five years ago（私たちは5年ほど前にプールを造った）"といった簡単な会話文でさえ、ずいぶん考え込まなければならなかった。ゴプニクから見ると、それは、外国にいてよく知らない言語で一日中会話してへとへとに疲れ切っているような感じだった。彼女は、これらの人たちの行動があたかも母語を知らないかのようだと思った。ことばは「自然に出てくる」ことがなく、つねに計算が必要だった。

さかのぼること数十年、ノーム・チョムスキーは、かつてダーウィンが注目したことを指摘することによって、言語学の世界に衝撃を与えた。子どもは、驚くほど容易に言語を身につけるのに、ケーキを焼くのはひとりでできるようになるようには見えない。チョムスキーは、日常生活でことばにさらされることによって文法規則を吸収するとしたら、それはあまりに速すぎると考えた。子どもの脳は、言語を処理するようにできているのに違いない。チョムスキーによると、幼い脳には、あらかじめプログラムされた普遍文法と呼ばれる構成物がある。ただ彼は、彼の言う言語器官の正確な生物学的記述をするところまでは行かなかったし、遺伝子についても言及はしなかった。しかし、マギル大学時代のゴプニクの同僚で、その時はマサチューセッツ工科大学にいたスティーヴン・ピンカーは、チョムスキーの理論をまさに生物学的次元へと拡張させつつあった。彼は、言語能力が脳のなかではいくつもの計算モジュールから構成されており、それぞれのモジュールはたとえば動詞の語尾を適切に変化させるといった特定の構成要素を担当していると示唆した。これらの計算モジュールのそれぞれは、異なる遺伝的基盤に支えられている可能性が高い、とピンカーは言った。

オックスフォード滞在中に、マーナ・ゴプニクは、心理学科での講演を頼まれた。息子の嫁と一緒に心理学科の建物を見て回っている時に、催し物案内の掲示板が彼女の目に留まった。張り紙は、BBCテレビの『アンテナ』という科学番組の予告で、言語障害の遺伝子をもっているらしい西ロンドン在住の家族のことがその週に放映されると書いてあった。この番組の映像こそ、身重のジェイン・ハーストがブライトンからロンドンまで無理を押して出かけていった時に撮影されたものだった。数日後、ゴプニクの家族は、テレビに釘づけになった。これこそ、ピンカーが言っていた遺伝子のひとつなのではないか？

ゴプニクは、小学校がどこにあるのかを調べ、エリザベス・オーガーに電話をかけ、小学校を訪ねて言語障害について内輪の研究会で話をさせてもらうことにした。話の内容は、モントリオールの言語障害の人たちについての彼女自身の研究だった。研究会にはKE家の祖母と家族の何人かが出席していた。彼女の話を聞いた人々は、その内容の多くに共鳴し、彼女は、オーガーから彼らを研究するよう勧められ、祖母のミセスKもそれを勧めた。ゴプニクがその時オーガーの言ったことで覚えているのは、オーガーがKE家のことを小児健康研究所のスタッフに話したが、ほとんど関心を示してもらえず（ジェイン・ハーストが1987年以来血液の採取をしていたのに！）、この一家を調べることはほかの研究者にも開かれている、というものだった。ゴプニクは、KE家を研究することに同意し、テストを準備しにモントリオールに帰った。

その時すでに、小児健康研究所専属の言語の専門家、ファラネー・ヴァルガ＝カーデムもこの研究に乗り出しており、自分の言語実験室においてテストを用いてこの家族を調べ始めていた。それでは、なぜゴプニクが関わるよう誘われたのだろうか？　それはおそらく、家族の障害について言われたことのなかにミセスKを大いに憤慨させるものがあったからかもしれない。伝統的な言語学者は、この障害が環境要因によっている可能性を示唆する傾向にあった。その頃まではとりわけイギリスの社会階層の点からの分析が多く、その分析では、この家族が労働者階級だったので、使われる単語も語彙の少なさも予想されるものだということが示唆されていた。ミセスKにとって、自分たち一家が重要な学術研究の中心にいるということは、失くした威厳をとり戻すのに絶好の機会だった。そうね、科学者ね？　今回は、科学者なら大歓迎だわ。

イギリスの科学者にとって、問題は関心の欠如ではなく、資金がないということだった。マーカス・ペムブリーは、当時の多くのイギリス人と同じように（いまもそうだが）、貧乏な殿様だった。彼がこのような大きな家系に遭遇したというのは運がよかったし、それによってたくさんの血液サンプルを集めることまではできたが、いかんせん、遺伝的原因を突き止めるだけの研究費がなかった。ペムブリーは、ゴプニクの結果とヴァルガ＝カーデムやほかの研究者の結果とを共有する話をゴプニクにもちかけ、ゴプニクを研究仲間に引き入れようと考えた。ゴプニクが難色を示した時、ペムブリーの研究所の所長は、ゴプニクがKE家と接触することを問題視し、マギル大学のゴプニクの上司に、彼女の接触がKE家に要らぬストレスを引き起こす恐れがあり、しかも彼女がこれまで倫理的許可を得ずに研究を行なっていたと指摘した。しかし、相手側は介入を拒否した。

ゴプニクは、もともと失語症用に考案された数種類のテストを用いて検査を行なった。これはつねに批判されてきた。というのは、すでに見たように、失語症は、脳の言語処理中枢に後天的に損傷を負うことで引き起こされる言語障害だからである。KE家は、明らかにその障害を遺伝的に受け継いでおり、障害は生まれながらのものだった。さらに、言語の問題がどのようなものであれ、それは、単語の産出が困難だということをともなっていた。彼らは、発話にも言語にも障害があるように見えた。しかし、ゴプニクは、KE家の核となる障害が、単語の時制を変えることができないことと、適切な複数形にするための一般的規則を欠いていることだと結論づけた。たとえば、彼らは、知っている単語"the book"を指差すように言われると、1冊の本の写真と山になった何冊もの本の写真とを区別することができる。しかし、"a wug"と呼ばれる1匹の架空の動物を見せられた後で、複数のこの動物を見せられた時には、それらを"wugs"と答えることができなかった。彼女によると、要するに、彼らには、単数、複数、あるいは時制を示すための単語の語尾変化の基本的な文法規則が欠けていた。したがってそれを自動的にはできず、できるのは、それらの単語が記憶のなかにある時に限られていた。彼女によると、障害は、一般的な認知の障害ではなく、文法のある側面は大丈夫で、障害は文法のひとつの特徴だけに限られていた。驚くべきことに、彼女は、KE家の重い顔面麻痺について言及することはなかった。ほかの研究者は以前から、この麻痺が重いために発話音の調音ができないと述べていたのに、である。彼女は、KE家の不明瞭な発音を故意に無視した。

ゴプニクは研究の公表を急ぎ、1990年4月に『ネイチャー』のレター欄に「素性を欠いた文法と不全失語症」(不全失語症とは軽度の失語症のこと)という題でこれを発表した。イギリスの研究者たちは、彼女に公表を控えるよう求め、彼女が全体像をまだつかんでいないと警告した。彼女が先陣を切ってしまうと、彼らは彼女を「低いところになっている果実を摘んでいる」にすぎないと非難した。ゴプニクは現在も、KE家の家族に文を書くように頼むと、同じ文法的誤りが出現するのだから、中心にある障害は調音の誤りなどではなく、文法的な誤りだと主張している。さらに、自分は彼らの言うことを（電話を通しても）なんの問題もなく理解できると主張している。その後の7年間、彼女は一歩も引かず、調音の障害は些細なことだと頑強に主張し、ロンドンの研究者たちが、調音の不明瞭さを強調するあまり、そのもとには文法的障害がないと論じているとほのめかした。

ゴプニクが『ネイチャー』に報告を載せたその同じ年に、スティーヴン・ピンカーは、「言語の規則」という題の重要な論文を『サイエンス』に発表した。ピンカーは、ヒトの心が汎用の学習メカニズム――一種の汎用コンピュータ――だと主張する心理学者に対して戦いを挑んでいた。彼は、言語のひとつの側面をとりあげ、ヒトの心は、規則動詞の時制の形を作るために文法的ルールをはたらかせる個別のモジュールをもっているという証拠を提供した。この語尾変化の規則は、walk を walked に、turn を turned にするが、不規則動詞の時制（たとえば、sit-sat、feel-felt や tell-told）は、記憶から生成される。彼は次のように結論する。

> 文法の単一のルールに焦点をあてることで、モジュールのシステムの証拠が見つかる。……このシステムは、明示的に教えられる種類のルールよりもより高度で、環境からの入力に左右されないスケジュールに則って発達し、学習されたのではない（おそらく明確な神経基盤と遺伝的基礎をもった）原理によって組織化される。

ゴプニクは報告のなかで、マーカス・ペムブリーが、KE家の言語障害を引き起こしている単一遺伝子を発見したという証拠に言及していた。つまり、こういうことだ。ピンカーは文法の単一の素性に関わる脳のモジュールを仮定した、ゴプニクは単一の大きな家系のなかにそれを発見した、そしてそれは単純な遺伝的基盤をもっていた、ということで、証明終わり。

ピンカーは、『言語を生みだす本能』のなかで、1992年にゴプニクがアメリカ科学振興協会の年次大会で研究を公表した時にメディアがどう騒いだかを記している。ある記事の見出しは「よい文法は遺伝する」で、別の記事の見出しは「文法の誤り？　それはみな遺伝子のせい！」というものだった。しかし一方で、1999年に、あまり目立たない学術誌に掲載された、ジェイン・ハースト、マイケル・バレイツァーと西ロンドンの特別支援学校のスタッフによる1篇の論文は、KE家の言語障害についてそれとはまったく異なる像を描き出していた。「発話障害が優性遺伝で受け継がれる家系」（言語ではなく発話が強調されていることに注意）という題のその論文は、KE家が重度の言語協調障害——口が発話音を調音できるようにする顔筋の制御の欠如——のせいで、重いコミュニケーション障害をもっているということを報告していた。それだけでなく、発話が単純で、理解が貧弱であるという言語障害もあった。たとえば、"the girl is chased by the horse（少女はウマに追いかけられている）"は"the girl is chasing the horse（少女はウマを追いかけている）"になった。彼らは、KE家の核にある障害が発話と言語の両方にまたがっていると結論した。では、KE家では実際にはなにが起こっていたのだろうか？　言語障害なのか、調音の障害なのか、それとも両方か？　この大きな見解の相違は、決着を見るのに、それから10年を要した。実際、ファラネー・ヴァルガ＝カーデムがKE家の特性の包括的な記述を発表する用意が整うのは、やっと1995年になってだった。それは、KE家の障害についてのゴプニクの説明が全体像とはかなりかけ離れていたということを示していた。

ヴァルガ＝カーデムは、ＫＥ家の言語障害が動詞の語尾変化が適切にできないという点でゴプニクと同意見だったが、ゴプニクの主張とは違って、これが規則動詞に限られるわけではなく、不規則動詞にもおよんでいることを示した。しかし、彼女はまた、heared や finded や goed のように、動詞の語尾に過剰に規則変化をあてはめてしまうといった誤りが多発することも示した。これらの「時制の誤り」は、どんな親もよく言うように、ことばを覚え始めたばかりの子どもに決まって見られるものであり、そのことは、ＫＥ家が少なくとも時制を示すための文法規則の一部はもっているということを示唆していた。

しかし、脳のなかでことばを理解し構成することは、問題の半分でしかない。実際に言語音を生み出すことは、唇、口、舌、咽頭、すなわち声道全体の厖大な量の精密な動きの制御を必要とする。話す時には、舌だけでも、１秒の間に百もの動きをする。口と唇も、それと協働しなければならない。ヴァルガ＝カーデムが発見したのは、ＫＥ家の言語障害者は、文を繋ぎ合わせようとする場合にせよ、「唇を閉じ、口を開け、それから舌を出す」といった顔の一続きの動きをする場合にせよ、こうした運動制御が障害されているということであった。彼らが不十分にしかできなくなっていたことには、言語、発話、口と顔面の筋肉の制御が含まれていた。それは、きわめて広範囲におよぶ特性（あるいは表現型）だった。そしてヴァルガ＝カーデムは、ゴプニクに計算された一撃を加え、「『文法遺伝子』の存在を支持するものはなかった」と報告した。

ＫＥ家の発話と言語の障害は、彼らの脳の構造の異常とそれらの活動に反映されているのだろうか？ヴァルガ＝カーデムのチームは、２種類の脳画像技術――ＰＥＴ（陽電子放射断層撮影法）とＭＲＩ（磁気共鳴撮影法）――を用いて、これをテストした。ＰＥＴスキャンは、特定の課題をしている時に脳のどの部分が使われているか、その部分がどの程度活動しているかを、エネルギー源であるグルコースの消費率によって測定する。こうした代謝の画像に対して、ＭＲＩは、脳の特定の部分の大きさ、形、密度を計測し、解剖学的な画像を提供する。これらの技術を用いて、ヴァルガ＝カーデムらは、ＫＥ家の言語障害者の脳が健常者の脳と比べ、かなり異なったはたらきをすることを明らかにした。動作と発話の両方に関係する脳の部分には、明らかな異常が見られた。とくに興味深いのは尾状核である。これは、脳の奥深くにある基底核の一部で、尾っぽの形をした器官である。基底核は、精密な調整のとれた筋肉の制御にとって重要であり、話す時に声道が驚異的なほどに速い動きができるのは、このおかげである。尾状核は、ＫＥ家の言語障害者では、健常者に比べ灰白質が少なく、しかも予想されたように、その体積は、口の動きの協調テストと非単語の反復テスト――恣意的に作った単語を処理し、そこに含まれる音素を組み立て直して、同じ単語として発話する脳の能力を測る――の成績と相関した。この場合に、それらの単語は、初めて体験するもので、しかも意味のないものなので、記憶は関係していない。

ＰＥＴスキャンは、ＫＥ家の言語障害者では、尾状核が小さいというだけでなく、とりわけ単語を繰り返して言う時には、それがフル活動しなければならないということも示唆していた。基底核のもうひとつの重要な部分である皮殻には、対照群の健常者に比べはるかに多くの灰白質があった。この2つの領野に異常があるほかの患者は、単語や音節を正しく発音することができず、言語音を生み出すために、顔、唇や舌を動かすことに困難を抱えている。そのほか、発話の調音に関与することが知られている小脳（頭のなかでは後部にあって、脳幹の真上に位置する）の形が異常で、とりわけ語の産出に関与する領域がそう であった。さらに、側頭平面――大脳皮質の小領域で、右側よりも左側がやや大きく、言語能力に関係する――にも、異常が見られた。

KE家の言語障害者には文法に明らかな障害が見られるものの、KE家の言語障害者が家族のそうでない者と成績が重ならないテストは3つあるにすぎない。これらは、顔面の複雑な連続的動きのテスト(「まず大きく口を開けてみて。次は口をぴったり閉じてみよう。次に『アー』と言ってみて」)、単語反復テストと非単語反復テストである。このように、脳の高次の領域が影響を受けていたが、なかでも影響が顕著なのは、高次の言語処理を行なうブローカ野と、基底核――ブローカ野との間に連絡があり、発話において筋肉の複雑なオーケストラを制御する――だった。たったひとつの遺伝子の突然変異によって、発話と言語の両方が損なわれていたのだ。

ヴァルガ゠カーデムらは、発話、言語、筋の神経制御にまたがる複雑な症状の詳細な全体像を丹念に描き上げた。脳の構造的・機能的異常の画像は、明らかに、文法の側面と言語と調音に関与する部分の多くを含んでいた。1998年になって初めて、マーナ・ゴプニクは態度を変えた。彼女は、融和的姿勢を示す論文を書き、KE家の統合運動障害についてのハーストの最初の所見と、ヴァルガ゠カーデムの厖大な神経科学的記録とが存在し、それらが重要性をもつことを認めた。彼女はそうするしかなかった。ヴァルガ゠カーデムは、ゴプニクが無視しようとした重要な脳の病理、すなわち麻痺したような発話について余すところなく記し、それがKE家の障害の中心的な特徴であることを示した。ほどなくゴプニクは舞台を降りて、研究から身を引き、単純な「文法遺伝子」の話題は彼女とともに消え去った。

とはいえ、ロンドンの研究者たちは、文法の障害、発話の際の調音の障害、顔面筋の制御の欠如のもとにある、ＫＥ家の家族が共有する単一遺伝子を突き止めるところまではいかなかった。こうした構造的・機能的異常のどれにも関係するのは、どのような遺伝子なのだろうか？　ファラネー・ヴァルガ＝カーデムは、マーカス・ペムブリーに我慢がならなくなっていた。その時までに、ＫＥ家の障害がどのような表現型をもっているのかを詳らかにするのに彼女は5年をかけていた。彼女が恐れていたのは、ほかの研究者たちの参入によって、その遺伝メカニズムの解明をもっていかれることだった。

ペムブリーはなんとか研究費のやり繰りをしていたが、それもついに底をついてしまった。この遺伝子を突き止めるという作業を前進させるための資金はもうなかった。強力な支援者が必要だった。彼らは、オックスフォードのウェルカム財団の人間遺伝学研究センターのトニー・モナコに接触を試みた。モナコは乗り気だった。ポスドク研究員になりたてのサイモン・フィッシャーが研究を任された。サイモンは、夏休みのけだるい昼に、浜辺に寝転がってスティーヴン・ピンカーの『言語を生みだす本能』を読んでいた。彼は、ＫＥ家についてのピンカーの説明、ゴプニクの研究、その障害の原因になっている驚くほど単純な遺伝の証拠に魅了された。「これほどおもしろいものを研究できるんなら、ほかになにも要らない、そう思ったんだ。研究センターの仕事に戻ったら、なんとそこで待っていたのはこの研究だったたってわけさ！」

この遺伝子を突き止める研究は加速した。彼らは、遺伝子マーカーの新しい強力な組み合わせを用いて、この遺伝子の座を第7染色体の長腕上の区域――６００万のＤＮＡ塩基対がある――にまで狭めていった。それは大きな前進だった。とはいえ、これでもまだ、警察の捜査責任者なら「容疑者は包囲したぞ。奴は、ロンドン市内のどっかにいるはずだ！」と言うに等しいところにいた。遺伝子の来歴をほかの研究者にもわかるようにするため、彼らはそれにSPCH1という名前をつけた。既知のDNA配列のオンライン・データベースと突き合わせてみると、それが7q31という領域であり、そこには少なくとも70の遺伝子があることがわかった。まずは、これだという突然変異を探して、その領域をしらみつぶしに調べてゆくしかなかった。この第7染色体の捜査は長くかかると予想されたが、ジェイン・ハーストがふたたび舞台に登場することによって、時間は驚くほど短縮された。

たまたま、ジェイン・ハーストは、遺伝医学の専門家として、ダウン症の羊水穿刺診断を受けた妊娠女性のケースに関わることになった。遺伝学研究室が彼女の赤ちゃんから採取した細胞を検査したところ、第7染色体で転座が起こっていることがわかったのだ。転座は、相同でない染色体(対でない染色体)どうしの間で起こる。時に、ひとつの染色体の一部がちぎれ、ほかの染色体にくっつくことがある。つまり、染色体からちぎれた断片状のDNAがゲノムのほかの場所に移るのだ。CSという名のこの赤ちゃんの場合、どこからちぎれたのかが正確にわかっていた。第7染色体の一部がちぎれ、第5染色体に逆向きにくっついていた。これが見つかった時点では、遺伝医学チームは、この転座がCSに問題を引き起こすのかどうかまったく見当がつかなかった。しばらく経過を見守るしかなかった。

CSは、乳児の時は正常に発育しているように見えたが、1998年、2歳の時に言語の発達に遅れが見つかり、彼の発話の調音障害がKE家のそれと酷似していることが明らかになった。サイモン・フィッシャーとファラネー・ヴァルガ=カーデムらが、KE家の障害遺伝子の場所を第7染色体の7q31という領域まで狭めることができたと報告したのとほぼ同じ頃に、ハーストは再度CSを診ることになった。ハーストは、CSの転座がウェルカム研究所のチームが発見した領域内で起こっていることに気づいた。

彼女はすぐに、200メートル向こうにいるフィッシャーに電話をかけ、こう言った。「あなたが探している遺伝子を提供できる男の子を見つけたわよ」。

そしてそうだということが判明した。彼らは、CSで染色体の切断が起こっていそうな場所をしだいに狭めていって正確な位置を突き止め、それまで記録されたことのないひとつの遺伝子が壊れていることを発見した。彼らは、その遺伝子をKE家のものと照合し、発話と言語に障害のある人々に同じ突然変異遺伝子を発見した。その遺伝子には、FOXP2という名がつけられた。それは、菌類から哺乳類にいたるまで長きにわたって胚発生を制御してきている古い遺伝子ファミリーの新しいメンバーだった。大学院生だったセシリア・レイは、KE家から採取したこの遺伝子のDNA配列を丹念に分析し、単一点突然変異――単一塩基の変化――がひとつだけあり、このほんの小さな変化が大きな認知障害を引き起こしているということを明らかにした。確かにFOXP2は、「文法遺伝子」のようなものではないが、言語能力へとつながる遺伝的事象の連鎖において基本的に重要な役割をはたしているということが明らかになった。

ファラネー・ヴァルガ＝カーデムは、初めての訪問客に自分の研究について語る時、FOXP2の役割がいかに重要かを示す簡単な映像を見せるのが好きだ。彼女は、まずKE家の家族が四苦八苦しながら発話しているところを撮ったビデオを見せ、次にアレックスという名の青年にインタヴューした場面を見せる。アレックスがヨーロッパをガイドブック片手にバックパックを背負って旅した時のことを話すのを聞くにつれて、しだいに明らかになるのは、彼の記述力は十分で、単語の選択も問題ないのに、その発話が、18歳の青年のものではなく、8歳か9歳の子どものようだ、ということである。どうしてそうなったのか？　アレックスは、幼い頃に重い脳の病気を患った。9歳の時に、大脳半球の切除手術を受け、左側の半球全部が摘出された。それまで彼はまったく話せなかった。手術後、彼は話すことを学習した。もちろん、彼の脳は、正常なら発話や言語に使われるはずの左半球の領野を失ったため、代わりに右半球の組織を使わねばならなかったし、言語獲得のための脳の発達における臨界期――幼い時期の「機会の窓」――も過ぎかけていた。このように、ヒトの脳は、可塑性と順応性に驚くほど富んでいて、そのため大規模な外科手術をしても、発話と言語の発達が大きくは損なわれないことがある。しかしその一方で、FOXP2遺伝子に突然変異がほんのひとつあるだけで、発話における調音と言語理解と言語生成に重い――数十年もの間言語治療を続けても治ることのない――障害が出る。

FOXP2の影響がなぜ広範囲におよぶのかと言えば、実際には、それがマスター制御遺伝子――転写因子を生み出す数多くの遺伝子――のひとつだからである。これらは、たくさんの下流の標的遺伝子のDNA領域にくっついて、それらを制御する（それらをオンにしたりオフにしたりする）タンパク質である。KE家における突然変異は、これらの調節タンパク質のひとつの、短い（ほんの80から100アミノ酸の長さ）が、決定的な部分をコードしている領域で生じていた。FOXP2は、遺伝子のオーケストラの活動を制御することによって、なんらかのやり方で、言語と発話の調音を担当する脳の神経経路を作り上げる。FOXP2の物語を最終的に決着させた研究が鮮やかに示したのは、FOXP2が通常活動している脳の部位が、脳画像技術を用いてヴァルガ＝カーデムのチームが示した脳の病変部位とほぼ一致する、ということだった。これらの領域にあるFOXP2の損傷は、KE家の障害を生じさせる脳の病変と結びついていた。これこそがほんとうの答えだった！

FOXP2の発見後まもなく、ウェルカム人間遺伝学研究センターのトニー・モナコのもとを、ひとりの重要人物が訪れた。ライプツィヒのマックス・プランク進化人類学研究所の分子遺伝学研究室の室長、スヴァンテ・ペーボである。彼は、ドイツの洞窟から出土したおよそ3万5000年前のネアンデルタール人の長骨から採取した組織から、そのDNAのクローニングに初めて成功した研究者だった。ペーボは、私たちをヒトにする遺伝子を突き止めるという試みにおける世界的権威である。彼のとる主要な方略のひとつは、興味深そうな突然変異を探して、精神病や心理的特性の遺伝の世界を徹底的に調べることだ。そのペーボが探しにやって来たのだった。モナコは提供できるFOXP2をもっていたので、彼らは、ペーボの研究室で、FOXP2が語るに足るだけの興味深い進化的な話をもっているかどうかを調べてみることにした。ペーボは、その仕事を彼の右腕、ヴォルフガング・エナートに託した。エナートは、FOXP2タンパク質のアミノ酸配列をマウス、マカク（アカゲザル）、オランウータン、ゴリラ、チンパンジー、ヒトで比較した。彼は、それが、ネズミの祖先とチンパンジーとヒトの祖先が分かれて以降、1億3000万年の間ほとんど変化しなかったということを見出した。チンパンジー、ゴリラ、マカクの配列は同一であり、マウスと彼らとの違いも、ひとつのアミノ酸の変化でしかなかった。ところが、さらに2つのアミノ酸の置換が、私たちにつながるホミノイドの系統でこの600万年の間に起こった。この年月の間に、進化のペースは突然速まった。彼らは、アフリカ、ヨーロッパ、ニューギニア、アジア、南アメリカの現在の多数の人間集団にわたってこの遺伝子の変異を調べた。数学的解析の結果、これら2つのアミノ酸の変化は、自然淘汰の標的だったということが示唆された。2つの突然変異は、おそらく20万年ほど前にヒトの集団に生じ、定着した。20万年前という時は、現生人類（ホモ・サピエンス・サピエンス）が舞台に登場した頃とほぼ対応する。

ＦＯＸＰ2の進化のストーリーは、私たちヒトの系統の進化とぴったり符合する。とは言っても、それによって、ＦＯＸＰ2が発話と言語、文法と調音にどう関与しているのかが正確にわかるわけではない。残念ながら、2つのアミノ酸の置換それ自体からは、ほとんどなにもわからない。サイモン・フィッシャーは、それが調節タンパク質に微妙な変化を引き起こして、ほかの遺伝子のスイッチをオンにしたりオフにしたりする能力を減じさせたのかもしれない、と推測している。不思議なことに、ヒトの系統に「特有」とされる2つのアミノ酸置換のうちひとつは、大型のネコ科でも見つかっている（『ナルニア国物語』を除けば、喋るライオンはめったにいないが）。ヒトに「特有の」もうひとつのアミノ酸置換がどのようにして、大型類人猿にはない発話と言語を生じさせるのかは、いまのところ謎のままだ。ヒトから遺伝子を削除するとなにが起こるのかをもちろんヒトで試すわけにはいかないので、エナートとフィッシャーは共同で、「ノックイン（挿入）」マウスを用いて一連の実験を行ないつつある。ヒトのＦＯＸＰ2遺伝子をマウスのゲノムに組み込んで、なにが起こるのかを見るのである。どんな変化が起こるかは、予想がつかない。「マウスが話しかけてくるとは思っちゃいないけど」とは、冗談交じりのエナートのことばだ。

その一方で、鳥とヒトの収斂進化の研究から、ＦＯＸＰ2について興味深い新たな情報が得られた。（収斂進化とは、まったく異なる2つの種において、進化が、同じ問題を同じやり方で解決することをいう。たとえば、眼は、動物界では、進化の過程で何度かまったく独立に生じている。）鳥のソングは、ヒトの言語と多くの類似点をもっている。すなわち、鳥のソングの基本「語彙」は、同種の年長の鳥が歌うのをまねることによって学習される。若鳥がそれを獲得できる期間には、臨界期がある。そして、ソングの基本パターンには可塑性があって、ソングは個々の鳥によって磨きをかけられて個性的なものになる、といったように。これらの鳥の脳では、FOXP2は、ソングに関係する脳部位においてきわめて強く発現していた。この脳部位は、ヒトでこれらの鍵となる遺伝子が発現する脳部位と対応している。その証拠は、アメリカのステファニー・ホワイトとドイツのコンスタンツェ・シャルフがゼブラフィンチとカナリアで行なった研究から得られた。

ゼブラフィンチは、孵化後90日で完全に成熟するが、若いオスは、60日目までに手本となるソングを覚える（ゼブラフィンチでは、オスだけがソングを歌う）。若いフィンチは、ヒトの幼児のようにソングの喃語から始まって、より一貫したソングへと進んでゆくが、これはおよそ25日目から60日目の間であり、これが臨界期に相当する。彼らは、父親、ほかの年長のオス、時には兄を教師として、まず教師のソングのコピー（鋳型）を作る。しかし、その基本枠組みは、新たな歌声やほかの変化が加えられることによって、個性化されてゆく。

シャルフのグループは、FOXP2は広範囲の脳組織で発現するが、とりわけ発現が強いのが大脳基底核の一部、ソング学習に不可欠のエリアXと呼ばれる部分だということを発見した。この活性の高まりは、ソング学習が起こる孵化後35日齢から50日齢の時に始まり、それが一生を通して続く。カナリアは、季節によってソングのタイプが異なる。1年のうちのある時期は、ソングはきわめて型通りだが、それ以外の時期は、ソングが不安定で可塑性をもち、歌い手はたえずソングの実験をする。これらの創造的な時期には、エリアXでのFOXP2の発現が激しくなる。2つの研究グループは、大脳基底核（エリアXの場所）と、鳥のソングに関係した聴覚領野や喉の動きを制御する領野とを連結するさまざまな組織においても、FOXP2の強い活性を記録した。

これらの研究者は、ＫＥ家での研究と同じく、ＦＯＸＰ２が鳥とヒトの脳の発達において広範囲の役割をもつこと、そしてとりわけ、聴くことと歌う（あるいは話す）ことを調整する脳の部分において専門的で顕著な役割をもつことを発見した。彼らは、これらの遺伝子が、脳のいくつかの部分に、もし（そして一度でも）ほかの要因が作用すると、音声学習が進化するような「許容的環境」を形成すると結論している。

ＫＥ家の言語障害者についてのファラネー・ヴァルガ＝カーデムの脳画像研究とともに、鳥類で得られた知見は、私たちに、発話における調音と理解が脳内の同一の回路を使っているということを教えてくれる。言語は抽象的なものではなく、調音の身体的プロセスを土台にし、その制約を受けている。単語は、口が発音できるものに限られる。ヴァルガ＝カーデムが言うように、言語は、脳のなかに自由に浮いているのではない。比較の一例として彼女があげているように、すべての人間は、歩くという能力を生まれながらにもっているが、脚とそれにつながる足がなければ――より正確には、脳のなかの感覚運動システム（感覚情報に対する筋反応を制御する神経系）が脚と足をはたらかせなければ――、歩行は実現できない。同じく、言語も、対応する適切な感覚運動システム――脳内で言語を統合する適切なメカニズム――をもたなければ実現できない。

高名な言語科学者、フィリップ・リーバーマンは、発話と言語にはたすＦＯＸＰ２の役割について述べた最近の研究論文のなかで、ブローカ失語が、皮質にあるブローカ野だけの損傷では起こらないと強く主張している。典型的な発話や言語の障害が現われるには、基底核も損傷していなくてはならない。リーバーマンによれば、この皮質下の「原始的な」脳組織の役割が考えられてこなかったそもそもの原因は、

1861年のブローカ自身にさかのぼる。この時ブローカは、ブローカ失語の記述のもととなった患者が、ブローカの名を冠することになった皮質領野だけでなく、基底核の組織にも広範囲の損傷があったということを指摘し損なった。たとえるなら、甲板にいる船長を、大洋の横断に成功してすごいと褒め称えたのはよいが、機関室で汗だくで働いている人々のことを忘れ去っていたのだ。

「言語の座」がより「高度な」皮質にあるという、ブローカのモジュール的な考え方は、その後チョムスキーとピンカーに引き継がれた。リーバーマンが言うには、より現代の脳研究によって、大脳基底核から出て皮質に行き、また基底核に戻る回路が、歩き、ダンスし、しかめっ面をするのを可能にする筋肉の動きの精密な調整に関与していることが示されてきた。それらはまた、私たちに、声道の筋肉の有限な種類の動きを組み合わせることによって、無限の種類の単語を生み出すことを可能にし、私たちの脳に、有限の数の統語論的ルールに従って、有限の数の単語から無限の数の新たな文を作るのを可能にする。リーバーマンがなにを言わんとしているのかを理解するには、ニューオックスフォード辞典には厖大な数の単語が収録されているが、それらの単語は26種類のアルファベットだけから互いに異なるように構成されていること、あるいは、ヒトの身体のなかにある途方もない種類のタンパク質が、DNAの二重らせんにある4種類の塩基の異なる組み合わせによって作られているということを頭に浮かべてもらうとよい。

リーバーマンは、私たちの脳の奥深くにあって、これらすべての文脈ではたらきうる大脳基底核を、「順序化機関（シークエンシング・エンジン）」と呼んだ。リーバーマンは、思考内容、記憶や概念が脳の高次の機能だということに異議を唱えているわけではないが、発話、統語論や創造的思考を可能にしているのがこれらのより古い脳組織だということを強調している。これが、鳥のソング研究者が仮定している「許容的環境」であり、私たちは、どのようにして、ヒトのFOXP2のDNA配列の微妙な変化がここでは決定的に重要な変化につながり、類人猿には明らかに欠けているもの、すなわち言語と発話の能力を私たちにもたらしたのかを知る必要がある。

そして現在、国際的な共同研究を行なっているいくつかのグループが、脳のなかでFOXP2の制御下にある多数の「下流の」遺伝子を見つけようとしている。FOXP2は、ほかのタイプの言語障害に直接は関与していないが、オックスフォードのウェルカム人間遺伝学研究センターを中心とする国際的な共同研究チームは、この「下流のオーケストラ」のメンバーのひとつとして、CNTNAP2という遺伝子を発見した。このCNTNAP2の活性は、FOXP2の直接的な制御下にある。CNTNAP2は、発生(発達)しつつある脳の皮質で活性化し、この遺伝子の変異体は、特殊な言語障害と、自閉症児での言語発達の遅れと関係づけられている。次に紹介する最近発表された2つの研究は、FOXP2が社会的コミュニケーションの一形態としての言語に関係しているという考えと、FOXP2が素早い調音を担当する脳の「順序化機関」内で活性化するというリーバーマンの考えの2つを支持している。

2005年、ニューヨークのマウントシナイ医科大学のジョゼフ・バックスバウム率いる研究チームは、ヒトのFOXP2遺伝子をマウスに「ノックイン」するのとは逆のことを行なった。マウスのFOXP2を「ノックアウト」したのである。遺伝子対の双方を壊した場合には、マウスは深刻な影響を受け、重い運動障害があり、成熟を待たずに死んでしまった。しかし、FOXP2の一方だけが壊された場合には、小脳の発達に軽度の遅れが見られ、コミュニケーションに障害がある程度だった。子どものマウスは、母親から離されても、不快な状態の時に発する超音波コールを発することができなかった。バックスバウムの研究チームは、発声パターンと発声音の周波数分析の結果から、発声に関係した声道と脳幹の大部分は正常であると結論した。問題は小脳の微妙な変化にあった。これは筋が通っている。というのは、発声音（発話音）の形成は、運動活動であり、小脳がこの微妙な運動制御を統合しているからである。小脳は、ＫＥ家の家族で障害の大きい脳領域のひとつであった。

２００７年末、ロンドン大学クイーン・メアリー・カレッジのスティーヴ・ロシターと共同研究を行なっていた中国人研究者のグループが、ＦＯＸＰ２遺伝子の突然変異がコウモリのエコロケーションと関係しているという興味深い研究結果を報告した。彼らによると、それまで一般に受け入れられていたのは、ＦＯＸＰ２が動物界全体を通してよく保持されている（配列の変異がない）が、ヒトとチンパンジーを比較してみると、ヒトでは２つのアミノ酸の置換があるということだった。彼らが論じているように、このことによって、ＦＯＸＰ２の役割は、言語の出現の文脈――すなわち、ヒトが言語をもち、チンパンジーは言語をもたないこと――のなかだけで考えられるようになってしまった。しかし、彼らの報告では、エコロケーションをするコウモリとしないコウモリとを比べると、ＦＯＸＰ２の配列にいくつもの違いが見つかる。このことは、ＦＯＸＰ２の作用を探る研究が、言語それ自体よりも、感覚運動の調整の文脈におかれるべきだということ――ヴァルガ＝カーデムが達したのとまったく同じ結論――を示している。

エコロケーションは、きわめて複雑な機能であり、高速で飛行している際の定位と獲物の捕獲に使われる。昆虫の多くは、変幻自在行動と呼ばれる、ほとんど予測不能でカオス的な飛び方をして、捕食者を翻弄する。コウモリは、ものにぶつからずに、そして捕食のために、毎秒最多で２００回ほどエコロケーション用のパルス音を発し、それが反響して返ってくる音をミリ秒のオーダーで解読し、同程度の時間のオーダーで飛翔の制御に必要な動きの調整をする。ソナー情報であるこの超音波の連発を受けとり伝達するには、聴覚と、鼻や口腔の動きとの驚異的で複雑な協応が必要である。というのは、コウモリが飛行で用いる超音波信号は喉頭で作られるからである。鳴禽類やヒトと同じく、コウモリも音声学習を示す。これに比べると、言語はほんの子どもの遊びのように見える。

これらの研究者が、エコロケーションをするコウモリとしないコウモリのさまざまな種について、そのFOXP2遺伝子全体の配列を調べてみたところ、生じるタンパク質に多くの異なるアミノ酸置換が見つかった。それらの変化は、この遺伝子に均一には分布しておらず、コード配列である2つのエクソン、第7エクソンと第17エクソンに集中していた。エコロケーションをするコウモリのいくつかの種では、加速した進化の明らかな証拠があった。キクガシラコウモリとすべてのヒナコウモリの間では、第7エクソンの突然変異が異なっていた。エコロケーションをするコウモリのいくつかの種は、アミノ酸の置換を、音声学習を示すクジラと共有していた。第17エクソンでは、アミノ酸の変異は、エコロケーションをするどのコウモリでも多く、8つの異なる置換をもつものもあった。もっとも変異の多い種は、マレイシアとインドネシアに広く生息するミゾコウモリである。興味深いことに、これらのコウモリは、ひじょうに短い多重倍音のコールを発し、返ってくる反響音によってではなく、標的となる昆虫がたてるかすかな音を聴きとることによって、昆虫をとらえる。彼らは、コウモリのエコロケーションがFOXP2の進化をともなっており、FOXP2の調節下にある遺伝子の下流でのカスケードが、このきわめて複雑な形式の感覚‐運動協応の発達と維持に関係している、と結論している。ヒト、ソングを歌う鳥（鳴禽類）、そしてコウモリは、共通点が少なくともひとつあり、これはチンパンジーとは共有していない。それは、喉頭からの音声（あるいは超音波）の生成に関係した、筋肉の素早く巧みな運動調整を必要とする複雑な形態のコミュニケーションである。より広い範囲の動物種について、ＦＯＸＰ２の変異を調べることは、その役割が音声学習に特有なのか、調音に特有なのか、それとも発する信号の複雑さに特有なのかを決めるのに役立つ。この回り道は、言語の性質について、そしてなぜヒトは話すことができて、チンパンジーはできないのかについて、よりよい理解へと私たちを導いてくれるだろう。

3章　脳を作り上げるもの

1967年、パキスタン政府は、世界で12番目に大きなダムを、イスラマバードの南にあるジェルム川に建設した。巨大な貯水池を作り、水力発電をする一大プロジェクトだった。それによって、2つの大きな町、ミルプールとダディアル、そして280ほどの村が水没した。10万人を超える人々が移住を余儀なくされた。その多くは、就労許可をとってイギリスにやってきた。その結果、ヨークシャー州のブラッドフォードのように、かつて紡績で栄えた大きな町には、いくつものパキスタン人コミュニティができた。その大部分は、パキスタンの支配下にあったカシミールのミルプール地方出身の親類縁者で構成されている。

最初、工場で働くためにやってきたのは、男たちだった。その後、1970年代から80年代にかけて、徐々に彼らの家族もやってきた。彼らには、「ビラデリ」と呼ばれる氏族（クラン）内で結婚を行なうという強い伝統があり、いとこやはとこどうしの結婚がよく行なわれる。イギリスのこれらの新しいコミュニティでは、親族の間で結婚し、のちにはイギリス生まれのパキスタン人も、故国の親族から結婚相手を見つけた。結婚する2人のいとこの一方の両親もいとこどうしであるという二重のいとこ婚になることさえあった。長年にわたって、これが、血縁度の高い超大家族をたくさん生み出してきた。その結果、パキスタン人コミュニティでは、遺伝病の患者の割合が周辺地域よりもはるかに高くなった。ブラッドフォード王立診療所の小児発達センターの小児科医、ピーター・コリーは、ブラッドフォード地域ではこの20年間で、通常の医療機関で予想される劣性遺伝病は20〜30種類であるのに対し、140種類もあったと見積もっている。(遺伝子の突然変異により、遺伝子対は、優性と劣性の対になる。単一遺伝子の突然変異の影響を受ける形質(遺伝病)では、もしその遺伝子が劣性なら、その病気を発症するリスクは、両親ともがその劣性遺伝子をもち、その子どもがその遺伝子のホモ接合である場合に限られる。パキスタン人家族でのきわめて濃厚な血縁関係は、これが起きる確率を高めている。)

これらの障害の多くは、神経変性疾患を招き、脳性麻痺、ジュベール症候群や小頭症になる確率が高い。小頭症の子どもはひじょうに小さな頭で生まれ、中度から重度の知的障害をもつ。健常な成人男性の脳の重さは1450グラムなのに対し、小頭症の成人男性の脳の典型的な重さは430グラムほどで、チンパンジーの脳の重さに近い。彼らの頭が小さいのは、大脳皮質、すなわちあらゆる高次の心的機能を担う、畳み込まれた脳の部分が適切に発生しないからである。

1980年代末、遺伝医学の専門家、ジェフ・ウッズは、リーズ郊外にあるリーズ大学付属セント・ジェイムズ病院に赴任した。ブラッドフォードは、病院の担当地域に入っていた。第一の研究課題は小頭症だったが、パキスタンのコミュニティに入り込むことはほとんどできなかった。というのは、彼らは問題を自分たちのなかで片づけようとし、医療や介護のサービスをあまり頼りにしておらず、病院や診療所にはなかなか行こうとはしなかったからである。神経学的障害をもって生まれた子どもたちは、それまでもずっとそうであったように、家族内に留められ、世話されていた。ウッズは、ピーター・コリーとその同僚のボブ・ミューラーとともに、アジア人のカウンセラーと地域のパキスタン人開業医のネットワークを立ち上げ、時間をかけてより多くの家族と接触して信頼を築いてから、本格的な診察を開始した。ピーター・コリーの記憶では、1990年代半ば、手帳には40人を超える小頭症の子どもが記載されていた。

いくつかの家族は、2人か、場合によっては3人の小頭症患者を抱えていた。ジェフ・ウッズにとって、小頭症が劣性遺伝することとは明らかだったので、原因遺伝子を発見することが急務の課題になった。小頭症患者の脳は妊娠の第3期までまったく正常に成長するので、初期の超音波検査では異常が検出できない。必要だったのは、胚のごく初期の段階で問題を発見できる遺伝学的検査だった。とりわけ重要なのは、この検査が遺伝的スクリーニング検査につながって、若いパキスタン人が小頭症の子を産む可能性のある近親婚を避けることができるようになることだった。

ウッズらは、もっとも大きな家族のひとつで調査を開始した。この家族には、13歳から28歳まで5人の小頭症患者がいた。その後、8つの血縁家族が加えられ、患者の合計は23人になった。彼らは、血液を採取し、関与遺伝子を探しにかかった。最初の仮説は、ひとつの遺伝子が見つかるだろうというもので、それを見つけるために、標準的な連鎖解析法を採用した。この方法は、すべての染色体にわたるゲノム全体から探すべき領域を少しずつ狭めてゆき、最終的にはその遺伝子が位置している領域へと絞り込むことができる。これには、遺伝子マーカーの既知のライブラリーが使用される。遺伝子マーカーは、染色体の上に間隔をおいて並んでいる既知の識別可能なDNA配列で、道路沿いのキロ標識のようなものだ。大きな家族であれば、特定の標識と遺伝的疾患が同一個人にともに見られる場合を家系図上に書き込むことができる。というのは、その原因遺伝子は、標識の近くに位置するので、両者は一緒に、生殖の際に染色体間に起こる組み換え（すなわち交差）を生き残り、同一染色体上で次の世代へと受け継がれるからである。

彼らは、まず第1の家族の5名の結果を比較し、次に第1と第2の家族のＤＮＡをプールすることによって、第8染色体の短腕上に、１３００万ＤＮＡ塩基対ほどの長さの共通のホモ接合領域を発見した。探し求めていた遺伝子は、この領域内にあるに違いなかった。彼らは、この遺伝子座をＭＣＰＨ１（マイクロセファリー1と読む）と呼んだ。

彼らは、自分たちがもっとも大きな家族を選んだことを喜んだ。１９９８年、第8染色体の遺伝子座について報告した最初の論文のなかで、彼らは、自分たちが、ほかのいくつかの遺伝子座が存在するという証拠を見つけたこと、そしてその数はいまや8になったと述べた。遺伝的には、小頭症は多様であることが判明している。もし彼らが最初にいくつもの小規模な核家族で探し始めていたなら、この病気にはそれぞれの家族によって異なる遺伝的原因があるということになっていたかもしれない（その場合には、それぞれの家族についての説明を突き合わせると、矛盾が生じ、研究者を困惑させることになっていただろう）。

もちろん、病気の遺伝子座を特定することは、その遺伝子を特定することと同じではない。突き止められた領域がロンドン中心部のオックスフォード通りと同じ長さだとすると、彼らはいまはその沿線の縁石を探しにかかっていた。それは、探索の助けになるはずのヒトゲノムの最初の詳細な解読結果が公にされる以前のことであり、彼らは、切れない道具をもって前進するしかなかった。彼らは、ＭＣＰＨ１との連鎖を示した家族のうち2家族を対象に、既知と新規のマーカー配列を用いて、遺伝子座をより詳細に再構成した。次に、両方の家族の親のマップと小頭症患者のマップとを重ね合わせ、重なりがもっとも際立っている領域を探した。その結果わかったのは、それが200万塩基ほどのかなり小さなDNA領域であり、そこに含まれる既知の遺伝子は2つしかなかった。ひとつはアンジオポエチン2で、突然変異の箇所を探したが、見つからなかった。研究の焦点は、第2の遺伝子、AX087870に移った。この遺伝子についてては、なにもわかっていなかった。彼らは、この遺伝子のコード領域のひとつで単一の突然変異を発見した。この変異は、タンパク質をコードする遺伝子をこの地点で止め、生じるタンパク質を完全に断ち切っていた。2つの家族の小頭症患者7人すべてがこの変異についてホモ接合であり、その両親はみなヘテロ接合(つまり、この突然変異の保因者)だった。探していた遺伝子がついに見つかった！　彼らはこのタンパク質を正式に「マイクロセファリン」と命名した。

彼らは、当初から、小頭症の遺伝子がどのような進化的意味をもっているかに注目していた。彼らが指摘しているように、小頭症患者の脳容量は、初期のホミニッドのそれとほぼ同じであり、小頭症が先祖返りの障害——遠い祖先がもっていた原始的特徴への回帰——だという主張もあった。まさにこの理由から、小頭症は、2004年にインドネシアのフローレス島で発見された化石人骨、ホモ・フロレシエンシス(いわゆる「ホビット」)がなにものなのかをめぐる古人類学のなかで起きた激しい罵り合いの核心になった。インドネシアの人類学者、テウク・ヤコブは、それが小頭症——脳はオレンジの実をひと回り大きくしただけの大きさしかなかった——を患った小人(こびと)のホモ・サピエンスだと主張して譲らなかった。リアン・ブア洞窟で実際にこの「小さなヒト」を掘り出したオーストラリアの研究者たちは、これに激怒した。彼らは、洞窟内にあったほかの骨を徹底的に計測して、「ホビット」が私たちとは異なるヒトの種だと推定していたからだ。フロリダ州立大学の人類学者、ディーン・フォークは、亡くなった10人の小頭症患者のエンドカスト（頭蓋の内側を石膏でかたどったもの）と「ホビット」のエンドカストを比較し、ホビットの頭蓋は小頭症の頭蓋ではないと断定した。一方、ドイツの神経科学者と人類学者のチームは、「ホビット」と27人の小頭症患者のエンドカストを比較したところ、「ホビット」の頭蓋がヒトの小頭症で得られた頭蓋の範囲のなかほどになり、「ホビット」が奇形で、栄養不良の小頭症のヒトであった可能性を排除できなかった。フォークは、オーストラリアの研究者が最初に主張したように、「ホビット」がホモ・エレクトゥスの最後の末裔だと結論したが、これについては、いまも激しい議論が続いている。これら一連のことから、ヒトの進化についてよりも、古生物学者とはどんな人たちかということがよくわかる。同時にそれは、頭骨の化石の解釈がいかに難しいかも示している。

マイクロセファリン遺伝子は、ヒトの進化においてどんな役割をはたしてきたのだろうか？　アンドリュー・ジャクソンのチームは、この遺伝子の作用と発現場所を突き止めようとした。ヒトの胎児の組織を用いた実験は、それがヒトの脳で発現していることを示し、さらにマウスの脳での研究が、神経発生時――前脳の側脳室の前駆細胞からニューロンが作られる時――に発現していることを突き止めた。ここは、大脳皮質を作るためにニューロンが移動してゆくその出発点の組織である。皮質に行き着く細胞の数は、神経発生のこのプロセスがどれほど長いかに依存し、げっ歯類から哺乳類になるにつれて、神経発生の期間が長くなる。

ほかの場所についてはどうだろうか？　ここで登場するのは、ハーヴァード大学の神経科学者、クリストファー・ウォルシュである。彼は、自分の研究がどんな進化的意味をもっているかをたえず考えている研究者だ。

神経科学者なら、そのほとんどは、学生寮の床に座り込んで午前2時まで語り合ったものさ。「おお！意識！ぼくらの脳はなんてすごいんだ！……なにがぼくらをどんな動物とも違うものにさせるのか？」ってね。大学時代に夜更けまでこんなことを議論していた学生の多くは、こうした進化の疑問を問い続けながら、神経科学の道に進んだのさ。

ウォルシュの研究室はすでに、脳を作り上げる遺伝子のリストを作成し始めており、それらの遺伝子は、語るに値する重要な進化的ストーリーをもっている可能性があった。さらに、ヨルダンのいくつかのアラビア人家族について、小頭症遺伝子のマッピングも始めていた。ウォルシュは、ジェフ・ウッズがすでに発見していた遺伝子座のひとつと連鎖を示す家族に遭遇し、ウッズを共同研究に誘い込むことにした。

その時にぼくらが言ったのは、「ジェフはすでにこの遺伝子座を発表している。だったら彼と組むしかない。彼なら、うまくやってくれるさ」ということだ。そんなわけで、彼にその家族のことを説明し、マッピングを一緒にやったのさ。

ウォルシュは、アメリカに来る費用をジェフ・ウッズに渡し、契約書は、ボストン・レッドソックスの野球の試合観戦中にフェンウェイ・パークのスタンドでサインされた。

問題の遺伝子座は、第1染色体上にあり、小頭症について最終的に発見された8つの遺伝子座のうち5番目、MCPH5だった。それは、中東からパキスタンを通ってインドに至る弧状の地域——これらの地域ではいとこ婚がよく行なわれている——においてもっともよく見られる小頭症の原因だった。彼らは、遺伝子探索を60万塩基ほどの領域へと狭めていった。この領域には、その時点で公表されているゲノム・データベースによると、既知の4つの遺伝子が含まれていた。そのなかのひとつ、ASPMには、最終的にデータがプールされた4家族のそれぞれに、異なる突然変異が含まれていた。これらの突然変異はどれも、この遺伝子の読みとり枠にあってはならない終止符を入り込ませていた——この遺伝子の転写によって生じるタンパク質を断ち切ってしまう——という点で、よく似ていた。ASPMは、動物界を通して広く見られる遺伝子のヒト版である。ショウジョウバエでは、この遺伝子はaspと呼ばれ、これは「異常な紡錘体（*abnormal spindle*）」という意味だ。なぜこう呼ばれるかは、すぐあとで紹介しよう。このタンパク質の領域の大部分は、動物の世界を通してほんのわずかに違うだけであり、驚くほど保守的だ。例外はいわゆるIQ領域である。このIQ領域は知能指数にちなんで名づけられたわけではなく、IとQはそれぞれ、生じるタンパク質の鎖にあるアミノ酸を表わしており、興味深いことに、このIQ領域の反復の数は、昆虫からの哺乳類まで、脳の大きさが増大するにつれて増加する。たとえば、線虫ではIQの反復がわずか2だが、ショウジョウバエでは24、マウスで64、ほかの哺乳類の大部分（ヒトも含まれる）のASPMは74にもなる。

マウスとショウジョウバエを用いた研究は、動物の種ごとのASPMのさまざまな変異体が、幹細胞（神経上皮細胞）の増殖における細胞分裂の制御に決定的に重要だということを示してきた。これは有糸分裂と呼ばれるプロセスを通して起こる。ａｓｐの突然変異は、有糸分裂で生じるはずの正確な幾何学的配列を妨げて、増殖を途中で停止させ、脳や中枢神経系の発生不良を生じさせる。この遺伝子の作用がいかに重要かを説明するまえに、まず有糸分裂について簡単に紹介しておこう（図1参照）。

有糸分裂の初めに、各染色体対のそれぞれは分かれて、２つの同一の染色分体になる。次に有糸分裂紡錘体と呼ばれる構造が、微小管から形成される。この微小管は両極に行くほど細くなり、この両極が娘細胞の核の場所になる。染色分体は、紡錘体にくっついて紡錘体の中央で整列し、紡錘体に沿って極まで移動し、その結果、染色分体の対はそれぞれの極へと移動する。それゆえ、生じる２つの核は、親細胞とまったく同一の遺伝物質をもつことになる。ＡＳＰＭ遺伝子ファミリーは、紡錘体の面を水平に保つという点で、決定的に重要であるように見える。いったん染色分体の移動が起こると、垂直の分裂溝（したがって紡錘体の面と直交する）ができ、親細胞を２つの同一で対称的な娘細胞に分ける。これらは、分裂を繰り返してゆく（すなわち幹細胞の数は分裂ごとに2倍になる）ことができ、いわゆる全能状態にある。この対称性からの逸脱があった場合には、２つの娘細胞のうち一方しか幹細胞の条件を満たせず、もう一方はその条件を失ってニューロンになり、皮質の発生中の層において定位置につくために移動を開始する。このように、対称性からの逸脱は、神経上皮の活動的な増殖の寿命を短くする。

ドイツの研究者グループは、最近のみごとな研究のなかで、この対称性のはたす役割が決定的に重要であることを明らかにした。その研究はまた、なぜＡＳＰＭのような遺伝子に対する淘汰圧がこれほど強力なのかも示している。幹細胞が分裂し続けるというこの能力は、それまで考えられていた以上に分裂溝の垂直の対称性に大きく依存している。これは、有糸分裂の最初に、これらの細胞が垂直軸に沿って伸長す

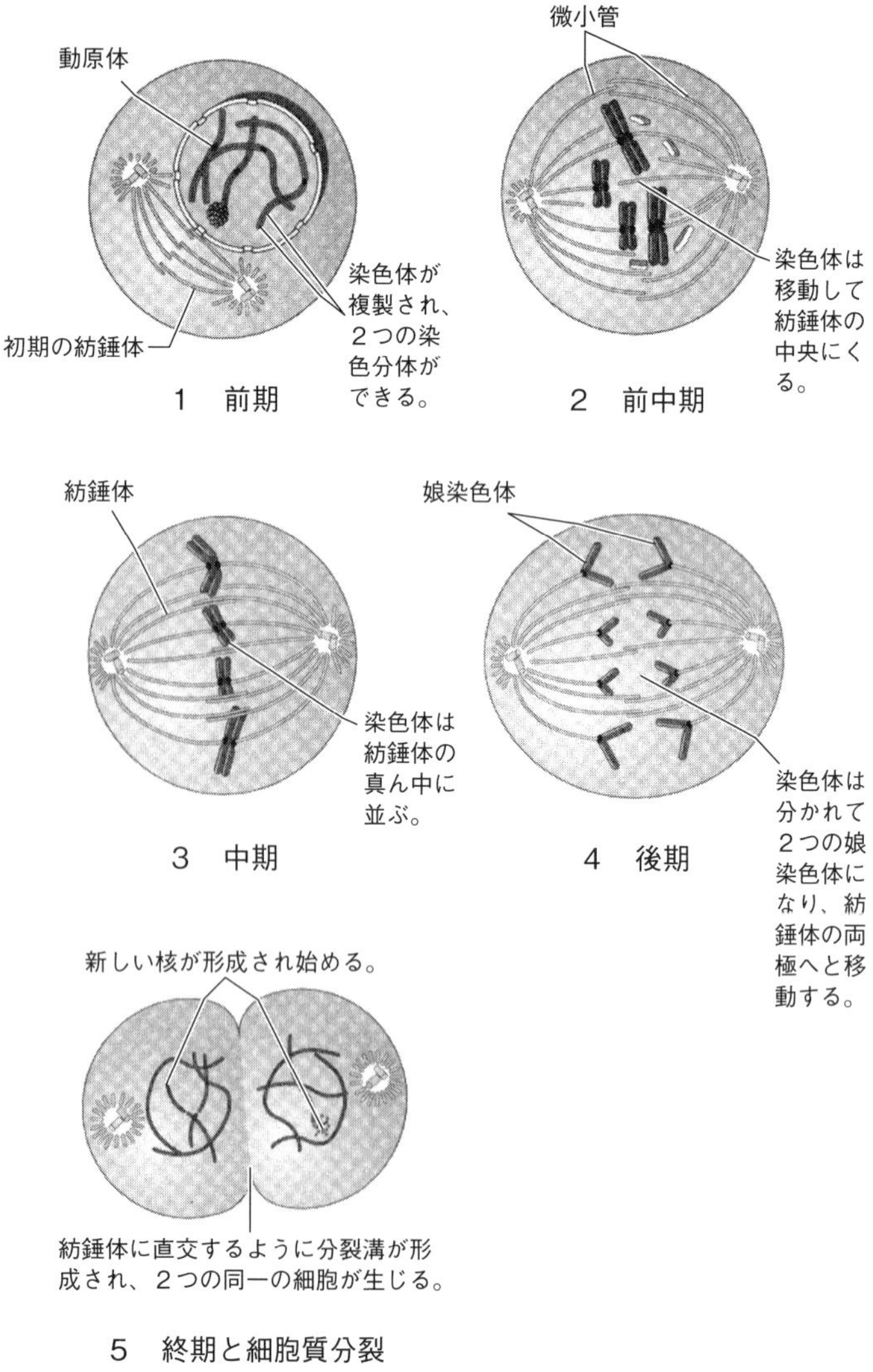
動原体
初期の紡錘体
染色体が複製され、２つの染色分体ができる。
1　前期
微小管
染色体は移動して紡錘体の中央にくる。
2　前中期
紡錘体
染色体は紡錘体の真ん中に並ぶ。
3　中期
娘染色体
染色体は分かれて２つの娘染色体になり、紡錘体の両極へと移動する。
4　後期
新しい核が形成され始める。
紡錘体に直交するように分裂溝が形成され、２つの同一の細胞が生じる。
5　終期と細胞質分裂

図１　有糸分裂の各段階

るからである（ちょうどずんぐりした形が1列に並んだビール瓶のようなものへと変身するのをイメージしてもらうとよい）。それぞれの細胞の頂部には、頂帽と呼ばれる小さな構造があり、中央部分のプロミニン1と呼ばれるタンパク質を分子のリングがとり囲んでいる。垂直の分裂溝ができる時、それは細胞の頂部から底部へと中央を走り、頂帽を横切る。紡錘体が正確に水平に保たれていれば、分裂溝は正確に垂直になり、頂帽はまっぷたつになる。それぞれの娘細胞は、もとの半分の量のプロミニン1をもち、この等分は、どちらの娘細胞も全能状態に保たれることを保証する。分裂を重ねるごとに、プロミニン1の量は半分になり続け、それは、生じる細胞が全能状態を保つだけの量のプロミン1をもたなくなる時まで続く――この時点でニューロンを形成し始める。同様に、もしどの世代かの細胞分裂で分裂溝が垂直からほんの数度でも傾いてしまったら、一方の細胞は他方の細胞よりプロミニン1を少量しかもてず、この場合も全能状態でなくなり、ニューロンになってしまう。このようにプロミニン1は、細胞分裂、皮質の大きさ、ニューロンの数にとって時計の役割をはたす。これは、なぜASPMの突然変異が小頭症を引き起こすのか、そしてなぜASPMの有益な突然変異が選択されてきたのかを説明する。大脳皮質のどんな拡張も、ある時点まで、神経上皮にあるたくさんの細胞をできるだけ長時間全能状態に保つ――神経上皮から増殖能力を搾り出す――ことを意味する。全能状態にある前駆細胞の数を維持できる時間が長くなれば長くなるほど、結果的により多くの皮質ニューロンが生み出され、皮質のより大きな拡張を支えることができる。理論的には、紡錘体の面への制御を高めるASPMのどんな変異も、進化的な砂金になるはずである。それは、より大きな脳を作るのを助けるのだ。

では、ASPMは、私たちをヒトにする遺伝子のひとつなのだろうか？　メリーランド州ベセスダの国立がん研究所のジェフ・ウッズ、クリストファー・ウォルシュ、ナタリー・クプリナは、この遺伝子のIQ反復内のDNA配列の進化が重要であるという自分たちの直観を裏づけるため、アカゲザル、オランウータン、ゴリラ、チンパンジー、ヒトの間で遺伝子の進化速度を比較した。彼らは、その遺伝子の各領域における同義突然変異と非同義突然変異の比率を調べるという、正の淘汰をテストする古典的方法を用いた。すべての単一点突然変異――単一のDNA塩基の置換――が、その遺伝子の生産するタンパク質のアミノ酸に変化を起こすわけではない。変化を起こさない場合には、この突然変異は、なにごともなかったかのように黙っている。生じるタンパク質の構造は変化しないので、機能は同じままであり、変化は中立的である。このような突然変異を同義突然変異という。一方、非同義突然変異では、遺伝子のコード部分の配列における単一の塩基の変化（置換）は、生じるタンパク質の分子鎖におけるアミノ酸の変化（置換）を生じさせる。これは、このタンパク質の生物学的機能を変え、その変化はその生き物にとって有利か不利かのどちらかであり、淘汰されて、残るか消え去るかする。同義突然変異に対する非同義突然変異の比率（Ka／Ks比と呼ばれる）が1・0より大きい場合には、正の淘汰が起こった証拠とみなされる。

ウッズのチームは、ASPMタンパク質の大部分が霊長類の進化を通してきわめて保守的である――注目すべき変化はほんのわずかしかない――ことを見出した。急速に進化する場所は、確かにIQ反復のなかに集中していた。注意してほしいのは、IQ反復の数は霊長類を通して同じであり、異なるのは、IQ反復の内部での非同義突然変異、すなわち正の淘汰を受けた突然変異のパターンだということである。彼らは、ゴリラとヒトの両方でIQ領域に淘汰のとりわけ強いサインを認めたが、チンパンジーにはそうしたサインが少なかった。しかし、霊長類の系統樹を精査してみると、ASPMの進化は、旧世界ザルやオランウータンからの分岐以降の枝の部分において700~800万年前ぐらいに加速し始めたことが明らかになった。これには、ゴリラ、チンパンジー、ヒト、そしてそれらの共通祖先が含まれる。これは、250万年前に始まって25万年前に終わったヒトの皮質の拡大の時期よりはるか以前のことだ。オランウータンと、ゴリラやチンパンジーやヒトとの間のASPMの進化速度における大きな違いは、現在の霊長類の脳の大きさ――オスのオランウータンの脳の重さは430グラム、ゴリラは530グラム、チンパンジーは400グラム――には反映されていない。その結果は、ASPMがたんなる脳の拡大によりも、脳のもっと複雑で微妙な構造の変化に役割をはたしていたという考えともっともよく合ったため、彼らは、これらの効果のほとんどがホミノイドの歴史のごく初期に起こったと結論した。現在のところ、IQ領域の数の増加やIQ領域内での変化が皮質の大きさとどう関係するのかについて、答えを考えついた研究者はいない。

さらにアメリカの2つの研究グループがこのテーマに参入し、たちまちにこのテーマはもっと刺激的なものになった。ミシガン大学のジエンジー・チャンは、ヒトのさまざまな民族集団とチンパンジーやオランウータンとの間の、ASPM遺伝子のDNA配列の決定と比較から研究を開始した。彼もまた、同義突然変異に対する非同義突然変異の比率を比較し、この値がオランウータンでは0・43ともっとも低く、チンパンジーは0・66とそれより高く、ヒトは1・03ともっとも高いことを発見した。

集団内の遺伝子のDNA配列の塩基には、多数の変異体がありうる。いわゆる多型だが、この場合には一塩基多型、省略名で「SNP（スニップ）」と呼ばれる。集団内のある遺伝子が、ある時点において変異した（したがって置換された）塩基をもつものがあり、ほかは祖先からの塩基をもっている。もし淘汰が非同義突然変異によって生じる変化したタンパク質を強く好んだならば、このタイプの遺伝子の割合が増加して、その集団内で100%を占めるようになる。この時点で、すべての人がこの変異をもっているので、固定状態になったと言うことができる。チャンは、数学的解析を行ない、ヒトの系統に特有の16の非同義突然変異のうち、正の淘汰の作用によって12が固定状態になったという圧倒的な証拠があると断定した。チャンによると、この淘汰が起こった時期は、600万年前と10万年前の間だった――後者は、ホモ・サピエンスがアフリカを出たと考えられている時期に一致する。チャンは、チンパンジーと共通の祖先から分かれて以後のヒトの系統に特有のASPMには大きな淘汰があったと結論したが、この結論は、ジェフ・ウッズとクリストファー・ウォルシュらのチームの出した慎重な結論よりもはるかに強力だった。ウッズらは、チャンが比較にゴリラを含めていなかったので、ホミニッドの脳の拡張が始まる以前の時期におけるASPMの進化の初期の突発を見逃していると不満を漏らした。しかし、チャンの突然変異は、アミノ酸の置換を引き起こし、その結果、ウッズが注目してきたIQ領域とは無関係のタンパク質の構造的変化を引き起こしていた。それらは、ASPMタンパク質上のほかの場所で起こっていた。なにかほかのことが進行中のようだった。

ここで登場するのが、第3の研究グループ、シカゴ大学ハワード・ヒューズ医学研究所のブルース・ラーンらである。彼らは、ウッズらやチャンとまったく同じアプローチをとり、同義突然変異と非同義突然変異の比率（Ka／Ks比）を用いて、霊長類の種――ヨザルから、マカクザルやテナガザル、そしてオランウータン、ゴリラ、チンパンジーやヒトまで――を比較し、ヒトに近づくほどKa／Ks比が高くなる傾向があることを見出した。大型類人猿では、下等霊長類よりもKa／Ks比が高く、過去に正の淘汰の2つの大きな突出があった。ひとつは、4種の大型類人猿に至る系統においてKa／Ks比が1・0を大幅に上回った時であり、もうひとつは、チンパンジーと共通の祖先からヒトに至る最近の系統において値がさらに大きく上回った時である。これこそ、霊長類の進化を通しての、とりわけ過去600万年間の、ASPMの劇的で持続的な正の淘汰の証拠だった。

ASPM遺伝子全体にわたってKa／Ks比を細かく調べた結果、彼らは、きわめて保守的な領域ときわめて変化に富む領域それぞれに対応する山と谷を発見した。正の淘汰の強力な証拠を示した2つの領域は、IQ領域に対応する領域と、有糸分裂紡錘体に結合するタンパク質の領域であった。これは、重要だったのがIQ領域の数の進化ではなく、IQ領域内の進化だったという、チャンとウッズの両方の発見を裏づけた。ラーンによれば、ASPMの進化の時計は、共通の祖先から分かれて以来、猛烈な勢いで時を刻んでいる。この500万年にわたって15の突然変異が固定状態になったという明らかな証拠があった。これは、私たちがチンパンジーと分岐して以降、30万年に1回の割合でASPMに適応的なアミノ酸変化が起こったということになる。これは猛烈な速さだ。

ラーンのグループは、マイクロセファリンにも関心を向け、それが初期のサル（コロブスのような旧世界ザル）から大型類人猿を通ってヒトに至る系統において、2500万年から3000万年の間に45の有益なアミノ酸変化を蓄積してきたことを報告した。これは、60万年ごとにひとつの置換であり、これも母なる自然にとってはかなりの速さだ。この傾向は、ほかのどの哺乳類の場合よりも顕著だった。高等な霊長類――すべての高等類人猿の共通祖先へとつながる系統――の進化の比較的初期において、マイクロセファリンに対してもっとも強い淘汰の拍車がかかった。このことは、マイクロセファリンとASPMに関して古い時代と最近のストーリーを示唆する。それによれば、マイクロセファリンは大型類人猿の出現時の脳の増大に深く関与し、ASPMは過去数百万年間のヒトの大脳化に関係している。

これまでのところ、小頭症の遺伝子とその役割についてのストーリーについては、異論がない。しかし2005年に、ラーンのグループは、マイクロセファリンとASPMそれぞれについて驚くべき主張をした。それは、ヒトの脳がいまも進化しており、その進化の中心にはこれら2つの遺伝子があるということを示唆したものだったが、それだけでは済まなかった。それは、ラーンを猛烈な論争の渦中におき、ラーンらが人種差別的な研究を行なっているという非難もあがった。その論争の火種になったのは、2005年9月の『サイエンス』誌に続けて掲載された2つの論文だった。

パトリック・エヴァンズが筆頭著者を務めた第1の論文のなかで、チームは、マイクロセファリンの遺伝的変異が3万7000年前の現生人類に生じたということを突き止めたと発表した。この時代はと言えば、現生人類がヨーロッパに急速に広がっていき、ネアンデルタール人にとって代わり、洞窟壁画や多数の工芸品といった複雑な文化の痕跡を残した時代であった。チームは、ヒトの遺伝子プールにおけるこの遺伝子の頻度があまりに急速に増加しているため、中立的淘汰――遺伝学者が「遺伝的浮動」と呼ぶもの――では説明できないと主張した。それは正の淘汰を経ていた。

この変異体の推定年代は3万7000年前であり、これは、ホモ・サピエンスがアフリカを出た時よりもずっと後の時代だった。そしてこの新しい変異体は、現代のすべての民族集団に一様に分布しているようには見えなかった。世界中から1184人の大量のサンプルを用いて、彼らが発見したのは、その頻度がアジアやヨーロッパの集団では70%と高いのに、サハラ以南の集団ではかなり低いということだった。

ラーンのグループは、ヒトの脳が、その大きさや認知のなんらかの側面において、淘汰の標的だったのではないかと考えた。彼らは、このマイクロセファリンの変異体が皮質の発生・成長パターンを変化させた結果、今日のヒトの民族集団間には脳の大きさと認知能力の点で測定可能なほどの違いがあると推測した。

ＡＳＰＭについてのもうひとつの論文は、さらに劇的なものだった。同じ研究チームが、今度はニッツアン・メケル＝ボブロフが中心になって、ほんの５８００年前に生じたＡＳＰＭの変異体を発見した、そしてそれが強力な正の淘汰を受けて急速に高い頻度になったと主張した。彼らによると、このことは、ヒトの脳がいまも進化しつつあることを示していた。彼らは、今回はさまざまな民族の90人についてこの遺伝子の塩基配列を調べ、ほかの１００あまりの変異体は頻度が３％以下なのに、ひとつ、21％というかなりの高頻度の変異体があることを発見した。この変異体には、それまでの研究でヒトに至る系統において強い淘汰圧が示されていた同じ領域に、２つの非同義突然変異が含まれていた。この変異体の頻度は、サハラ以南のアフリカ人に比べ、ヨーロッパ人や中東人（イベリア人、バスク人、ロシア人、北アフリカ人、南アジア人を含む）でかなり高く、40％を超えていた。彼らは、５８００年前という推定年代が、「1万年前頃に中東での動植物の家畜化や栽培の開始と拡大と、そして５０００年から６０００年前頃に起きた都市の発達と文字の発明と結びついた人口の急激な増加とよく合致している」ということに気づいた。ただし、最終的な結論部分には、「この相関の意味はまだ明らかではない」と書いた。

この２本の『サイエンス』論文は、マスコミを熱狂させた。それらについて書かれた記事のなかでも特筆すべきは、２人のアメリカの有名な右寄りのライターでブロガーの、『アメリカン・コンサーヴァティヴ』に毎回執筆しているスティーヴ・セイラーと、『ナショナル・レヴュー』に書いているジョン・ダービシャーのものだった。彼らは、自分たちの政治的信念に合うようにブルース・ラーンの発見を捻じ曲げた。彼らにとって、重要性は明らかだった。セイラーは、ハリケーン・カトリーナがもたらしたニューオリンズの大洪水についての記事を書いて、物議をかもしたばかりだった。セイラーは、数千人におよぶ圧倒的に貧しい黒人の洪水生存者の窮状を、ワシントンのブッシュ政権の尊大な無関心と、看取される黒人の集団自体の弱点が致命的に合体した結果だとみなした。

ニューオリンズの下層階級の黒人の大部分が災害前に脱出できないということも、予想されたはずだった。多くは、貧しくて車などもてず、近隣の人に乗せてもらうにはあまりに信用がなく、あるいは先のことが心配できない。……その経済状態や教育についての統計から判断するかぎり、ニューオリンズの黒人は、アトランタやシアトルに住んでいるような、平均以上のアフリカ系アメリカ人よりも低く、マイアミやミルウォーキーの集団に近い。ほぼ半数は最貧困層だ。アメリカの黒人のIQの平均は85だが、ニューオリンズの黒人の平均IQはおそらく80台前半か70台後半である。

この記事は、ラーンの2本の『サイエンス』論文よりも5日早く掲載され、ニューオリンズで起きたことと、カナダのウェスタン・オンタリオ大学の型破りの心理学者、フィリップ・ラシュトンが行なっている民族（人種）、IQ、犯罪についての論議をかもした研究とを関連づけていた。ラシュトンは、IQが、世界の主要な民族集団では、アジア人＞ヨーロッパ人＞サハラ以南のアフリカ人の順になるという証拠を繰り返しあげていた。ラーンの2本の論文では、この民族集団間でのIQ順位がマイクロセファリンとASPMの新しい変異体の頻度に反映されていた。9月11日、セイラーは、ラーンの論文を引いて、自分の見解を正当化した。

「ニューオリンズの悪夢」という私の記事は、科学的に無知な人々に嫌悪感をもって受けとられた。しかし、私のもとには切り札が2枚ある。私の知るところでは、今週末に、アメリカの第一級の科学雑誌『サイエンス』に、シカゴ大学の遺伝学者ブルース・T・ラーンによる衝撃的な2篇の論文が掲載される。……IQの生得性の問題について言えば、それらの発見は必ずしも決定的なものではない。しかし、これらの2つの脳遺伝子をもっと興味深いものにする事実がいずれ発表されると思う。そのうち、民族（人種）間に不公平に分布している脳遺伝子がいくつも見つかるだろう。

少しして、11月に、コラムニストのジョン・ダービシャーは、ラーンの主張は、すべての人間の基本的平等というアメリカ憲法の根本理念に明らかに矛盾するので、反発を買うだろうと書いた。

爆弾論文

『サイエンス』の2005年9月9日号に発表された2つの論文が私の主張を裏づけている。……不思議なことに、これらの変異体のどちらも、サハラ以南のアフリカではまれにしか見られないようだ。しかし……しかし、だ。テレビの科学番組や信頼のおける新聞のなかで、解説者たちは長いこと、共通の祖先によって定義される人間集団にはいかなる大きな遺伝的差異もないと言い続けてはこなかっただろうか？　彼らは言い続けてきた――ずっと白々しい嘘をついてきたのだ。公平であろうとして、これらの解説者は、良かれと思って嘘をつき続けてきた。私たちの国は、すべての人間が平等に造られているという前提のもとに築かれている。もちろん、だれも、このことが、私たちはみな身長が同じだとか、力の強さが同じだとか、同じ賢さだとかということを意味すると思ったりはしていない。しかし、もし異なる共通祖先をもつ異なる人間集団が、たとえば脳の発達に影響を与える遺伝子の頻度において異なるとしたら、すべての集団が、職業や地位、そしてすべてのレベルにおいて平等であるような混成的で調和的な能力社会の実現という、私たちの国の大切な夢は、達成などされないかもしれない。

シカゴ大学は、これらの新しい変異体の保有者を特定する検査の特許を出願することによって、ラーンの言う脳の進化の遺伝子の熱狂に参入した。しかし、ヒトの遺伝子プールにおけるこれらの新しい変異体の出現と最近の人間の文化的進化の重要な段階との間に関係があるという推測について、ラーンがデータから言えないことまで言っているということは、すぐに研究者の間で囁かれ始めた。マイケル・バルターは、『サイエンス』誌上で、マサチューセッツ州ケンブリッジのブロード研究所のデイヴィッド・アルトシューラーが、認知との関係はとんでもない推測であり、科学者たる者は社会がそういった研究をどう受けとるかを考える責任がある、と言ったと述べている。論争を呼ぶのは目に見えており、「これらの変異遺伝子が影響をおよぼしているといういかなる証拠もなかった」。バルターによると、集団遺伝学の大御所、リチャード・レウォンティンは「この2つの論文は、注目を引かんがために、データから言えないことまで言っているひどい論文だ」と発言し、考古学者のスコット・マックエシャーソンも、論文のなかの考古学への結びつけが単純にすぎ、時代遅れのものだと言ったという。一方、ある報告によると、ラーンの共同研究者として両論文にも名を連ねているサラ・ティシュコフは、ASPMへの正の淘汰の形跡が自分がそれまで見たなかでもっとも強力なもののひとつだと言っていたが、その後「このプロジェクトから距離をおき始めている」と報じられた。

2006年6月、『ウォールストリート・ジャーナル』のなかで、アントニオ・レガラードはこの反発を取材し、デューク大学の遺伝学者デイヴィッド・ゴールドステインとライプツィヒのマーク・ストーンキングが猛烈な批判を行なっていることを明らかにしている。2人とも、脳や行動との結びつけは説得力に欠けると考えていた。レガラードによれば、ウィスコンシン大学の医療倫理の教授、ピラール・オッソリオは、1990年代半ばに出版され、激しい論議を呼んだチャールズ・マレイとリチャード・ハーンステインの『ベル・カーヴ』との明らかなつながりを見ていた。この本は、アフリカ系アメリカ人のIQテストの成績が低いのには遺伝的な要素があると主張していた。シカゴ大学の特許事務所の所長、アラン・トマスは、レガラードに、DNAにもとづく知能テストに関するラーンの研究の特許出願をひっ込めるにあたって、次のように言った。「ほんとうのところ、新聞の第一面に……優生学の研究をしているって出たくはないからね」。

おそらくもっとも重要な批判は、アメリカを代表するゲノム科学者のひとりで、国立衛生研究所のゲノム計画を指揮していたフランシス・コリンズのものだろう。彼は、「この雑誌は、ほんとかどうかわからないような弱い関係を報告するようなところじゃない」と言ったという。レガラードによれば、コリンズは、２つの『サイエンス』論文の見本刷りを入手し、すぐさまそれらを第一線の集団遺伝学者たちに送って批判を仰いだ。

まもなく批判──学術誌に掲載された批判──が公になったが、その批判は、マイクロセファリンとASPMの新しい変異体が脳の大きさか認知能力のいずれかの点で現在の人間集団に測定可能な差異として現われるはずだというラーンの推測に集中した。ここで、ラーンには悪い知らせがあった。２００６年5月、UCLAのロジャー・ウッズらの研究グループは、異なる民族からなる１２０人について遺伝子型を調べ、MRIを用いて彼らの脳容積を計測した。ウッズらは、遺伝子型と脳容積の増減の間になんの関係も見つけることができず、「これらの遺伝子への淘汰圧は、微妙な神経生物学的効果と関係しているか、あるいは脳の外でのその発現と関係しているのかもしれない」と結論した。

次に登場するのは、フィリップ・ラシュトンである。先に述べたように、ラシュトンは、知能、犯罪、男性の繁殖戦略における民族的差異の研究を長年続けてきたことで知られる。カナダでは彼に対する抗議行動が繰り返され、ウェスタン・オンタリオ大学に対して教授職の免職を要求する声があがったこともあった。彼は、この最近の変異遺伝子の分布と、頭囲、幾種類かのIQテストでの成績、社会的知能の質問紙での成績との間に相関があるのかどうかを検討した。彼がテストしたのは、カナダ人の成人６４４人で、その大部分は白人だったが、少数ながら東洋人や黒人も含まれていた。彼は、ヒトの集団間の２つの変異体の頻度の違いに関してラーンの結果を確認したが、これらの遺伝子と、用いた測度のどれとの間にも関係を見出すことができなかった。

２００７年1月、ラーンは、リングにタオルを投げ入れた。ニッツアン・メケル＝ボブロフを筆頭著者とする国際的共同研究チームは、2000人を超える被験者を用いて、小頭症遺伝子とASPMの変異体と、IQのいくつかの測度との間の関係についての大規模な研究を報告した。彼らは、なにも見つけられなかった。これで、脳の進化へと直進しようとしたラーンの意欲的だが拙速な仕事は、暗礁に乗り上げてしまった。

マイクロセファリンやASPMの最近の進化が脳の大きさやIQのような大雑把な指標に反映されている可能性は、ことごとく否定された。確かに、小頭症の家系について最初の研究を行なったイギリスの遺伝学者、ジェフ・ウッズはこれまで、それがありえない仮定だと思い続けてきた。彼は、これらの遺伝子の変異体が引き起こす実際の機能的差異を見つけることはつねに失敗に終わると考えている。脳はきわめて保守的なので、これらの違いはごくわずかである可能性が高い。ウッズいわく、「ある突然変異が脳のなかのある種類の神経的化学反応のしくみに1％の差異を引き起こすと仮定すると、それが見つかることはないだろう」。

2007年4月になって、小頭症の遺伝子の2つの変異体のうちひとつについてのブルース・ラーンの主張に対して、それまででもっとも痛烈な批判が現われた。それは、フリ・ユーを筆頭筆者とするマサチューセッツ州ケンブリッジに本拠地をおくゲノム・コンソーシアムからの批判だった。彼らは、ASPMに集中砲火を浴びせた。その変異体が生じたのがおよそ5800年前だとするラーンの時期を疑問視しただけでなく、例外的な淘汰圧に直面したということにも異論を唱えた。もし彼らの主張が正しいとするなら、ラーンの進化のシナリオは完全に吹き飛んでしまう。

ユーらは、ラーンのグループがASPMの変異遺伝子を特定し、その頻度が40％よりも高いと推定したことを問題にした。彼らは次に、これまでの人口の推移についてさまざまなコンピュータ・シミュレーションを行ない、どのシミュレーションもこれほど高頻度の変異体を生じさせることはできないということを示した。しかし、ＡＳＰＭは、実際のゲノムのデータと実証的な比較を行なった場合にも、ほんとうに例外的なものということになるのだろうか？　ラーンのグループがその結果を『サイエンス』誌に発表した時点では、ヒトの遺伝的多型の主要な国際的ハップマップ（HapMap）のライブラリーは、まだ全部は公表されていなかった。このハップマップは、世界の主要な4つの集団――アフリカ、ヨーロッパ、日本と中国――から２７０人ほどの個人のゲノムをスキャンしたものである。ハップマップ・コンソーシアムは、ゲノム全体にわたって５０００塩基ごとにひとつの一塩基多型（ＳＮＰ）を選び、２００６年8月までに１０００万以上のＳＮＰを集積し、そのうち40％以上が多型であった（それぞれのＳＮＰについて、ヒトの集団間に異なる対立遺伝子があった）。ユーは、ＡＳＰＭを、公開されているこのＳＮＰのデータと比較してみたところ、ラーンのＡＳＰＭ変異体の淘汰のサインは、この比較からは浮かび上がってこなかった。さらにラーンは、ＡＳＰＭ変異体の対立遺伝子頻度が、彼の調べたサハラ以南のアフリカの集団とヨーロッパやアジアの集団との間で大きく違う（「人種科学」の強力な主張の基礎になる）と述べていたが、ユーのチームは、調べたＳＮＰの3分の1以上が、少なくともそれと同程度の淘汰のサインの違いをもっていることを見出した。最終的に、彼らは、ＡＳＰＭ変異体のラーンの年代推定に異議を唱え、それがヨーロッパの歴史においては「少なく見積もって数万年前、おそらくは10万年以上前」に起こったと推測した。彼らはさらに、ヨーロッパ人とは4万年ほど前に分かれたパプアニューギニアの高地人では、ＡＳＰＭ変異体が50％の頻度で存在するということを指摘して、追い打ちをかけた。ＡＳＰＭを介した現代になっての脳の進化の可能性はこれでなくなった！

ラーンはそれに動じなかった。ニッツアン・メケル＝ボブロフと共同で、彼ならではの強力な反撃を繰り出した。その中心にあったのは、ユーが用いたデータが、ハップマップのＳＮＰの正の淘汰の推定値を膨らますようなバイアスをもっていたという、痛烈な批判だった。これを修正したところ、ＡＳＰＭはやはり例外的なものだということが判明した。ラーンは、ＡＳＰＭ変異体についての自分のデータと、いわゆるシアトルプロジェクトにおける民族的に多様な47人の２８９の遺伝子についてのデータとを比較することで、これを証拠立てた。これらのＳＮＰの多くが正の淘汰を受けてきた可能性が高いと考えられるのは、それらが進化的ホットスポットと言える免疫系に関与する遺伝子に見られるからである。確かに、このきわめて偏った遺伝子のサンプルでも、ＡＳＰＭのそれに等しいか、あるいはそれ以上の正の淘汰の証拠を示したのは、１・７％（２８９のうちの５）にすぎなかった。

ニューギニアについて言えば、この島は、先史時代には、完璧な孤立状態にあることはほとんどなかった。ニューギニアは、４万年前から何度もの移民の波にさらされてきており、もっとも大きな移民はわずか３５００年前に起こっている。いずれにしても、まったく矛盾はなかった。ユーが依拠しているのは、バイアスのかかったデータと不正確な人口統計であり、一方、ラーンのデータは頑健であり、ＡＳＰＭが最近強い淘汰を受けたという証拠は、依然として有効である。そう彼らは結論した。

このかなり異例の論争については、まだ判定は下されていない。ユーの共著者であったクリストファー・ウォルシュによれば、ユーのグループは、マイクロセファリンが最近に進化したというブルース・ラーンの証拠をざっと見てみたが、「その証拠はいまのところ、ブルースにとってはそうよいようには見えない」という。しかし、もしそのアプローチが伝えられるように同じ欠点をもっているのなら、必ずや、この頑固で秀でた研究者がそれを猛烈な力で打ち返すことだろう。この件での第一の犠牲者は、ブルース・ラーンその人であり、自分が政治色を帯びた泥沼のなかにいることに怖れをなし、「私たちをヒトたらしめる遺伝子」を探す研究から退却し、もう少し穏やかな幹細胞研究の領域に転向しつつある。

遺伝子の進化をもとに私たちの心がどうはたらくかを説明するブルース・ラーンの短絡的なルートはうまくいかなかったものの、エディンバラ大学の2人の研究者がラーンの暗雲に一条の光を導き入れた。彼らは、ラーンのマイクロセファリンとASPMの2つの最近の変異体と言語との間に驚くべきつながりがあるということを発見した。言語学者のボブ・ラッドは、遺伝学の知識のあった研究生ダン・デディウに加わってもらい、ラーンによって発見されたマイクロセファリンとASPMの新しい変異体が世界にどう分布しているかを調べた。マイクロセファリンとASPMの古くからの対立遺伝子の世界分布と声調言語との間、ラーンの新しい変異体と非声調言語との間に表面的には相関が見られた。たとえば、声調言語は、アフリカのサハラ以南に広く見られ、東南アジアの大陸と島ではごく一般的であり、中央アメリカ、カリブ海、アマゾン川流域地方でもかなり一般的である。しかし、ユーラシア大陸のほかの地域、北アフリカ、オーストラリアではまれだ。声調言語がよく見られる地域では、この新しい変異体はほとんど見られない。

ラッドの説明によると、世界はほぼ、英語のように意味が言うことに依存する非声調言語と、中国語のように意味がどのように言うかに依存する声調言語に分かれる。ラッドによると、どの言語も、子音と母音を用いて単語や品詞どうしを区別するが、それだけでなく、中国語のようないわゆる声調言語はこの同じ目的で音高も用いる。これに対して、英語のような非声調言語は、強調や感情を伝えるために、文レベルでしか音高を用いない。声調言語では、音高は音素として体系化され、機能的には子音や母音の音素と対等である。中国語では、たとえば、高く平らな声調で発音された"huar"という語は、「花」を意味し、下降の声調だと「絵（画）」を意味する。アフリカの言語、ヨルバ語では、"igba"という語は、声調によって4通りの意味になる。たとえば、低から高への上昇声調で発音されると、「イナゴマメの木」を意味し、中程度の高さのまま発音されると「200」という数を意味し、中から高への上昇声調で発音されると「ヒョウタン」を意味し、低いまま発音されると「時間」を意味する。

これといった「言語遺伝子」、さらに言うなら「中国語遺伝子」のようなものは存在しないだろうが、ほぼ確実に多くの遺伝子が関わるシステムにおいて、いくつもの遺伝子が言語に個々に小さな寄与をしていると推測するだけの理由がある。デディウとラッドが主張するように、特定の遺伝子が、言語発達の遅れ、第二言語習得の適性、外国語の発音の聞き分け、雑音中の単語の認知といったような言語の諸側面を支えている可能性はある。

彼らの主張は、ノースウェスタン大学のパトリック・ウォンらのグループの研究によって支持されている。ウォンらは、英語の環境で育ったおとなの一部が音高と音調を用いる人工言語を学習するのがほかの人よりも困難で、これらの人たちの脳の構造がほかの人たちとは微妙に違っているということに気づいた。とくに彼らが見出したのは、音高が多様な第二言語を習得する能力が、聴覚皮質の一部であるヘシュル回と呼ばれる脳部位の左側の大きさと関係しているということであった。これは彼らを驚かせた。というのは、それ以前の研究では、ヘシュル回が音の処理――音高の上昇や下降、音の来る方向、音の大きさなど――において重要であることは示されていたものの、発話との関係は示されてはいなかったからである。

しかし、判明したのは、この関係がきわめて強く、脳スキャナーで計測した左のヘシュル回の大きさが人工的音調言語での成績を完全に予測するということであった。これは、遺伝が影響しているということであり、このことは、絶対音感がそうであるように、音楽の音高の処理が部分的には遺伝的な要素であるという事実からも支持される。

ＡＳＰＭとマイクロセファリンの対立遺伝子と、声調言語あるいは非声調言語との間の相関を見るために、ラッドとデディウは、ラーンの両方の論文のなかで特定されたうち49の集団のリストを作成した。これらのそれぞれについて、彼らは、彼らが問題にしている２つの対立遺伝子の頻度と、２つの世界的な遺伝情報データベースから選んだ１０００を超える参照対立遺伝子の頻度をリストアップした。そして次に『言語構造の世界地図』にある１４１の言語的特徴を24へと縮減した。たとえば次のような特徴である。

［子音は26以上あるか?］
［軟口蓋鼻音はあるか?］
［口蓋垂音はあるか?］
［母音は６以上あるか?］
［音調の体系があるか?］

そして49のすべての集団について、これらの特徴すべてが評定された。

彼らは次に、すべての対立遺伝子と24の言語学的特徴の間の相関係数を計算した。彼らの推測通り、ほとんどの遺伝子と言語学的特徴については、相関はまったく見られなかった。すなわち、データは、中央（相関がゼロのところ）で突出する釣鐘曲線を描いた。しかし、ひと握りの遺伝子、なかでもＡＳＰＭとマイクロセファリンは、分布の右端に位置し、きわめて高い相関を示していた。

これは一体なにを意味するのだろうか？　相関は、どんなに強かろうが、それ自体は因果関係を証明するものではない。遺伝的「多様性」と言語学的「多様性」の間に見られる相関が通常は擬似相関であるのは、それらが、もとにある地理的要因や歴史的要因によっているものだからである。しかし、ラッドがこれらの要因を分析から排除しても、依然として相関が見られ、このことは、脳の発生と成長におけるこれら２つの遺伝子の作用が言語習得と言語処理にも影響をおよぼすという真の結びつきを示唆していた。ラッドとデディゥは、この関係がまったくの偶然である可能性を否定していない（もちろん、彼らはそうでないと思っているが）。そしてそれは、非声調言語自体がラーンの変異体の淘汰圧だということを意味するものではまったくない。いずれにしても、それは、声調言語がなんらかの点で非声調言語に劣るということを意味するものでも、声調言語を話す人々がなんらかの点で劣るということを意味するものでもない。

デディゥとラッドは、ＡＳＰＭとマイクロセファリンの新しい変異体がヒトの脳に淘汰上の有利性をもたらし、これによる副産物のひとつが、非声調言語を多少とも容易に聞きとり、習得し、使うことを可能にするようなわずかな認知的バイアスであったという考えを提案している。これは、遺伝子と文化の共進化を仮定しており、ごく小さな遺伝的・認知的バイアスが、言語の使用にわずかなバイアスを生み出し、それが文化的に勢いを得て、結果的にその集団において標準的なものになると考える。ジェフ・ウッズは、マイクロセファリンやＡＳＰＭの遺伝的変異と脳の大きさのようにほんとうに総体的な結果との間につながりがあるとするラーンの仮定を批判するなかで、かりにこれらの突然変異のいずれかが脳の変化を生じさせたとしても、その変化はあまりに小さすぎて見つけ出せないだろうと示唆していた。デディウとラッドは、藁の山のなかからこの小さな針を探し出したように見える。

脳を作り上げるこれらの遺伝子は、神経学的研究の副産物として偶然発見された。それゆえ、そうした研究は、私たちをヒトにした遺伝子の探索においてはマイナーな役割しかはたしていないと言える。現代のゲノム研究は、統計的探索と解析という最新鋭の技法と、コード領域と非コード領域のＤＮＡの厖大な広がりの比較を可能にする「チップ」上の数千の遺伝子の複雑なアレイとを用いており、これが、ゲノム全体を通して淘汰の顕著なサインの発見を可能にする。両者の違いは、渓流の川床に光り輝く金の塊をたまたま見つけた幸運な探鉱者と、大掛かりな機械を使って砂礫を洗って金を採る探鉱者との違いに似ている。しかし、最新鋭の技法は、数多くの「私たちをヒトにする遺伝子」を明らかにする以上のことをしつつある。というのは、実際に起こっていることが、遺伝子内の突然変異の役割よりもはるかに複雑で刺激的だということを明らかにしつつあるからである。ゲノムは魅惑的な動物に満ちたジャングルであり、ゲノム探検家は、年ごとに見世物用の動物を増やし続けている。チンパンジーのゲノムとヒトのゲノムは、もう同じように見えることはない！

4章　1・6%の謎

ヒトとチンパンジーのゲノムを比べてみると、かなりの長さにわたって確かによく似ている。このことは、互いに独立に行なわれた数多くの研究によって確認されており、疑いの余地はない。よく引用される「私たちをヒトにする1・6%」という表現も、ここから来ている。共通の祖先からそれぞれの種が分かれて600万年（進化的な距離で言えば、その2倍の1200万年）の距離があるにもかかわらず、両者の遺伝子は驚くほど似ている。しかし、体や脳の点から言えば、明らかに大きな違いがある。では、私たちをヒトにする上で、どれだけの数の遺伝子が実際に関わっているのだろう？　FOXP2やASPMのような、要（かなめ）になるひと握りの変異か、それとももっと多くの変異なのか？

『サイエンス』誌のベテランライター、アン・ギボンズは、1998年の「どの遺伝子が私たちをヒトにするか？」という記事のなかで、この難問を次のように的確に表現している。

私たち人間は、自分たちが、話すことができ、書くこともでき、複雑な構造物を組み立てることができ、道徳的な分別もあるという点で、動物界においてほかの動物とは一線を画し、特別な存在だと思いがちである。しかし、この四半世紀の遺伝子研究によって、ゲノムのどの部分についても、ヒトとチンパンジーはDNAの少なくとも98・5％を共有しているということが一貫して見出されてきた。このことが意味するのは、ヒトのDNAのごく一部が私たちをヒトにする形質を生み出す役割を担っており、ひと握りの遺伝子が、なんらかのしかたで、直立姿勢から詩を暗唱したり曲を作ったりする能力にいたるまで、ありとあらゆるものをもたらしている、ということである。

アン・ギボンズの言う約1・5％のDNAの違いという数字についてしばし考えてみよう。もし私たちヒトには約2万5000の遺伝子があると仮定すると、この1・5％は、375の遺伝子が違うという計算になる。しかし、遺伝学者のジュン・ゴジョボリによると、この数字は桁がひとつ違うという。2005年にチンパンジーのゲノムについて研究者のコンソーシアムが公表した報告によると、チンパンジーとヒトの30億のDNAの塩基対のうち、3500万が突然変異によって置換されてきている。しかしゴジョボリの計算によれば、これらの置換のうち、進化に関係するのはわずか5万の置換にすぎない。というのは、それらが、遺伝子に起こった置換であり、それらの遺伝子のコードするタンパク質のアミノ酸配列に変化を生じさせているからである。さらに、彼の推定では、これらのいわゆる非同義的変化を含む遺伝子の総数のうち10・4％から12・8％の間のものしか生き残らず、選ばれなかった。したがって、チンパンジーに似たものからヒトを作り上げるレシピを与えるのは、約5000の遺伝子ということになる。

ブルース・ラーンはこれまでずっと、ほかの霊長類の脳に比べて、ヒトの脳が例外的な器官であり、それがこれほどまでに大きくなるには、しかもわずか数百万年という進化の時間から見ればほんの短期間でこれほどの例外的な認知能力が発達するには、多数の遺伝子への絶えざる強力な淘汰が必要だったと考えてきた。この仮定をテストするため、ラーンは、エリック・ヴァレンダー、スティーヴ・ドーラスらとともに、遺伝子データベースをもとに、脳や中枢神経系の形成とはたらきに関与することが知られている214の遺伝子をリストアップした。彼らは、これらの遺伝子すべてをラットとマウスの間と、ヒトとマカクザルの間で比較した。ラットとマウスは、進化の時間では約2000万年離れているが、身体に対する脳の相対的大きさはほとんど変化していない。マカクザルとヒトも、同じく2000万年離れているが、身体に対する脳の相対的大きさは、劇的に(9倍ほどに)増えている。彼らは、これらの神経系遺伝子によって作られたタンパク質がアミノ酸配列を、げっ歯類よりも霊長類でかなり速く変化させ、そして霊長類のなかでは、マカクザルからヒト以外の霊長類に至る系統よりも、ヒトに至る系統ではるかに速かった、ということを示した。すなわち、脳と神経系の遺伝子は、霊長類で急速に進化したというだけでなく、ヒトの系統で極端なほどに加速したのである。

彼らは次に、24の有力な遺伝子――ほとんどが脳の成長や行動に関係する遺伝子だった――の特定に乗り出した。それらには、ASPMとマイクロセファリンも含まれていた。彼らは、ヒトとチンパンジーの間でこの24組の遺伝子を比較し、配列分岐がヒトの場合にはかなり高く、時にはきわめて高いということを発見した。つまり、進化の速度は、ヒトに至る系統において、そしてとりわけ脳の発生(発達)を支配する遺伝子でとくに速まっていた。

2004年、アンドリュー・クラークとカルロス・バスタメンテ率いるコーネル大学の研究グループは、ヒト、チンパンジー、マカクザルに共通する７６４５の遺伝子を３列に並べて比較した。彼らは、時間にともなってＤＮＡ塩基の置換に反映された正の淘汰のサイン——チンパンジーの祖先とヒトの祖先が分岐して以来６００万年間に、偶然から予測される以上に変化した遺伝子——を探した。それは、ヒトとチンパンジーのゲノム間の最初の比較であり、数百の遺伝子が、適応的進化に対応する配列の変化パターンを示した。なかでも際立っていたのは、嗅覚、聴覚、消化、長骨の成長、毛深さに関与する遺伝子だった。聴覚については興味深いことがわかった。内耳の蓋膜のタンパク質をコードしているアルファ・テクトリンと呼ばれる遺伝子に、とりわけ強い淘汰のサインが見られたのである。ヒトでのこの遺伝子の突然変異は、音の周波数応答を悪くし、その結果先天的な聾の状態が生じ、発話の理解が困難になる。いまのところチンパンジーでの詳しい聴覚研究はないが、クラークらのチームは、チンパンジーがこの聴力の差異のゆえに、話されたことばの理解テストができないのかもしれないと推測している。

２００５年、ペンシルヴァニア州立大学を拠点とする研究者チームが、あまり知られていない重要な論文のなかで、ヒトとチンパンジーのゲノムの分岐について報告した。彼らは、ウマを調べるのではなく、ウマが引く馬車のほうを調べるという、それまでとは違う方法を採用していた。彼らは、既存のデータバンクを用いて、ヒトとチンパンジーの両方に共通の１２７種のタンパク質——総計で４万４０００のアミノ酸に相当する——をリストアップした。彼らが指摘しているように、ヒトとチンパンジーの間の微細なＤＮＡ配列の違いが強調されてきたことが誤りであるのは、それらの測定では、表現型——脳、身体や行動——にほとんどあるいはまったく影響をおよぼさない非コードＤＮＡ部分がそのほとんど（98%）を占めていたからである。しかし、タンパク質は表現型に影響をおよぼす。彼らは、これらのタンパク質の20

%でしか、アミノ酸の配列が同一でないことを発見した。つまり、その80%がヒトとチンパンジーとで違っていたのだ！　いまのところ、彼らは、これらの変化したタンパク質のうちどれだけ多く（あるいはどれだけわずか）がその生物学的機能を――ヒトとチンパンジーを違わせるように――変化させてきたのかについて手がかりをもっていない。実は、この80%のタンパク質の違いでさえ、彼らにとって明白なヒトとチンパンジー間の表現型の違いのすべてを説明するのには十分でないかもしれない。結局のところ、彼らが結論しているように、ヒトとチンパンジーの違いは、少量の決定的に重要な遺伝子（マスター遺伝子）に帰着するか、でなければ、遺伝子のコード配列とタンパク質のアミノ酸配列の進化に加えて、なにかほかのことが起こっているのに違いない。

ヒトとチンパンジーの違いを遺伝子レベルやタンパク質レベルで明らかにしようとする場合、どのような方法を用いるかによって、得られる結果も異なってくる。遺伝子の違いとタンパク質の違いのどちらを採用するかを見極めるのも、実際には悩ましい問題だ。それでも、DNAの塩基配列の明らかな1・6%の違い（あるいはその付近の割合の違い）が、ヒトかチンパンジーのどちらになるかを分ける。もしあなたが、ヒトとチンパンジーが脳や行動の点できわめて似ていると思っているなら、そのDNA配列もよく似ているということが意味をなすだろう。しかし、もしあなたが（私と同じく）この認知的類似性が誇張されすぎだと思っているなら、問題を抱えることになる。もっとも熱心に「チンパンジーは私たち」運動をしている人たちでさえ、人間の文化のより洗練された部分がチンパンジーにも見られるなどとは言ったりしないのに、一方で、人間的な共感、社会的知能、技術、数学的能力、道徳性の基礎をチンパンジーに見ることができると言うことが多い。しかしそこには、警戒コール、食物グラントや叫び声 vs. シェイクスピア、木の上の寝床や枝の道具 vs. エアバス旅客機、報復や食物分配 vs. アリストテレスやミル父子といった違いがあるのだ。これらの違いが量的な差にすぎないと主張することは、私には、拡大解釈のしすぎであって、人間の知恵と文化を見くびっているとしか思えない。

ヒトとチンパンジーの間のこうした大きな知的・文化的な違いとDNAレベルでのこのわずかな違いは、どうすれば折り合いがつけられるだろうか？　明らかに、アン・ギボンズの「ひと握りの遺伝子」では不十分である。また、進化がDNAのコードするアルファベットの1文字あるいは数文字を変える突然変異――それがタンパク質のアミノ酸配列に変化を引き起こし、さらにその変化が宿主の生き物に生物学的変化を引き起こし、そしてその宿主が自然淘汰を受けること――によって起こるとする、単純な古典的考えの場合も、どれぐらいの数の遺伝子を引き合いに出そうが、説明としては不十分だろう。どのようにして、遺伝子的に近縁関係にあるこれら2種類の動物が、ことばを喋り、特定のことを行ない、ものを作り、文章を書き、法を作るという点で異なった生き物へと、分かれるのだろうか？

1975年、これとよく似た考え方がカリフォルニア大学バークレー校の2人の分子生物学者、アラン・ウィルソンとメアリー＝クレア・キングによって出された。それは、その年に『サイエンス』誌に論文として掲載された。私はこれが20世紀でもっとも重要な科学論文のひとつだと思っている。彼らは、右に述べた問題以上のものを提起した。すなわち、その難問を解決する有望な道筋――不可能なことを可能にするやり方――も示したのである。しかし、ウィルソンとキングの示した解法は、その後25年間ほとんど眠ったままだった。やっと最近になって、現代の研究者たちは、最先端のゲノム技術を駆使して、ウィルソンとキングの考えが正しかったかどうかを判定できるほど詳細にゲノムを調べることができるようになった。それらの結果から明らかになるのは、ウィルソンとキングがすぐれて先見の明があったということである。彼らは、どのようにしてこうした見かけの遺伝子的な近さ（「見かけの」に力点がある）が2つの種間の表現型の多様な違いを生み出しうるのかを理解するところまで私たちを連れて行ってくれる。

もちろん、1975年当時には、ゲノム全体の高密度の読込みを可能にする現在のようなゲノム技術はなかった。見かけの近さの証拠は、その当時彼らに利用可能だった技術がいかに限られていたかを示している。彼らは、配列決定の方法には限界があったため、大きなタンパク質のアミノ酸配列を決定することはできなかったが、ミクロ補体結合反応――2つのタンパク質間の免疫学的距離の測度――にもとづくと、両方の種に共通のタンパク質では、一部がほんの少し違っているだけで、ほかはまったく同じだ、ということを指摘した。彼らの計算では、ヒトとチンパンジーの平均的差異が、データのもとになったタンパク質すべてに関するかぎりでは、1000箇所あたり7・2箇所のアミノ酸の置換であり、これらのタンパク質の配列は平均して99％同一になる。

彼らは次に、ヒトとチンパンジーに共通する44の遺伝子が作るタンパク質を電気泳動法と呼ばれる方法によって比較した。この方法では、タンパク質分子を、電場内のゲルを通って移動できる距離によって分けることができる。これらのタンパク質のうち半数は電気泳動法的に同一であったが、残りの半数は同一ではなかった。タンパク質の配列決定と電気泳動法の結果は合致しただろうか？　彼らは、電気泳動法からアミノ酸の1000箇所あたりの違いを計算したところ、8・2箇所で、7・2ときわめて近い値になった。彼らが言うには、どちらの推定値も、ヒトの平均的タンパク質がチンパンジーのそれに対して、アミノ酸配列が99％以上同一だということを示していた。

彼らは次に、ハイブリダイゼーション法によって核酸を比較した。チンパンジーとヒトの両方からのDNAの2本鎖を、加熱によって分離する。それらが冷める時、配列の同一性が高く対応がつく場合にはつねに、2重らせんが再形成される。チンパンジーのDNAがヒトのDNAと融合すると、ハイブリッドのDNAが形成される。ハイブリッドの一致の程度は、それぞれの種の個別のDNAと比較したその熱安定性から推定される。彼らは次のように結論している。

DNAハイブリダイゼーション法によって測られた2つの種間の遺伝的距離と電気泳動法によって得られたデータとは、ヒトとチンパンジーが、ほかの生き物の場合であれば、兄弟関係にある種ほどに似ているということを示している。タンパク質の免疫学的比較とアミノ酸配列の比較も、同じ結論に到達する。同属のリス間の血清タンパク質の抗原の差異は、ヒトとチンパンジーの間のそれの数倍も大きく、同属のカエル間では、20から30倍の値になる。ヒトとチンパンジー間の遺伝的距離は、明らかに、ほかの生き物の兄弟関係にある種に見られる範囲内にある。この論文で紹介したこの興味深い結果は、生化学的方法はみな一致して、ヒトとチンパンジー間の遺伝的違いがあまりに小さすぎるため、それによっては両者の生物としての大きな差異を説明できないということを示しているという点だ。……このように、ヒトとチンパンジーの違いを評価する方法は、まったく異なる結論を与えるように見える。

これは、1980年代と90年代にモリス・グッドマンが同様の生化学的技術を用いて到達した結論と一致する。まえに述べたように、グッドマンの解法は、伝統的な分類学的基準を捨て、新しい分子分類学の基準を採用するというものだった。この新たな分類法によって、グッドマンは、類人猿の系統樹を描き直すことができたが、その結果チンパンジーとヒトは同じ属——ホモ属——に入ることになった。しかし、キングとウィルソンは、2つの種の分子的記述と形態学的記述との食い違いについて考え続けた。

チンパンジーとヒトの間の分子的類似性は、驚くべきものだ。というのも、両者は、解剖学的にもその生態の点でも、兄弟種というにはあまりに違っているからである。ヒトとチンパンジーは、胸や腕の構造はかなりよく似ているが、脳の大きさも、骨盤、足、顎の構造も、そして身体に比しての四肢や指の長さも、大きく異なっている。

動物園に行くと、ヒトとチンパンジーの違いについて多くのことがわかる。しかし実は、それ以上に違いがある。論点をより明確にするために、アラン・ウィルソンは、生化学者のロレイン・チェリーと両生類と爬虫類の専門家のスーザン・ケイスの力を借りた。彼らは、体の形に関する9種類の寸法について、チンパンジーとヒトを比較することで、両者が分類学上どのような関係にあるのかを調べた。それらの寸法、たとえば頭の長さ、前肢の長さ、目と鼻孔の距離は、動物界においてもっとも多様性に富むセキツイ動物の一群であるカエル（無尾目（むびもく））を分類するために使われてきた基準だった。彼らの報告によると、これらの基準に従うと、ヒトとチンパンジーの間の体形の違いは、調べられているもっとも似ていない2種のカエル——これらのカエルはあまりに似ていないため、かつては異なる亜目に分類されていた——の間の体形の違いよりも大きかった！　分類学では、似たような種をまとめて属に分類し、似たような属をまとめて科にし、似たような科をまとめて目に分類する。このことを念頭におくと、チンパンジーとヒトとがいかに違っているかがよくわかる。なんと、チンパンジーとヒトの違いは、無尾目のなかの似ていない2つの科、サンバガエルとアマガエルの違いよりも大きいのだ！

ヒトとチンパンジーは、解剖学的にほかの多くの点でも大きく異なっている。たとえば、チンパンジーの体のほぼどの骨も、形や大きさの点でヒトのものとは容易に区別できる。もちろん、これらの解剖学的差異に関係して、姿勢、移動運動、食料の調達方法、コミュニケーション手段には、大きな違いがある。身体構造や生態におけるこれらの大きな違いのゆえに、生物学者は、両者を別々の属としてだけでなく、別々の科としても位置づけている。このように、チンパンジーとヒトの差異を評価する分子的方法と形態学的方法とは、まったく異なる結論を導くように見える。

このように、2つの方法による違いは歴然としていた。ヒトとチンパンジーの分子比較は、研究者を2つが同じ目に分類するように強いるのに対し、形態学的比較は、2つの差異がひじょうに大きく、別の亜目（！）に分類するように強いる。天地創造論者なら、2つの科学的方法が相容れないというこの冒頭部分を読んで、大喜びするかもしれない。科学はこの問題についてはお手上げの状態で、ヒトとチンパンジーは関係などなく、神による答えこそが正しいのだ、と。

しかし、注意深く読んでゆくとわかるのだが、キングとウィルソンは、藪から抜け出る方法を示している。彼らが言うように、形態の進化速度の際立った違いにもかかわらず、分子的変化は、2つの系統ではほぼ同じ速度で蓄積されてきたように見えるので、ヒトの系統で起こった主要な適応的変化はおそらくは、タンパク質やDNAの加速化された進化をともなってはいなかっただろう。彼らは、2つの種間の差異が、突然変異と淘汰の古典的な進化メカニズムとはほとんど関係がなく、遺伝子の活性——それらがどれほどの量のタンパク質を作ったか——とその活性化のタイミングにあると示唆した。すなわち、関係するのは遺伝子発現である。

この仮説によれば、単一遺伝子の活性のタイミングや活性レベルにおける小さな違いが、原理的に、胚発生を制御するシステムに大きな影響をおよぼしうる。

よく似た、あるいは同一のことさえある遺伝子のレシピの発現のタイミングと発現量——活発なタンパク質生産——における微妙な違いが、一方ではチンパンジーを作り、他方ではヒトを作るといったことがほんとうにありうるだろうか？　それ以降の研究に向けて、キングとウィルソンは次のように結んでいた。

生物学者は、哺乳類での遺伝子調節を理解するにはいまだ遠いところにいる。調節に関わる突然変異で現在知られているものは、ほんの2、3あるだけである。個体間、集団間、あるいは種間の差異がおもに調節の違いから生じるという仮説をテストするには、調節の違いを分子レベルで検出する新たな技術が必要である。胚発生の時期における遺伝子発現の調節がもっとわかるようになれば、分子生物学は生物そのものの進化の理解に大きく貢献することになるだろう。ヒトの進化の今後の研究にとってもっとも重要なことは、類人猿とヒトの間で、発生過程――とりわけ脳のような適応の点で決定的に重要な器官の発生過程――における遺伝子発現のタイミングの差異を明らかにすることだろう。

これらの新たな技法は、いまは使えるようになっており、この10年で、いくつかの研究グループが、キングとウィルソンが正しかったことを確認してきている。

まず初めに、2つのゲノムの類似性の程度について、はっきりさせておこう。私は、2003年の終わりまでに論文として報告された配列の同一性についての33の推定値の平均を計算してみたところ、チンパンジーとヒトの間では配列が98・51％同一である――1・49％が違っている――という値が出た。この値は、よくあげられる値、1・6％にかなり近い。

2002年4月、ライプツィヒの進化人類学研究所のヴォルフガング・エナート、フィリップ・カイトヴィッチ、スヴァンテ・ペーボの率いるゲノム研究チームは、キングとウィルソンの予測を検証する一歩を踏み出した。いくつかの霊長類の種内と種間で、遺伝子発現の違いを比較し、その結果を報告したのである。彼らは、個々の遺伝子によって生み出されるメッセンジャーRNA（DNAと最終産物のタンパク質の間の、転写の際の中間産物）の量を測定することによって、身体の3つの異なる器官――血液、肝臓、大脳新皮質――での遺伝子の活動を調べた。遺伝子チップと呼ばれる最先端技術を用いて、ヒトの1万8000の参照遺伝子について、それぞれの種の各器官によって生成されたメッセンジャーRNAの量を比較したのである。

血液と肝臓では、遺伝子発現は、チンパンジーとヒトではよく似ていたのに対し、マカクザルとはかななり違っていた。これは両者の進化的距離を十分に反映していた。しかし、大脳新皮質では、「際立った違い」が見られた。新皮質では、チンパンジーでの発現パターンは、ヒトよりもマカクザルにはるかに近く、ヒトに至る系統では遺伝子発現レベルの変化速度が5・5倍というように劇的に加速していた。つまり、ヒトの脳での遺伝子発現は、チンパンジーの脳での遺伝子発現よりはるかに先を行くようになった。

ヒトの脳での遺伝子発現パターンの変化が猛烈に速くなったことがわかったので、次の作業は、どのようなメカニズムによってこれらの遺伝子発現が違うようになったのかを解明することであった。2003年、ソーク研究所のマリオ・カセレス、UCLAのダン・ゲシュヴィンド、アトランタのエモリー大学のトッド・プレウスのチームは、1年前のエナートとペーボの結果を支持する興味深い研究を発表した。彼らは、遺伝子発現の量の変化が、ヒトとヒト以外の霊長類の脳における唯一の、もっとも重要な違いだと推測した。彼らは、脳、肝臓、心臓での遺伝子発現パターンを比較し、ヒトとチンパンジーで発現に差のある169の遺伝子を特定した。脳で発現する遺伝子の90％以上が、ヒトの脳では、発現量が増加していた――遺伝子発現のレベルが高かった――が、ヒトとチンパンジーの心臓や肝臓では、発現量が増加している遺伝子と減少している遺伝子の数は半々だった。彼らは、ヒトとチンパンジーとで肝臓や心臓で発現量の異なる遺伝子の総数が脳の場合よりも多いということを見出したという点で、エナートとペーボとは結果が多少異なったが、脳だけは発現量の増加という強い傾向をもっていた。発現量が増加しているのがどのような遺伝子かは、進化が脳のなかのどのような過程に集中したのかを明確に示している。大部分の遺伝子は、ニューロンの活動、とりわけニューロンをつなぐシナプスを伝わる神経インパルスの速さに関係していた。そのほかの遺伝子は、エネルギー生産（たとえば、ニューロンのエネルギー源である乳酸をニューロンに供給する）に関係していた。これらのことはみな、ヒトの脳が、ほかの動物の脳に比べ、単位重量あたりの活動性がはるかに高いという考えを支持した。体細胞を有害物質から守るのに関係した遺伝子や、シャペロン遺伝子（その名の示す通り［訳註　シャペロンの原義は若い女性に付き添う介添え役の婦人のこと］、アルツハイマー病のような神経変性疾患に共通した特徴であるタンパク質の凝集と折り畳みといったあらゆる種類の異常から、タンパク質を守る遺伝子である）もあった。ヒトの脳が、ほかの霊長類の脳に比べ、より迅速にはたらき、大量のエネルギーを食い、長い寿命の間保護されるように進化したということがしだいに明らかになりつつある。大きく、速く、エネルギーを食い、そして長生き。これこそがヒトの脳の進化のストーリーだ。

遺伝子発現の速度を比較した研究の大部分は、慎重を期して、自分たちの得た結果にきわめてありそうなひとつの要因が混入している可能性を指摘している。プロモーター領域、すなわち遺伝子の調節領域は、自動車のアクセルとブレーキのようにはたらく。それらは、環境の変化に即座に反応し、それらの制御下にある遺伝子の転写を遅くしたり、速めたりする。遺伝子発現の種間の違いのかなりの部分は、たとえばなんらかの環境ストレス――この遺伝子の活性のなんらかの長期の固有の調節というよりも、その生物種にとってなにごともうまくゆく（あるいはうまくゆかない）時代――に対する一時的な反応を反映していたのかもしれない。しかし、これこそが進化の経済性の核心部分である。進化ということでは、遺伝子それ自体の配列――もとに戻すのが容易ではない恒久的固定状態――の変化よりも遺伝子調節の変化を重んじるほうが、はるかに合理的かもしれない。遺伝子を環境に反応させるには、そのやり方のほうが、アミノ酸コードの突然変異よりもはるかに敏感で、しかも迅速である。そして、環境の変化に即対応しなければばならない器官の例として、脳以上のものがあるだろうか？　次から次へと行なわれた研究からわかってきたのは、脳の構築や配線に関係する遺伝子に作用する自然淘汰の点で、脳が体のなかでもっとも保守的な器官だということである。脳は、継ぎ足し――すでに存在する構造の上に少しだけ建て増しする――の原理で建てられている。ヒトの脳の祖先をさかのぼると、数億年前へと行き着く。脳のはたらきが複雑になると、きわめてうまく機能していることが突然変異ですべてダウンしてしまう危険性が大きい。一般に、遺伝子を維持したままその発現を変える――アクセルという装置はもとのままで、「めいっぱい踏み込む」――というのは理にかなっている。デューク大学のグレゴリー・レイの研究室を中心にした研究チームがプロダイノルフィンと呼ばれる遺伝子で発見したのは、まさにこれだった。レイらは勘を頼りにした。

白羽の矢を立てたのは、プロダイノルフィン遺伝子さ。というのは、それが脳内のきわめて多くの興味深いプロセスに中心的な役割をはたしていることがわかっていたからだ。たとえば、自分自身に対する満足感、思い出、痛みの知覚といったプロセスだ。しかも、プロダイノルフィンを十分に作れない人たちが薬物依存、統合失調症、双極性障害やある種のてんかんになりやすいということもわかってきていた。そういうわけで、ヒトの脳は大きいし、そのはたらきもほかの動物とは異なるから、ヒトの脳がプロダイノルフィンを大量に作る必要があるって推測したんだ。

プロダイノルフィンは、エンドルフィンの前駆体である。これらは、体の自然の麻薬であり、依然として一般には「ランナーズハイ」――激しい運動をすると得られる軽度の高揚感（最近の科学的研究によると、ほかの化学物質も関与していることがわかっている）――に関わっていると考えられている。それらは、痛みの知覚だけでなく、その予期も調整し、また社会的愛着や社会的絆においても重要な役割をはたしている。プロダイノルフィンを実際にコードしている遺伝子の部分は、霊長類を通してきわめて保守的なもののひとつだ。ヒトの間だけでなく、ヒトと大型類人猿との間でも変異がまったく見られない。しかし、彼らの明白な前提は、その遺伝子のどんな変異も調節にある可能性が高いという、キングとウィルソンの考えの長い間待たれていた明示的なテストであった。

キングとウィルソンが、ヒトの進化はその多くを遺伝子の構造の変化よりも遺伝子調節の変化に負っていると主張してから30年が経った。しかし、彼らの理論の正当性はいまも依然として強力であるのに対し、ヒトの遺伝子調節の進化の実証的研究は遅れたままだ。

レイらの研究は、転写の開始か阻止かのいずれかをするタンパク質分子を増強することによって遺伝子発現を調節するＤＮＡ配列の進化をテストした、史上2番目の研究であった。このテストのために、彼らは、ヒトと7つの霊長類の種のプロダイノルフィン（ＰＤＹＮ）遺伝子のコード（すなわち転写）領域の上流の調節に関わるＤＮＡ配列の３０００塩基を確定した。ここは、68塩基対の「縦列反復多型」――ひとつのコピーか、あるいはいくつかのコピーがつながって存在する多型のＤＮＡ部分――を含んでいる。これが、その遺伝子の活動を増強する重要なプロモーター配列である。彼らは、ヒトでだけ、５つもの塩基の置換を発見した。これは、こうした短い配列の場合では、偶然確率や中立進化から予想されるよりもはるかに多い数である。遺伝学的な統計的検定によって、彼らは、かなりの確実性をもって、これがヒトに特有の加速された強力な進化の結果であったと言うことができた。これに対して、プロモーター配列の下流の実際のPDYN遺伝子においては、もとの配列の構造を積極的に維持する負の淘汰（純化淘汰）がはたらいていたことを示す証拠があった。

68塩基対のプロモーターは霊長類を通じて単一のコピーとして存在するだけだが、ヒトでは、この遺伝子は多型であり、プロモーター配列がひとつのコピーの人もいれば、2つ、3つ、あるいは4つをもつ人もいる。これは反復と呼ばれる。1回や4回の反復のタイプは、彼らが調べた集団ではごくまれだったが、2回や3回の反復のタイプは、集団間で劇的に異なっていた。3回の反復のタイプは、中国やパプアニューギニアでは10％以下と珍しく、カメルーンやインドは中程度の35％ほどで、エチオピアとイタリアがもっとも多く、60％を超えていた。これに対して、2回の反復のタイプは、エチオピアとイタリアでは中程度の30％を超える程度で、カメルーンとインドではそれよりも頻度が多くなり、中国とパプアニューギニアでは、それぞれ88％と98％といったように、「固定」状態（すなわち、すべての人がもっている状態）に近づく。

PDYNは明らかに、きわめて複雑な進化の歴史をたどってきた。それはみな、共通の祖先から分かれて以降のホミニッドに特有のものだ。より古い正の淘汰は、小さなプロモーター配列内の5つの突然変異を蓄積させ、さらなる淘汰は、ひとつから4つの反復までのプロモーター配列の多型を生み出した。より最近の（ホモ・サピエンスが世界中に広がっていった時期の）淘汰では、人間集団ごとに特定のタイプの反復が好まれた。

反復を多くもつほど、その遺伝子の発現量は増加することになるので、ほかの地域に比べある地域にエンドルフィンの高い生産量をもたらした淘汰圧とはなんだったのだろうか？　レイらは、考えあぐねている。その遺伝子の発現量の増加の程度の違いはともかくとして、ここでとりあげている特殊な形式の調節は、環境の急速な変化に対する急速な反応であり、転写誘導能と呼ばれている。たとえて言うと、アクセルをぐっと踏み込むようなものだ。しかし、どういった進化的（おそらくは社会的）文脈において、知覚、情動、痛み、記憶、学習と社会的絆に影響を与えるエンドルフィンの調節性の制御の増大が選ばれるのだろうか？　レイのチームは、明言は避けているが、ひとつだけ考える手がかりを残してくれている。いくつかの研究グループが、オオカミからイヌへの家畜化には、神経系におけるこうした化学メッセンジャーの発現の変化がともなっていること、そして実際に野生動物を家畜化する実験においてもそうだということを記している。これは、ヒトの進化を考える上で重要で興味深い手がかりだ（これについては11章で再度触れることにする）。ここではとりあえず、レイらが、30年前に出された理論が正しいという検証結果を得ているということを言うにとどめよう。

キングとウィルソンの予測通り、私たちのデータは、遺伝子調節の小さな変化が、私たちをヒトにする特性の進化において重要な役割をはたしたということを示している。

２００７年までに、発現量に変化のあった約３００の遺伝子についての証拠が集まってきた。そのほとんどは、遺伝子のタンパク質の生成速度を速め、そしてその大部分がヒトだけに、しかもその脳に限られていた。2006年末、マリオ・カセレスとトッド・プレウスのチームは、トロンボスポンジンと呼ばれる一群の糖タンパク（タンパク質と糖からなる化合物）の遺伝子がヒトの脳では発現量が増加していることを報告した。とくに、ヒトとチンパンジーを比べてみると、皮質ではトロンボスポンジン4とトロンボスポンジン2の生産がそれぞれ6倍と2倍に増加していることがわかった。カセレスらをトロンボスポンジンに注目させたのは、スタンフォード大学のベン・バレスだった。バレスは、アストロサイト（星状細胞）という特別な種類の細胞がないと、脳内のニューロンはシナプス――ニューロンの化学的な連結――を形成しないということを報告した。アストロサイトはヒトの脳のなかの細胞のほぼ半分を占めているが、その時まで、それがどのような機能をはたしているのかはだれも知らなかった。アストロサイトは、星の形をしたタイプのグリア細胞である。グリア細胞は、脳内のニューロンをとり囲んでおり、その数もニューロンの10倍ある。いわば中枢神経系の膠（にかわ）だ。グリア細胞は、ニューロンを支え、ニューロンどうしを絶縁し、ニューロンに栄養を与える。それらの一部は、神経伝達にも関与している。チンパンジーに比べ、ヒトの脳では、ニューロンに対するグリア細胞の割合がはるかに多い。どうやら、アストロサイトは、シナプスそのものを作るわけではないが、ニューロン間のシナプス形成の引き金を引いているらしい。それは、大量のトロンボスポンジンを分泌することによって行なわれる。

ニューロンとグリア細胞をとり囲んでいるのが、脳の灰白質の大部分を構成する神経網であり、神経科学者ジョゼフ・スパセックのことばを借りると、宇宙のなかでもっとも高度に組織された構造のひとつである。それは、ニューロンとアストロサイトの両方から来る神経線維とシナプス接合の厖大なネットワークである。このシナプスに満ちた神経網には、チンパンジーに比べるとヒトの前脳［訳註　発生して大脳と間脳になる」では、はるかに多量のトロンボスポンジンがある。

皮質のニューロンの約80％は、皮質の主要な出力ユニットである錐体ニューロンである。錐体ニューロンは、頂部に樹状突起がひとつあり、基部からはたくさんの樹状突起が出ている。それらは、ミニコラムと呼ばれる大きな縦長の列のなかで密に連絡している。ヒトの場合、ミニコラムには100以上ものニューロンが入っていることもある。カリフォルニア大学サンディエゴ校のカテリーナ・セメンデフェーリは、これらのミニコラムがヒトでは大型類人猿よりも分厚く、しかもその周辺では神経網のスペースが大きく、それが豊富なシナプス連絡を可能にしているということを発見した。これらのミニコラムが大きな神経網をもつ脳領域のひとつは、前頭皮質の最前部で、ここは、記憶の検索と制御機能——私たちヒトが社会的な能力をもち、社会状況において適切に行動し、慎重かつ適応的なやり方で生活の計画を立てることを可能にしているきわめて高次の脳プロセス——において重要な役割をはたしていることが知られている。ここはまた、カセレスとプレウスがトロンボスポンジンのとりわけ多量の発現を見出した部位でもある。経験を通して新たな学習する時、あるいは事故などによって脳を損傷した時、ヒトの脳は、大きな可塑性を示し、ニューロン間のシナプス連絡のパターンと豊かさを変化させる。トロンボスポンジンの量の増加は、皮質の神経ネットワークをより密に、より複雑にし、より速く伝わるようにすることで、ヒトのおとなの脳の可塑的変化を高める。

しかし一方で、不利な面もある。トロンボスポンジン4は、アルツハイマー病の患者に見られるβアミロイド斑に結合することが示されている。それが、ある種の炎症反応をそこに生じさせるのかもしれない。以上のことが示唆するのは、トロンボスポンジン発現の進化が、シナプスの構造と可塑性に変化を引き起こし、ヒト特有の際立った認知能力に寄与したのかもしれないが、一方で、私たちを神経の変性病にかかりやすくしているのかもしれない、ということである。まずは買い物、支払いはあとから、というわけだ。

2007年8月、プロダイノルフィン遺伝子の進化の発見を主導した研究者、グレゴリー・レイの研究室のラルフ・ヘイグッドのグループは、調節の進化の全体像を描き始めた。ヘイグッドは、ヒト、チンパンジー、マカクザルに見られる6280の遺伝子のプロモーター領域を調べ、ヒトでは、それらのうち575のプロモーターがチンパンジーやマカクザルには見られないやり方で進化した、ということを見出した。これらの遺伝子の多くは、脳――とりわけニューロンの発生や炭水化物の代謝――に関与していた。彼らの目的は、この淘汰がどの程度強かったかを知ることであった。

そのために、彼らは、これらすべての遺伝子のプロモーター領域とその近くにあるイントロン配列との間で、進化の速度を比較した。イントロンは、遺伝子のコード部分であるエクソンの近くにあるかなり長いDNA配列であり、それ自体はなにもコードしておらず、ガラクタDNAと呼ばれることもある。DNAがメッセンジャーRNAへと転写される時、イントロンは、残りの分子がタンパク質の鋳型としての作用を続けるまえに、切り離される。イントロンは、ほとんど機能しないので、遺伝子のコード部分よりもより多くの突然変異を蓄積する傾向がある（これに対して、コード部分では、突然変異は、適応的であるよりも有害である確率がはるかに高いので、許容されることはほとんどない）。イントロン内に起こる突然変異は取り除かれる確率が低く、それゆえ時間とともに蓄積してゆく。したがって、もし、突然変異の蓄積という点で、プロモーター領域がイントロンよりもまさっていれば、それは実際に、きわめて強い自然淘汰の標的だったことになる。

正の淘汰の証拠を示した575箇所のうち、候補としてとくに強い箇所が250あった。彼らは、調べた6000超の遺伝子がヒトの全遺伝子のおよそ3分の1を構成しているので、少なくとも750の遺伝子のプロモーター領域が正の淘汰を受けてきたと推定した。このことは、遺伝子調節の進化が驚くほど一般的だったということを示している。これらの正の淘汰を受けてきたプロモーター領域に関係した遺伝子はみな、なにをしていたのだろうか？　とくに有望な100の遺伝子について多数のデータベースと照合することによって、彼らは、それらのほとんどが、神経の発生とはたらき――神経発生、シナプス伝達、そして軸索誘導（つまり、まずネットワークをデザインし、次にそれを作り上げ、さらにそれを介して信号を伝える）などに相当する――に関与していることを見出した。

チンパンジーは、独自の遺伝子調節のやり方を進化させてきた。神経系の発生や炭水化物の代謝に関与する多くの遺伝子のうち、チンパンジーとヒトの両方で発現の増加と正の淘汰の両方を示すのは、ほんのわずかしかない。ラルフ・ヘイグッドは、これが、初期のホミニッドの食事がチンパンジーに特有の果実を主とする食事から、根や塊茎といった炭水化物が豊富な食事へと変化したという事実を反映していると推測する。鍵となる代謝遺伝子の急速な進化によって生じる、炭水化物の効率的な分化と代謝は、脳の増大のため、そしてその大きな脳での消費のために、大量のエネルギーを提供しただろう。

あるパターンが現われている、とヘイグッドは示唆する。あなたは、私たちがチンパンジーと大きく異なる点のいくつかが認知や行動や栄養なので、これらに関与する多くの遺伝子が強く淘汰されたと思うかもしれない。しかし、そうではない。これまで報告されてきた具体的データによると、それらは、免疫、精子の生産と嗅覚といったものに関与していることが多かった。この観察によって、ヘイグッドは、進化を支配する手を見つけるために、遺伝子それ自体ではなく、遺伝子の調節配列を探したのである。彼の研究は、最近のいくつもの研究によって支持されており、それらの研究はどれも、ヒトの脳における遺伝子の進化速度が、チンパンジーの脳よりも、どちらかと言えばのろいと結論している。ヘイグッドは、ヒトの脳の大きさと複雑さが増大するほど遺伝子の進化が制約されるというのは、仕事がより大きくより複雑になるほど、「歯車にスパナを投げ入れる」ということわざ通り、そのダメージも大きくなるからだ、と考えている。急速な反応と急速に増加する複雑さという二重の問題に対する――とりわけヒトの場合の――答えは、遺伝子調節の強力なネットワークの進化にあった。ヒトでの遺伝子の発現量の増加は、ヒトとチンパンジーの間の遺伝子のコード配列のほんのわずかな違いを増幅する。影響を受ける遺伝子の多くは転写因子――これが次に、遺伝子のネットワーク全体を制御する――なので、これらの違いはさらに増幅され、急速な環境の変化に敏感に反応するようになる。これらの調節のネットワークの多くは、ヒトの脳だけに宿っている。35年ほどの年月がかかりはしたが、キングとウィルソンの仮説はいま全面的に支持されたように見える。

アラン・ウィルソンは、56歳で道半ばにして亡くなった。しかし、それまでずっと、彼の研究の伴侶をつとめたメアリー＝クレア・キング（現在はワシントン大学教授）は、ヘイグッドと彼の研究が示しているものすべてに大きくうなずき、次のように言ったという。

なんてすてきな論文なの。きっとアランも天国で微笑んでいるわ！

5章　少ないほうがよい

メアリー＝クレア・キングとアラン・ウィルソンの先見的な示唆は、チンパンジーとヒトの間の多くの違いを説明する上で、タンパク質のアミノ酸を変化させるＤＮＡコードの単一点突然変異よりも、遺伝子の活性レベルの変化、すなわち遺伝子発現の変化のほうが重要だということであった。でも、それだけだろうか？　キングとウィルソンの画期的論文を圧倒的に支持する最近の研究をめぐる興奮のなかで、注意書きを述べた研究者がいた。カリフォルニア大学サンディエゴ校の糖鎖生物学の教授、アジト・ヴァーキである。ヴァーキによると、ヒトとチンパンジーの遺伝子発現の差異が話のすべてではない。ゲノムは、もっと風変わりで不可思議であって、さまざまな構造的差異――ゲノムの構造そのものに加えられた変化――にあふれており、それらもまた進化の強力な推進力なのだという。

　ヴァーキには、そう言うだけの理由がある。長年にわたって、彼のグループはグリカンで研究を行なってきた。グリカンは、タンパク質と脂肪分子に付着して、体内のすべての種類の細胞の表面を覆っている長鎖の糖で、細胞間の相互作用や情報伝達に関わっている。いわば、ナイトクラブのドアの前にいる用心棒のようなもので、どの化学メッセンジャーが出入りしてよいかを決める役目をはたすのだ。細胞表面のこれらの分子の複合体の集合は、ウイルスなどの病原体にさらされている。これらの病原体は、細胞に侵入して感染を引き起こし病気を発症させるための最初のステップとして、グリカンに付着する能力を進化させてきた。よく知られた例は、インフルエンザウイルスの呼吸器系への侵入や、マラリア原虫の血液への侵入である。極小のどんな病原体も、世代時間がヒトやチンパンジーよりもはるかに短く（ヒトの数十年に対して数秒や数分）、突然変異が起こる速度もはるかに速い。それゆえ、いわゆる「宿主 vs. 病原体」の進化の絶えざる軍拡競争では、病原体はつねに宿主より先を走ることができる。免疫的防御の前線にいるグリカンは、急速に進化をとげる病原体を阻止するために、自身を変化させ進化させなければならないという強い圧力の下にある。病原体とのこのすさまじい進化のルーレットゲームにもかかわらず、細胞表面のグリカンの配列は、細胞の種類に特異的であり、しかも種にもきわめて特異的である。

グリカンが生産されるやり方は、遺伝子がきっちり制御している。これらのグルコシル化遺伝子に時に起こる突然変異は、グリカン複合体から特定のグリカンを完全に消し去ることがある。このグリカンファミリーの進化についての、そしてグリカンと一緒になって複合体を形成するほかの細胞表面の分子についてのヴァーキの研究は、ヒトとチンパンジーの差異の興味深いストーリーを生み出している。それは、200万年〜300万年前頃に重要な突然変異が起こって、私たちの免疫系のはたらきをチンパンジーとは違うように変え、それがヒトの脳の進化にも影響を与えた可能性である。つまり、遺伝子発現の変化というストーリーではなく、突然変異によって遺伝子がノックアウトされ、それが偽遺伝子——機能をもたない残骸——に変わってしまったというストーリーだ。わかっているところでは、これは、チンパンジーと比べて、ヒトで遺伝子のなんらかの機能の（獲得ではなく）喪失を生じさせてきた、200以上ある「機能喪失」突然変異のうちの1例である。ヴァーキとその友人で共同研究者のワシントン大学のメイナード・オルセンは、これを「少ないほうがよい」仮説と呼んでいる。これがとりわけ興味を引くのは、全体的に見た場合に、遺伝子喪失には意義があるという点で、「少ないほうがよい」仮説が、私たちが超類人猿ではなく、実際には退化した類人猿だということを示唆しているからである。

これらの機能喪失突然変異では、遺伝子のコード配列の重要な部分が抜け落ちて、遺伝子が機能しなくなる。ほとんどの場合、タンパク質のDNAのレシピの重要部分が欠けてしまえば、その結果は破滅的だ。こうした突然変異はきわめて有害で、その変異をもつ個体はたちまちにして消え去る。しかし、ごくまれに、この傾向に反して、偽遺伝子ができることによって、ゲノムに進化のチャンスを提供できることがある。ヴァーキが発見したのは、まさにこうした例だった。

ヴァーキの研究が最初に報告されたのは1990年代後半だったが、この研究は、シアル酸と呼ばれる特別な種類の糖に関するものだった。このシアル酸は、決まった種類の細胞表面のグリカンと一緒に見つかる。もっとも一般的なシアル酸のひとつは、N-グリコリルノイラミン酸（略称はNeu5Gc）である。これは、水酸化酵素による触媒作用によって、前駆体であるシアル酸N-アセチルノイラミン酸（Neu5Ac）にOH（水酸基）が加わることによってできる。ヒトでは、この酵素がまったくはたらかず、その結果ほんの少量のNeu5Gcが作られるだけで、しかもそれらは胚組織やがん組織にしかない。Neu5Gcは、ヒトの体のほかのすべての組織から消え去ってしまっており、代わりに、前駆体分子Neu5Acが細胞表面を覆っている。チンパンジーやほかの大型類人猿では、最終的なNeu5Gcへの変化はなんの影響も受けていない。彼らのあらゆる組織に高濃度のＮｅｕ５Ｇｃがあるが、興味深いことに、脳は例外で、彼らの脳でのＮｅｕ５Ｇｃの濃度ははるかに低い。しかし、ヒトでは、Ｎｅｕ５Ｇｃの生産ができないので、脳にもＮｅｕ５Ｇｃは皆無である。ヴァーキは、脳にＮｅｕ５Ｇｃが少量ながらあるのとまったくないという違いが、ヒトの脳の進化にとって決定的だったのかもしれないと考えているが、いまのところ、これといった理由を考えつけずにいる。

この水酸化酵素の不活性は、この酵素をコードしているＣＭＡＨ遺伝子の変異によって引き起こされている。この遺伝子のコード領域にある大きな92の塩基対配列は、たんに欠失している。これは、遺伝コードにおけるフレームシフト変異――この領域にある情報が欠けているため、酵素ができない――として知られるものである。この突然変異はいつ起こったのだろうか？　ライプツィヒの進化人類学研究所のスヴァンテ・ペーボと一緒に、ヴァーキは、ネアンデルタール人の標本の長骨を調べた。３万年にわたる化石化で大部分の遺伝物質は失われていたため、ＤＮＡの復元には、高度な職人芸が要求されたが、ある程度残っていたシアル酸から、私たちとネアンデルタール人が同じ変異を共有していたということがわかった。ネアンデルタール人は、骨髄ではＮｅｕ５Ｇｃを発現していなかった。さらにゲノムの解析を進めた結果、この突然変異が、ホモ・サピエンスが進化する以前、２００万年前から３００万年前までの間に起こったということがわかった。これは、ホミニンの進化の太古の時代――おそらくはホモ・エレクトゥスがアフリカに出現した頃――にあっては、劇的な突然変異である。この突然変異は、二足歩行の進化以降に起こったが、脳の増大の主要な時期以前なので、のちに脳の進化において採用される淘汰上の利点を生み出したのかもしれないし、あるいは、それ自体は脳の進化とはまったく関係ないのかもしれない。脳の進化が関係ないとすると、ほかに関係する候補はなんだろうか？

私たちとチンパンジーの免疫学上の大きな違いのひとつは、チンパンジーが、ヒトがかかるマラリア、すなわちヒト熱帯熱マラリア原虫によるマラリアにかからないようだということである。このマラリア原虫は、ヒトでは毎年200万人を超える死者を出し、5億人を発症させている。死者の80％以上は、サハラ以南のアフリカの人々である。ヴァーキのグループは、ヒト熱帯熱マラリア原虫と、その標的である赤血球を覆っているシアル酸との間の関係を調べた。この原虫は、チンパンジーがもつシアル酸、Neu5Gcには親和性を示さなかった。つまり、ヒト熱帯熱マラリア原虫は、赤血球に入り込むために、このシアル酸をトロイの木馬として使うことはできない――すなわち、チンパンジーには免疫がある。しかし、チンパンジーは、ヒト熱帯熱マラリア原虫の近縁種で、Neu5Gcに強い親和性をもつチンパンジー熱帯熱マラリア原虫に感染する。このマラリア原虫は、Neu5Acに対する親和性をもたないので、ヒトには現在は感染しない。ヴァーキらは、およそ200万年以上前に、ヒトの祖先がNeu5Gcを最初に失ったことが、当時は彼らも感染したチンパンジー熱帯熱マラリア原虫によるマラリアに対する劇的な進化的防戦手段だった、と示唆している。なぜ類人猿がNeu5Gcを同じように失わなかったのかは、依然として謎である。ヴァーキは、CMAHの欠失が、類人猿やその祖先には起こらずに、初期のホミニッドにたまたま起こったのだろうと考えている。現在のチンパンジーにおけるチンパンジー熱帯熱マラリア原虫の病原性についての情報はわずかにある程度であり、彼らはつねにチンパンジー熱帯熱マラリア原虫に多少は耐えることができたので、十分な耐性メカニズムが進化するだけの淘汰圧がなかったと考えることもできる。最終的に、ヴァーキは、マラリア原虫は、チンパンジー熱帯熱マラリア原虫の系統からヒト熱帯熱マラリア原虫を進化させることによってホミニンに反撃したのであり、その結果マラリアがいまも私たちを苦しめ続けている、という仮説を立てた。この仮説を検証すべく、いまも研究が進められている。

寄生体の攻撃を生き延びる必要性によっておそらく引き起こされた細胞表面のシアル酸のこの劇的な交替は、ヒトの免疫系に大規模な波及効果を生じさせ、私たちをチンパンジーやほかの霊長類とさらに違わせることになった。実際、ヴァーキの研究は、チンパンジーが遺伝的にヒトに近いという理由で、ヒトの病気の動物モデルとしてチンパンジーを用いることに重大な疑問を投げかける。ヴァーキによると、ヒトの多くの病気が発症率と重さのどちらかの点でチンパンジーと異なるのは、免疫系を支える遺伝子のこうした進化による違いだという。これらの違いがもたらす効果は、シグレック（シアル酸認識レクチンを縮めた呼び名）と呼ばれる分子が関与している。シグレックは、免疫グロブリンと呼ばれる大きな抗体ファミリーに属している。シグレックは、細胞膜にまたがるようにして、内側では尾部を細胞質のなかに入れ、外側では頭部をシアル酸にくっつけている。このように、細胞表面には、豊かで複雑なシグレック－シアル酸－グリカン・システムが作られており、このシステムが「自己」か「非自己」かを認識し、それに応じて免疫反応を組織する。これらのシグレックにおけるヒトとチンパンジーの差異は、なぜ私たちヒトがエイズや慢性肝炎にかかり、チンパンジーはかからないのかを説明するのを助けてくれるかもしれない。

シグレックの大部分は、ＣＤ33と呼ばれるグループに属している。それらは、侵入する細菌やウイルスの表面を覆う異種タンパク質のような抗原に対する免疫反応を弱めるように作用し、場合によっては感染そのものよりも有害になりえる免疫系の過剰反応を防ぐ。顆粒球やマクロファージのような、私たちの免疫細胞ファミリーには、その表面にシグレックが並んでいる。しかし、際立った例外のひとつはヒトのＴ

細胞で、チンパンジーやほかの大型類人猿と違って、その表面にはまったくシグレックがない。ヒトのこの異常なT細胞は、ヒトのシグレックに起きた一連の急速な進化のひとつにすぎない。それは、私たちにNeu5Gcをもたなくさせた、300万年前に起こったCMAH遺伝子の欠失に由来する。

ヒトのT細胞に調節性シグレックがないことは、大型類人猿のT細胞に比べて、反応を鋭敏にする。ヴァーキは、これによって、ヒトのT細胞が仲介する病気の頻度と重さが説明できるかもしれないと考えている。とくに、チンパンジーのCD4+T細胞（ヘルパーT細胞とも呼ばれる）にはシグレック5が大量にあるが、ヒトにはない。これらの細胞は、エイズ、慢性活動性肝炎、炎症性腸疾患、関節性リウマチ、インスリン依存性（1型）糖尿病、多発性硬化症や乾癬といったヒトの病気に関係している。B細胞リンパ球上のシグレックの発現にも違いがあり、これがヒトを紅斑性狼瘡にかかりやすくしている可能性がある（チンパンジーがこの病気にかかったという報告はこれまでない）。これらはみな、ヒトの体が自分を攻撃してしまう自己免疫疾患の例である。

霊長類の免疫系は私たちの免疫系とよく似ているので、サルで試して大丈夫な薬なら、人間の被験者でも安全のはずだと、ナヴニート・モーディ、デイヴィッド・オークリー、ニノ・アブデルハーヴィとライアン・ウィルソンの前では、間違っても口にしてはいけない。2006年3月12日、彼らは、北ロンドンのノースウィックパーク病院の特別室にいた。ある種のがんや関節リウマチのような自己免疫疾患と闘うために作られた新たなモノクローナル抗体、TGN1412の臨床試験に協力するためである。モノクローナル抗体は、特定の外来のタンパク質、すなわち抗原に対して用いるために単一細胞系列から大量に誘導される抗体である。TGN1412は免疫系の強力な刺激剤で、身体が免疫反応を正常に調節するやり方を無効にする目的で作られた。それは、T細胞受容体にくっついてその調節機能を妨害し、それによってT細胞の免疫反応を全開にする（ブレーキを外す）。これらの被験者への投与量は、以前にサルに投与してなんの悪影響も見られなかった投与量をさらに500倍薄めた量だった。投与されて90分後、彼らは、猛烈な頭痛、吐き気、下痢、そして頭と首のひどい腫れに襲われ始めた。目は黄色に変色した。この変わりようを見た妻や恋人は、「エレファントマン」のようだと言い、被験者のひとりは、自分を見て「有害ごみ」のようだと言った。数か月後、サイモン・ハッテンストーンは、彼らにインタヴューし、『ガーディアン』紙に記事を書いた。以下はデイヴィッド・オークリーへのインタヴューである。

「彼らは、ナヴニートのまわりのカーテンを引かなくちゃならなかった。まず彼が吐き始めた。ぼくは最後だったが、吐いて、吐いて、吐きまくった。1リットルかそこら以上の胆汁を吐いたんじゃないかな。胆汁というものがこんなにも胃のなかに入っているかと驚くほどの量だった。容器が緑色の胆汁で一杯になるのを見て、『なんだこりゃ！一体なにが起きたんだ?』と思った。看護師がぼくを見て、『胆汁だわ』と言っていなくなった。彼女でさえ、吐いた胆汁の量を見て、ショックを受けていた」。

オークリーの妻、カトリーナは、彼が薬に対する反応で苦しんでいるとだけ言われ、それ以上のことは教えてもらえなかった。「彼女が病院に到着したのは、午前4時だった。ぼくはとてつもなく気が落ち込んでいた。彼女は半狂乱の状態で病院内を右往左往していた」とオークリー。「結局、彼女を見つけた医者が集中治療室に行くようにと言ってくれた。医者のなかのひとりが彼女に、ぼくらがいまは器械につながれていて、体に管（くだ）が入っているので、すごく膨れていると説明した。ぼくらの見かけはものすごかったので、医者たちは、彼女に覚悟をさせた。彼らは、自分たちが最善を尽くしているが、助かる見込みがどの程度かはわからないと言ったんだ」。そのように警告されていたにもかかわらず、彼の姿を見て、カトリーナはショックを受けた。「彼女が言うには、ぼくの頭はボールのように膨れあがり、目はスリットのようだった。お腹は膨れてまん丸だった。彼女は横にまわって見るまでは、ぼくが両手をお腹の上においていると思っていた。体が震え、全身が振動していた。体温が41〜42度あった。43〜44度に上がれば、それでお終いだった」。

彼らは猛烈な免疫反応を経験した。彼らの体はサイトカインを生産し始め、免疫系は、T2細胞とマクロファージを動員する分子に信号を送り、それらの細胞を感染部位に向かわせた。しかしこの場合には、正のフィードバックに歯止めがきかなかった。サイトカインが次から次へと放出され（サイトカインの嵐と呼ばれる）、体のすべての主要器官に向けて免疫系細胞を波のように送り出し、被験者自身を攻撃し、心臓、肺、肝臓と腎臓に損傷を与え、重度の多臓器不全が引き起こされた。6人の被験者に対し、急いで集中治療が行なわれ、ステロイドで安定状態にされた。デイヴィッド・オークリーは今度はひどいリンパ腫になり、ライアン・ウィルソンは、手と足の指が壊死を起こして黒ずみ、数本を切断しなければならなかった。彼らのほとんどは、完全に回復することがなく、その後も病気に罹患しやすいままである。

この深刻な事態を受けて、英国医薬品庁（ＭＨＲＡ）は、「予期せざる生理作用」がこの事態のもっとも考えられうる原因だということに気づいた。それに続いて、時の厚生大臣パトリシア・ヒューイットは調査の指令を出し、その結果まとめられたダフ報告書は、免疫系の新薬、とりわけ抗体の試験をする時には注意が必要だと示唆した。アジト・ヴァーキは、この生理作用の正体がわかっていると思っている。おそらく、ヘルパーT細胞の過剰な活動――彼らを殺しかけたサイトカインの嵐――に直接寄与しているのは、ヒトでのCD33シグレックの発現の欠如である。ヴァーキは、TGN1412を開発した製薬会社のテゲネロ社に、チンパンジーの血液でテストしてみたいので抗体のサンプルを分けてもらえないかと頼み込んだが、断られたため、自説を検証するには至らなかった。彼の説によると、数百万年前マラリアの阻止の圧倒的な淘汰圧のゆえにシグレックのブレーキがおそらく外され、ヒトのT細胞が過剰反応するようになっているので、製薬会社の研究者がヒトの免疫系をそれ以上に刺激したのは、サラブレッドの雄馬の尻に鞭打って、疾駆させるに等しいことだった。

現在、医療研究者はマラリアのワクチンを開発することに懸命だが、このワクチンは、好戦的で頑固な対戦者だということがわかってきた。マラリアワクチンのアメリカのパイオニア、リップ・バロウ博士は、数年前、マラリアに感染したカに自分の腕をさらした後に試験用ワクチンを注射して、自らサイトカインの嵐を経験した。ワクチンは失敗だったが、彼の免疫系はそうではなかった。友人たちと昼食にハンバーガーを食べている最中に目の前の庭がゆらゆらし始め、その後サンディエゴで講演を行なっている最中にへなへなとくず折れてしまった。熱帯地方では、何百万もの人々が、マラリア原虫に対してある程度の防衛をするためにサイトカイン反応に依存している。これがいわゆる自然免疫であり、感染の一般的な症状である高熱と冷汗をもたらすのはこれである。サイトカイン反応の欠点は、それがかなり不快なものであり、感染者の体に相当な巻き添え被害を与えることである。そのため、小さな赤ちゃんや幼児では、マラリア感染とそれに対する身体の防衛体制の動員とに耐えて生き延びることができない場合が多い。子ども時代をなんとか切り抜けることができれば、自然免疫がしだいにできていって、その後は感染しても、症状が軽くて済む。自然免疫は、最初にあなたを殺さなければ、その後は一応はあなたを治してくれるのだ。迅速に反応するT細胞は、数百万年前の私たちの祖先へとさかのぼるマラリアの猛攻に対する、進化の荒っぽい応急措置だった。

『トロント・グローブ・アンド・メイル』紙は、２００６年の8月12日号で、ＨＩＶにかかって25年になるトロント在住のロン・ローゼンズの記事を載せている。

ローゼンズ氏は、幸運以上のなにかがこの病気の最悪の状態から自分を守ってくれているのではないかといつも思ってきた。彼は、みながエイズウイルスの存在を知り、「安全な性行為」が時代の呪文になる以前から、エイズウイルスに感染したと感じていた。「１９７０年代後半が性的に絶頂期だった」と彼は言う。彼は、何人もの友人と、親しくしていたひとりのいとこをエイズで失った。１９９０年に、同居していた15年来のパートナーの最期も看取った。しかし、体重が減り、仕事も辞めたが、90年代初期の「次善の治療法」を行なって、ローゼンズ氏は持ちこたえた。

彼は、ほかの人たちのようには日和見感染にかからなかった。生命を脅かす病気にかかったことは一度もなかった。ウイルスの量が激増し、特定の免疫細胞が激減しても、血液検査をしてみると、ほかの免疫細胞は健康だということを示していた。

「パートナーを亡くしてからとくにそうなんだが、自分が大丈夫だってことを自覚し始めたんだ」。

このトロント在住の59歳の男性は、感謝すべき家系をもっているのかもしれない。ローゼンズ氏は、自分の遺伝子のなかに贈り物――ＨＩＶに対する自然の抵抗力を支える突然変異――をもっている。おそらくそれは、ヨーロッパ――防御的な形質がもっとも多く見られる地域――にいた先祖から彼へと受け継がれてきたのだろう。

ローゼンズへの「贈り物」とは、ＣＣＲ５と呼ばれる遺伝子の突然変異である。シアル酸とシグレックが太古のヒトに特有の進化の話であったのに対し、ＣＣＲ５遺伝子の突然変異は最近のものだ。この遺伝子は、マクロファージやヘルパーT細胞に結合する受容体分子をコードしており、これらの白血球を活性化し、動員する。数年前、ＨＩＶがこの受容体に結合する方法をもっていて、それをトロイの木馬として用いて細胞内に入り込むことが発見された。ＣＣＲ５の突然変異は、この遺伝子の機能喪失を導き、細胞表面の受容体分子の量を大幅に減らし、それによってＨＩＶの足掛かりを奪う。マクロファージは、ＨＩＶにそれほど反応せず、細胞内に入り込むＨＩＶはそれほど多くない。それを引き起こしているのは、この遺伝子のコード部分の32の塩基対の、典型的な「少ないほうがよい」欠失――その遺伝子を使いものにならなくする欠失――である。そのため、この変異型の対立遺伝子はＣＣＲ５ｄｅｌ32と呼ばれている［訳註　ｄｅｌは*deletion*（欠失）のこと］。これはおもにヨーロッパと西アジアに見られ、約10％の人がそのひとつを、1％の人が2つをもっている。北アフリカではあまり見られず、これら以外の地域ではまったく見られない。ｄｅｌ32を2つもつこの少数の人々は、ＨＩＶに完全な免疫があり、ひとつもつ人々も、体内のウイルス量ははるかに低い値であり、エイズの進行も数年ほど遅い。この突然変異がいつ起こったのか、それは正の淘汰を経たのかどうか、そしてその淘汰圧はなんであったのかについての論争は、きわめて興味深い。この論争を見れば、現代の人間集団間の遺伝的変異のモデルを作るためにさまざまな強力な手法がフルに使えるとしても、ヒトの進化の歴史を再構成することがいかに難しいかがよくわかる。CCR5del32の場合、最初の文脈がHIVに対する防御であったはずはない。というのは、HIV－エイズの最初のケースからの時間経過では短かすぎるからである。この文脈を用意したのは、どの伝染病なのか？　なぜ、そしていつ？

現在はシカゴ大学にいるジョン・ノーヴェンバー、アリソン・ガルヴァーニとモントゴメリー・スラッキンは、del32の突然変異の地理的分布――その分布をもたらした淘汰圧の証拠――を調べ、さまざまな手法を用いて、この突然変異が700年前と3500年前の間に起こったと推定した。

CCR5del32は、ヨーロッパの諸集団では均一には分布していない。北ヨーロッパでの頻度がもっとも高く（16％）、イタリアでは6％に下がり、ギリシアは4％だ。もっとも頻度が高いのは、スウェーデン、フィンランド、ベラルーシュ、エストニアとリトアニアといった北ヨーロッパの広い地域で、フランス北部の海岸地域、ロシアの一部とアイスランドもそうだ。このことは、ヴァイキングが1000～1200年前にアイスランドに住みつくよりもまえに、それがスカンディナヴィアで生じ、その後ヴァイキングの略奪集団がそれをヨーロッパ中へ、西はアイスランドから東はロシアまで広めたという可能性を示唆した。

数多くの研究者が、分子遺伝学、微生物学と歴史の知見をひとつにまとめて魅力的なストーリーを作ろうとしてきた。みなが「700年前」という年代に飛びついた。その年代が即座に、1348年に始まって中世のヨーロッパを襲った黒死病の波を連想させたからである。これまで長い間有力であった説は、黒死病が、ドブネズミが運ぶ細菌、ペスト菌によって引きこされる腺ペストだというものであった。134

8年に始まった黒死病の流行では、ヨーロッパの人口の30％の人々が亡くなり、1665年の大疫病では15％から20％の人々が亡くなった。しかし、アメリカの研究者グループは、del遺伝子を「ノックイン」したマウスと対照群のマウスとを比較した。彼らは、両方の群にペスト菌を注入したが、両者の間に感染の違いを見出すことができなかった。この結果は、del32がペスト菌の蔓延に反応して生じたのではなかったか、あるいはペスト菌は黒死病の感染体ではなかったか、どちらかを示している。オックスフォード大学の古代生体分子センターにいたアラン・クーパーの研究によれば、後者だという。というのは、彼は、ロンドン中心部のイースト・スミスフィールドにある黒死病の死者が葬られた穴から掘り出した人骨には、いかなるペスト菌の痕跡も発見できなかったからである。ペスト菌説に対するもっとも強力な反論は、グラスゴー大学のサム・コーンとローレンス・ウィーヴァーの研究に由来する。彼らは、腺ペスト（ノミの寄生したドブネズミが媒介する）が、ヨーロッパ、とくにdel32の対立遺伝子の頻度がもっとも高い北欧に比べ、熱帯や亜熱帯、そして極東（これらの地域にはdel32対立遺伝子はほとんど見られない）ではるかによく見られる病気だということを指摘している。さらに、腺ペストについて見つけることのできる記録では、人口の3％以上が亡くなったという記録はなかった。ペストは、ペスト菌、ノミとドブネズミが関与する病気であり、そのなかで、ヒトはほんの時たまその集中砲火を浴びるにすぎない。

リヴァプール大学生物科学科のクリストファー・ダンカンとスーザン・スコットも、ペスト菌説には納得しなかった。彼らは、山火事のように燃え広がって、ほとんど100％に近い致死率をもった病気を探した。彼らはまた、紀元前430年にアテネを襲い、14世紀にフランスを襲った疫病の報告では、2つの症状があったようだということも記している。ひとつは、5日ほどのちに死んだ者だけが、黒死病に結びついた膿疱(のうほう)と横痃(おうげん)をもっていたこと。もうひとつは、すぐに死んだ者が鼻から大量に出血し、吐血もしたことである。この2つのことは、エボラ熱とラッサ熱のようなウイルス性疾患に似た出血熱であった可能性を示唆する。しかし、コーンとウィーヴァーは、ダンカンらの分析の誤りをも発見する。彼らは、この病がヨーロッパだけのものだったというダンカンとスコットの主張が誤りであり、黒死病がヨーロッパの外――エジプト、インド、中国、中央アジア――でも流行ったということを明示している。北アフリカと小アジアは、黒死病によって、ヨーロッパ全土よりもひどい壊滅状態になった。これらの3つの地域は、世界のなかでｄｅｌ32突然変異がいまも残るほぼ唯一の地域である。

ダンカンとスコットは、コンピュータモデルを使って、どのようにして出血熱が、黒死病の時代に2万にひとつというｄｅｌ32突然変異の頻度を現在の10にひとつという頻度まで押し上げるような淘汰圧を与えることができたのかを示してみせた。彼らは、数世紀にわたる大小の疫病がｄｅｌ32変異を温存させ続け、その結果それがいまあるような高い頻度になったと主張している。しかし、コーンとウィーヴァーから見ると、ダンカンとスコットは、これらの病気の歴史的事実を正確に読んでいないように見える。

コーンとウィーヴァーによれば、正確に読んでいないのは、ガルヴァーニとノーヴェンバーも同様だ。ガルヴァーニらは、２００５年に、彼らのデータから天然痘が容疑者として有力だと報告した。ガルヴァーニらの主張するところでは、天然痘は頻繁に流行したので、幼い子どもは、集団のなかで唯一免疫のない年齢層であり、これが天然痘を小児期の病気にしたのだという。彼らは、大部分のヨーロッパ人が10歳以前に天然痘にかかり、死亡率はおよそ30%だったとしている。したがって、天然痘はたくさんの死者を生じさせただけでなく、とりわけ若者を襲ったため、より多くの繁殖力が失われる結果になった。これが十分な淘汰圧を生み出したのだろう。それは、分子的な証拠ともよく合う。というのは、ＨＩＶも天然痘もＣＣＲ５受容体と相互作用することが知られているウイルスであり、一方、腺ペストはペスト菌によって引き起こされ、ほとんどの証拠はそれがＣＣＲ５とは結合しないということを示唆しているからである。ガルヴァーニとスラッキンは、ｄｅｌ32の淘汰の強さについて数学的モデルを立て、計算から、天然痘によって生じたであろう淘汰と一致することを示した。彼らは、これほど強力な淘汰圧を受けたことを示す対立遺伝子はこれまでになかった、と主張している。

十分な議論が行なわれているものの、進化ゲノム学では多くがそうなように、これも「現実世界」ではなく、理論的な遺伝学モデルにもとづいている。それは、過去の出来事の、言ってみれば数学的シミュレーションだ。コーンとウィーヴァーは、ガルヴァーニの知識の誤りも見つけている。天然痘の発祥の地はヨーロッパではなく、ソマリアとインドで、彼らによると、ヨーロッパが世界のほかの地域よりも被害がひどかったという証拠はない。確かに、16世紀にヨーロッパが黒死病や天然痘に苦しんでいた時、（悲しいことに現在のｄｅｌ32突然変異をもたなかった）新大陸はそれ以上に苦しんでいた。

抵抗力の正確な拡大パターンの問題も、まだ片づいていない。それは、ヴァイキングの海軍力を必要とはせず、たんにスカンディナヴィアを基点にしてヨーロッパ中に広がっていっただけなのかもしれないし、あるいは中央ヨーロッパ起源で、北の方角では頻度が高くなり、南では頻度が低くなったのかもしれない。もし天然痘が真犯人なら、そして天然痘は畜牛に由来するものだから、南ヨーロッパに比べて、北ヨーロッパでは、家畜の飼育や管理のしかたになにか重要な違いがあったのかもしれない。この新たなウイルスのヒトへの感染が起こったのは、ヒトが初期の農村社会では家畜と密に接して暮らしており、ウイルスが種の間を飛び越えたためなのかもしれない。これは人獣共通感染症と呼ばれる。では、それはいつ起こったのだろう?

パルディス・サベーティ、ニック・パターソン、デイヴィッド・レイク、デイヴィッド・アルトシューラー、エリック・ランダーなど、ボストン在住の研究者で作るコンソーシアムが、ガルヴァーニの研究に異議を唱えた。彼らは、計算をもとに、del32が正の淘汰を経たという証拠はないと結論づけている。彼らは、3章で紹介した、ASPMが最近進化し淘汰されたというブルース・ラーンの主張を批判する時に用いたのとほぼ同じ論法を用いており、それゆえ、彼らの批判は注意してあつかう必要がある——というのも、ラーンはとりわけ強力な反撃を繰り出すことができたからだ! 確かに、del32のデータは、ほかのたくさんの対立遺伝子のデータと比べて突出しているようには見えないが、そのことは、del32が正の淘汰を経なかったということを証明はしていない。たんに、正の淘汰を経たということが証拠立てられないということである。サベーティらは、慎重に次のように述べている。「この遺伝子の生物学的側面を考えると、明確な証拠はないものの、それがなんらかの淘汰を受けてきたという可能性がないわけではない」。

サベーティは、いつdel32突然変異が起こったかについてガルヴァーニが推定した年代についても疑っている。彼女らのチームは、それを700年前ではなく、5000年以上前と推定している。その主張は、3000年前の青銅器時代の中央ドイツの埋葬地から抽出されたヒトのDNAにdel32突然変異があるという最近の発見によって強く支持されている。黒死病がdel32のさらなる淘汰に関わっているのかどうかはともかく、それがこの遺伝子の進化のプロセスを開始させた出来事であったはずはない。したがって、私たちには、del32が淘汰を受けたのかどうか、そしてもし受けたのなら、病原体はなんだったのか、そしてその淘汰がいつ起こったのかという問題が残されている。コーンとウィーヴァーは、ほかの研究者があげる病原体の候補を疑問視はしているものの、これだというものを示唆しているわけではない。おそらく、家畜を飼っていた人間は、5000年前頃に、畜牛から感染した天然痘にかかり、CCR5del32突然変異が生じたのだろう。それ以降、CCR5受容体と相互作用するウイルスから強い淘汰圧を何度も受け続けた結果、現在ではその突然変異をもつHIV感染患者に保護を提供するようになったのかもしれない。

これを支持して、コーンとウィーヴァーは、ひじょうに興味深い、しかしそれまでまったく検討されていなかった可能性を示唆した。もしdel32突然変異の年代についてもっとも古い推定値(サベーティのもの)、5000年前を採用したとすると、それは、ヒトに特有なもうひとつの突然変異——乳糖耐性の突然変異——の年代と一致する。ウシを飼いその乳製品を食べていた人間集団において、これについて強い正の淘汰が起こったことを示す、明白で圧倒的な証拠がある。この突然変異には、del32で仮定されたのと似たヨーロッパでの頻度勾配——北に行くほど頻度が増す——も見られる。コーンは、del32についてては、世界の広い地域内の、乳糖耐性をもちウシの家畜化の歴史をもっている集団間で、もっと体系的できめ細かなやり方で調べるべきだと示唆している。アフリカやアジアではあるとかないとかいったアプローチは、大雑把にすぎる。彼の予想では、del32の「少ないほうがよい」進化の謎に対する答えは、ホモ・サピエンスの最近の進化の歴史——1万年前の完新世の初期の農業集団の出現以降——のどこかに見つかるはずだという。私は彼の答えが正しいと思うが、いまのところは、エイズに抵抗力をもつローゼンズへの「贈り物」――ＣＣＲ５ｄｅｌ32突然変異――の正確な起源は、未解決のまま残されている。

想像をかきたてる極端な「少ないほうがよい」の例のひとつは、ペンシルヴァニア大学医学部のハンゼル・ステッドマン率いるチームが筋肉の病気を研究する過程で発見した遺伝子、ＭＹＨ16の突然変異に関係している。ステッドマンのグループは、この遺伝子のフレームシフトのナンセンス突然変異――遺伝子を使えないものにする遺伝コードの一部の欠失（いま議論したｄｅｌ32突然変異によく似ている）――を発見した。ＭＹＨ16は、筋繊維を作るタンパク鎖のひとつをコードしている。これらのタンパク質分子は、筋肉に収縮力を与えるコイル状のばねのようなものだと思ってもらうとよい。ＭＹＨ16の機能の喪失は、筋繊維の大きさと、ある種類の咀嚼筋（大部分の霊長類では、大きく強力で、頭蓋の骨稜に付いている）の全体的な大きさの両方に劇的な影響をおよぼすことが示されている。彼らは、この突然変異が最初に現われたのが約２５０万年前であり、これらの巨大な顎筋の大きさと力が減ったことが――係留してあった気球のロープを切ると気球が空に昇ってゆくように――頭蓋の拡張を可能にしたと示唆している。これはすぐに「思考の余地」突然変異の名で呼ばれるようになった。というのは、ステッドマンが、自分の医学的研究に進化的意味があることにすぐに気づき、この突然変異が起こった時期が大きな脳をもったすらりとした――華奢な造りの――ホミニッドの出現の時期とちょうど重なることを指摘したからである。

これを支持する形成外科的研究からの証拠がある。筋肉の大きさを遺伝子的に操作すると、骨の接合部位の構造にも効果が波及するのだ。人間での整形手術を完璧なものにするための実験は、霊長類を用いて行なわれてきた。それらの手術は、切除（部分的摘出）や咀嚼筋の転置などだったが、その結果、頭蓋の形も変化した。このことから、ステッドマンのチームは、これらの筋肉によって生み出される収縮力を大幅に弱める突然変異は、頭蓋の形に対していくつもの波及効果をもったと推理した。彼らによると、とりわけ咀嚼筋の大きさと力の減少は、大きな矢状稜（しじょうりょう）を必要としなくなる。この矢状稜は、大部分の哺乳類と爬虫類では頭蓋のてっぺんを後ろから前へと通っていて、ヒト以外の霊長類にも、またパラントロプスやアウストラロピテクスにも見られる。扇状の側頭筋——強力な顎筋——は、この矢状稜で繋ぎとめられている。上顎を横に走る頬骨弓も減少し、頭蓋の骨板の縫合線や硬膜——頭蓋のすぐ下を走る脳の頑丈な裏張り——にかかる圧力が減少している。

彼らは、この突然変異がどれぐらい前に起こったのかを特定するために、ヒト、チンパンジー、オランウータン、マカクザルとイヌのＭＹＨ16を比較した。進化の大部分の時間では、同義突然変異が非同義突然変異をはるかに上回り、進化的に重要なことがほとんどなにも起こっていないということが示唆された。ホモ・サピエンスに直接つながる系統でのみ、逆転が起こり、非同義突然変異の数が増加した。彼らは、この突然変異の速度がチンパンジーとヒトが共通の祖先から分かれてから一定だと仮定し、これをもとにその欠失の時期を２４０万年前と推定した。

ステッドマンの論文は２００５年に『ネイチャー』に発表されたが、反応は好意的・否定的２極に分かれた。人類学者の一部は興味をそそられたが、ほかの多くの人々は否定的だった。第一の批判点は、咀嚼筋の大きさを減少させるという突然の劇的な突然変異は、そうした減少を支えるたくさんの進化的変化が歯や顎の大きさにも同時に起こらなければ、適応的どころか、破滅的だったはずだというものである。このような一連の包括的な進化的変化がみな同時に起こったとはまず考えられないから、ＭＹＨ16突然変異をもったゆるんだ顎の主は、それが致命的な欠点となって、消え去るしかなかっただろう。はっきり言えるのは、ステッドマンの研究は答えたよりもはるかに多くの疑問を提起したということである。しかし、彼の研究は、本書の出版時点ではいまだ考慮に値する研究ではあるものの（とはいえ、いたるところに？がついているが）、彼はいまのところ、ホミニンの頭蓋骨の進化の問題をさらに追究することはしていない。

シャオシア・ワン、ウェンディ・グルス、シャンツィ・チャンは、チンパンジーとヒトの偽遺伝子のなかで有害ではなく適応的であったものを包括的に探した結果を報告している。彼らは、現在の遺伝子のゲノム配列のなかで「少ないほうがよい」欠失によって形成された８８７の偽遺伝子を特定した。そのうち80は機能する遺伝子としてチンパンジーにも存在し、その多くは、免疫系か嗅覚かに関わっていた。彼らは、ヒトにおける偽遺伝子の形成が適応的であって、正の淘汰を経てきているという原則を示すために「論より証拠」となる事例を必要としていた。そこで彼らが焦点をあてたのが、敗血症や細菌毒素に対する免疫反応に関与するＣＡＳＰＡＳＥ12である。ヒトでは、この遺伝子は、遺伝コードの塩基対がひとつ置換された――これによって、生じるタンパク質の鎖が中断され、その機能が妨げられる――ために、機能をもたなくなっていた。

彼らは、20万年前にまでさかのぼって正の淘汰の痕跡をテストした。機能をもたないＴ対立遺伝子は、サハラ以南のアフリカを除いて、世界のどの集団でも１００％の固定状態にあり（だれもがそれを２つもっている）、一方、アフリカ系の人々では89％の頻度である。これが、敗血症の発症率と死亡率の低下を生じさせている。彼らは、偽遺伝子がこれらの頻度に達するためには5万１０００年から5万５０００年ほどの年月が必要だったろうと推定した。これは、４万年前から6万年前に起こったと考えられるホモ・サピエンスの大規模な出アフリカの時期と一致する。機能するＣＡＳＰＡＳＥ12をもつ霊長類では、それは免疫反応を弱めるように見える。ヒトのＴ細胞で見たように、私たちヒトは、地球上の新たな地域へと波状的に移住するのにともなって、その飲食物や直接的環境に新たに生じた不快で有害なさまざまの毒素（すなわち、緊急の対応が求められる毒素）に対して免疫系をフル稼働させるために、ＣＡＳＰＡＳＥ12の機能を失ったのかもしれない。

明らかに、「少ないほうがよい」仮説をもっとも強力に支持する証拠は、ヒトのかなり異常な免疫系の進化についてのものだ。これは、更新世に数多くの感染症に対して緊急に、無謀ですらある防御体制を作り上げるという急速な進化の痕跡である——そうしなかったなら、ヒトの物語は、最初の章が始まりかけたところで終わっていたに違いない。ヒトの免疫系は、ほかの霊長類の免疫系とは大きく異なる。免疫学的に見ると、私たちは自然界では変わり者であり、現代の高齢者世代は、自己免疫疾患や老人病などさまざまな病気を通して、自然の急場しのぎの解決法のつけを支払っている。

6章　多いほうがよい

ここまでは、ＤＮＡ塩基の置換を引き起こす単一点突然変異の単純素朴な考え方——「突然変異のあとに淘汰が続く」という古典的な進化メカニズム——が、ヒトの進化とヒトとチンパンジーの違いを説明するのには不十分だということを見てきた。そこで、進化における変化のさらに2つの重要なメカニズム、遺伝子発現と遺伝子機能の喪失を加えた。実は、これらにさらに加わるものがある！

前の章では、ＤＮＡ配列の削除によって作られてきた偽遺伝子について考えた。しかし、偽遺伝子ができるのには、もうひとつのやり方がある。それは、遺伝子の転写されたメッセンジャーＲＮＡをゲノムに戻すというものである。ゲノムから単一遺伝子をとり出して使えなくする——これが「少ないほうがよい」になる——のに対して、このような「レトロポゾン」によって、その遺伝子の2つのコピーができる（したがって、ゲノムのなかのそのコピーは2倍になる）。最近まで、これは重要ではないと考えられていた。というのは、レトロコピーがその調節配列を置き去りにするからである。ＤＮＡが転写されて、タンパク質を作る前段階としてメッセンジャーＲＮＡになる時、通常はエクソン（遺伝子の読みとり枠。すなわちそのタンパク質を作る情報が実際にある部分）だけが転写される。調節部分を構成するイントロンは、切り離される。したがって、これまでの常識から言えば、レトロ遺伝子がその遺伝子のコード部分だけの逆転写によって作られるなら、必要不可欠の調節部分が欠落することになり、イグニッションもアクセルとブレーキもついていない車と同じく、役立たずになる。つまり、スクラップと同じだ。

しかし、ローザンヌ大学のファビアン・ビュルキとヘンリク・カスマンは、どのように遺伝子が自らをコピーし、そのコピーをゲノムのどこかほかの部分に再挿入し、しかも使いものにならないという運命を避けることができるか、というみごとな例を示している。逆に、それは、脳のはたらき方に大きな適応的寄与をするよう進化した。グルタミン酸は、脳と神経系において神経インパルスを伝達する主要な化学物質のひとつである。それは、一連のニューロンの発火を可能にし、それによってインパルスが神経回路網を高速で伝わることが可能になる。グルタミン酸脱水素酵素（GDH）は、神経インパルスを伝えるために、グルタミン酸分子をリサイクルしてたえず利用可能な状態にするという化学的ステップに欠かせない酵素である。言ってみれば、この酵素は、神経インパルスの発火の銃弾を充填する役目をはたす。GDHは、ほぼ同一の2つの形で存在し、それぞれはGLUD1とGLUD2という姉妹のように似た遺伝子によってコードされている。GLUD1は第10染色体上にあり、一方、その姉妹遺伝子のGLUD2はX染色体上にある。レトロ遺伝子はGLUD2である。これはGLUD1からできた。GLUD1遺伝子のイントロンが切り離されたあと、メッセンジャーRNAが逆転写されてDNAになったのである。したがって、それは機能をもたない残骸になるはずだったが、たまたま、X染色体上に載り、隣接したDNA配列を調節配列として吸収することができた。ビュルキとケスマンは、GLUD2の年齢をおよそ2300万年だと推定する。これは、旧世界ザルから大型類人猿が分かれて以降だが、ホミニッドの系統が分岐する以前であり、ヒトとチンパンジーが共通の祖先から分かれるよりはるか前のことになる。したがって、GLUD2は、ヒト、チンパンジー、ゴリラ、オランウータンだけに共通の遺伝子である。

GLUD1は、多くの組織ではたらく雑役係の「ハウスキーピング」遺伝子である。それは、GLUD2の形成以来変わらないままであり、その後いかなる配列変化もない。これに対して、GLUD2は、まったく異なる進化をとげた。それは、脳のなかで効果的にはたらくように、進化を通して磨き上げられてきた。ビュルキとケスマンは、GLUD2タンパク質には2つのアミノ酸置換があることを突き止めた。そのうちひとつは、GDHが猛烈にはたらく——その代謝のブレーキを外す——ことを可能にした。この同じ突然変異はまた、ニューロンの強烈な発火によって生じるわずかに酸性の状態の時に、GDHが脳内で猛烈に活性化することを可能にする。GLUD2は、競走馬へと変化をとげた。脳がより高度になるほど、ニューロンの信号伝達はより激しくなる傾向がある。GLUD2は、これに欠かせない酵素のGDHの急速な利用とリサイクルを可能にする。比喩を交えて言うなら、銃倉を入れ替える小銃がマシンガンに変わったようなものだ。しかし、関係するのは、神経インパルスの速さだけではない。ラットでは、記憶の形成時にGLUD1の活性が高まることが示されている。これは、GLUD2がホミノイドの高められた認知のいくつかの側面を支えているということを意味しているのではないだろうか？　ビュルキとケスマンは、GLUD2がヒトの脳のその後の拡張と特殊化の基礎になった多数の遺伝子のなかのひとつだと考えている。

2006年以降、ゲノム間の構造的変異がそれまで考えられていたよりもはるかに広く見られる重要な特徴かもしれないという考えが、有力視されるようになった。それは、個々の人間を互いに違わせるプロセスがどのようなものか、そしてなにがまず私たちをヒトたらしめるのかについての有力な説明として、遺伝子発現の差異の研究や遺伝子内の単一点突然変異の研究を小さく見せ始めている。これまでのところで論じてきたように、遺伝子は逆転写によって自らのコピーを作って、そのコピーをゲノムに戻すことができ、そのコピーが時には生き残ることがある。このゲノム比較においてもっとも進展のめざましい分野――遺伝学の革命と呼ぶ人もいる――は、ゲノム内の２つの重要な「多いほうがよい」メカニズムを発見してきた。ひとつめは、遺伝子がそれ自身のいくつものコピーを作ることがあることである。これはコピー数多型と呼ばれる。２つめは、ある部分のＤＮＡ配列全体――長さでは数千のＤＮＡ塩基になることもある――がコピーされて、ゲノム内のほかの場所に挿入し直されることである。これは配列重複と呼ばれる。ヒトゲノムが「生命の書」のようなものだという手垢のついた古い比喩を使うなら、私たちはいま、進化はいくつかの単語のなかの数文字が変わってしまうこと（単一点突然変異）に等しいと考えていた状態から、いくつかの単語が太字で書かれている（遺伝子発現の変化）という見方へ、そして文まるごと、段落全体、あるいは数ページまるごとが何回も繰り返されたり、そのほかの場所に再挿入されたりするという見方へと急速に移りつつある。ゲノムはいまや急速にきわめて魅力的で活発な研究領域になりつつあり、そこでの発見は、チンパンジーとヒトの差異の本質の理解に大きな影響をおよぼしつつある。

ヒトのコピー数多型が実際にどれぐらいの規模かは、２００６年11月に明らかになった。それに関わったのは、マシュー・ハールズなど、イギリスのサンガー研究所を中心とした数十名からなる研究チームである。彼らは、ヒトゲノムの３万ほどの遺伝子をたくさんの人間の間で比較することで、そのうちの２９

00——すなわち10%ほど——の遺伝子が、ヒトの集団の平均よりもコピー数が多かったり少なかったりする場合があるということを明らかにした。ヒトは、以前は民族集団に関わりなく約99・95%が同一だと考えられていたが、現在ではもっと違いがある——類似度は99・5%以下である——と考えられている。

ハールズの研究チームは、病気関連遺伝子の信頼できるオンライン・データベースを調べ、それらのうちの10%がコピー数多型の遺伝子として存在することを見出した。脳の発生と免疫系に関与する遺伝子は、とりわけコピー数が多型だった。とくに興味深いのは、CCL3L1と呼ばれる遺伝子で、コピー数が多い場合には、HIV感染への抵抗力が強い。一方、コピー数が少ない場合は、HIVにかかりやすくなる。CCL3L1は、ケモカイン(感染に対して戦う白血球を案内する免疫系分子)の生産を制御している。ケモカインは、細胞表面でCCR5受容体分子に結合する。5章では、HIVウイルスが細胞内に侵入する方法としてCCR5受容体を利用することを紹介した。また、ナンセンス突然変異であるCCR5del32が、この受容体の数を減らすことによってエイズへのかかりやすさを減じているということも論じた。CCL3L1は、これとは逆に作用するようだ。すなわち、(エイズへの抵抗力の点で)del32のモットーが「少ないほうがよい」であるのに対し、CCL3L1のモットーは「多いほうがよい」である(これは、CCR5受容体との相互作用がHIVに拮抗的にはたらき、それが入り込むのを妨げるからである)。テキサス大学の研究チームの計算によると、CCL3L1のコピー数がひとつ増えるごとに、HIVへの感染リスクが4・5%と10・5%の間の割合で減る。

CCL3L1のコピー数は、民族集団間でも、また個々の民族集団内の個人間でも異なる。コピー数は、1から5かそれ以上の範囲で変わりうる。あなたのコピー数があなたの民族集団の平均よりも少ない場合には、HIVにかかりやすくなる。コピー数はとりわけアフリカで多い。テキサス大学の研究者たちはさらに、CCL3L1とCCR5del32の興味深い二重の効果を発見した。彼らは、del32突然変異をもたずCCL3L1のコピー数の少ない人では、エイズに対する「許容的な遺伝的背景」と彼らが呼ぶものを見出した。これらの人々では、カポジ肉腫やクリプトコッカス症のようなエイズを定義する12の病気のうち8つの病気において急速な進行のリスクが3倍ある。一方、del32突然変異とCCL3L1のコピー数の多さとが組み合わさると、より「防御的な」遺伝子型になり、抵抗力が高まり、HIVから末期のエイズに至る進行が遅くなる。これは、「少ないほうがよい」の原則と「多いほうがよい」の原則の現代的「組み合わせ」の驚くべき例だ！

もしヒトの遺伝子の多様性におけるコピー数多型が、人間どうしをあまり似たものにしないことに役割をはたしているとするなら、ヒトとチンパンジーの遺伝的関係については、なにが言えるのだろうか？最近報告されているいくつかの研究によれば、明らかに、両者の間の遺伝的距離は増幅されている。ヒトゲノムとチンパンジーゲノムそれぞれから対応するDNAのコード配列のかたまりを調べるとしよう。すると、単一のDNA塩基が2つの種の間で置き換わっている箇所がたくさん見つかり、その数は古典的な1・6％という違いに相当する。しかし、コピー数の違いによる変異を考慮に入れると、ヒトとチンパンジーは、98・4％同じということにならず、その値は96％に近くなる。

コロラド大学健康科学センターの教授、ジム・シケラは、チンパンジーとヒトのコピー数の差異の研究を推し進めてきた。シケラに言わせると、ゲノム研究は、小さな女の子が初めて母親の宝石箱を見つけて、そのなかの次々に現われるきらめく宝石に心奪われているのに似ている。ゲノム比較研究の記念碑的論文のひとつ、「われらのゲノムのなかの宝石」と題された論文のなかで、シケラは、構造的差異の進化的重要性を詳細に述べている。２００４年に、彼は、アンドリュー・フォルトゥナとジョナサン・ポラックとともに、ヒトとほかの高等霊長類の間のコピー数の違いについて最初のゲノム間比較を行なった。それは、コピー数の違いがホミノイドの進化とヒトとチンパンジーの分岐の強力な原動力だったという彼自身の考えの検証であった。

シケラ、フォルトゥナとポラックが発見したことを紹介するまえに、次のような疑問を考えてみよう。なぜコピー数の違いが有力な候補として浮上するのにこれほど長い時間がかかったのだろうか？　シケラの説明によると、初期のゲノム比較においてヒトとチンパンジーがきわめて近縁であることが示されたのは、当時はゲノム技術に限界があり、最近までその状況が続いていたからである。以前の研究では、ゲノムのなかのきわめて限られた領域――場合によっては単一遺伝子――だけを調べるしかなく、これが必然的に、単一塩基対の突然変異に注目するというバイアスにつながった。これを改めるには、マイクロアレイＣＧＨ法と呼ばれる新たな技法の到来を待たなければならなかった。この技法では、比較する動物種のＤＮＡが蛍光色素で標識され、ガラス基板上の2次元のアレイにおかれたヒトの数千の遺伝子とハイブリダイズされる。比較する動物種のＤＮＡがヒトのＤＮＡとマッチ（ハイブリダイズ）する程度は、色素の蛍光の強さの違いによって測られる。蛍光が強いところは、対応する遺伝子のコピー数が多いことを示している。

この革命的技法は、フォルトゥナ、ポラックとシケラによって、ヒトと4種類の類人猿（チンパンジー、ボノボ、ゴリラ、オランウータン）に共通の3万の遺伝子を比較するために使われた。それぞれの種のＤ

NAが、ヒトのDNAに対してテストされた。ボノボ／ヒト、チンパンジー／ヒト、といったようにである。このようにして、ヒトのDNAは、これらすべての種と比較された。これら3万の遺伝子のなかから、彼らは、その種だけに特有の（ひとつの種だけに起こったもので、ほかの種とは共有していない）コピー数の増減のある815の遺伝子を特定した。コピー数が増えた遺伝子と逆に減った遺伝子の比率には、種間で大きな違いがあった。個々に見ると、増／減は次のようになる。ヒト134／6、ボノボ23／17、チンパンジー11／4、ボノボとチンパンジーを合わせたもの26／11、ゴリラ121／52、オランウータン22 2／188。コピー数の増減の総数は、ヒトからゴリラやオランウータンへと時間的にさかのぼるにつれて増える傾向があった。すなわち、コピー数の違いの量は、ある程度時間の関数であった。しかし、チンパンジーとボノボ vs. ヒトの間の比較は、これがあてはまらず、示唆的だった。ヒトの系統の年齢とチンパンジーとボノボの系統の年齢は同じだが（共通の祖先から分かれて600万年）、ヒトのゲノムには、チンパンジーよりもはるかに大きなコピー数の変異があり、それらの大部分は、遺伝子のコピー数の増加をもたらしていた。ヒトでは、遺伝子のコピー数の増減の比率は、22対1であるのに対し、チンパンジーの場合は3対1にも満たない。

進化にとっての遺伝子重複の価値は、ある遺伝子のコピー数が増えると、その遺伝子が生産するタンパク質の量がたんに大幅に増加するということである。より興味深いのは、生物がある遺伝子をいったん――おそらくは何回も――重複させると、自然淘汰は、その遺伝子のそれぞれのコピーに違う時に違う速度で作用することになる。同一の祖先に由来する遺伝子ファミリー内の一部の遺伝子が、しだいに突然変異を違ったように蓄積し、それによってそれがコードするタンパク質の性質が変わり、その結果そのタンパク質が関与する生物学的プロセスも変わりうる。ヒトゲノムにおけるこれらの「重複配列」は、以前に考えられていたよりも頻度がはるかに高く、ヒトゲノムのＤＮＡのコード配列のうち少なくとも5％を占める。

フォルトゥナ、ポラックとシケラは、ヒトの系統でだけコピー数の増加を示した１３４の遺伝子をさらに詳細に調べた。生物学的機能がわかっていたのは、このうち半分だけだった。彼らは、第5染色体のきわめて不安定な領域に、ＢＩＲＣ1のような一群の重複のある遺伝子を発見した。ＢＩＲＣ1は、神経細胞の刈り込みのプログラムを遅くすると考えられている遺伝子である。この遺伝子の増強は、ヒトでは、ニューロン増殖の増進や脳の大きさの増大を導くのだろうか？　ほかのいくつかの遺伝子も、脳内ではたらき、神経の信号伝達、長期記憶の促進、そして神経線維間のシナプス連絡の成長に関係することが明らかになった。彼らは、水が膜を透過する際に関係しているアクアポリン遺伝子、ＡＱＰ7が、ヒトでだけコピー数が多くなっていることも発見した。それは、何度か重複が繰り返されてきており、それらのコピーはすべて機能しているように見える。これは、強い淘汰圧がはたらいていることを意味している。シケラは、アクアポリンの進化が、長時間にわたる持久走——これが初期人類を有能なサヴァンナの捕食者や死肉を漁る者にした——の間、グリコーゲンのエネルギー貯蔵を動員するのを助けたと推測している。アクアポリンは発汗も促進する。発汗は、走ることによって生じる熱を発散させるのに重要だったろうし、大きくなりつつあったヒトの脳を冷却し、またヒトから体毛が失われるということにも役割をはたしただろう。

では、大型類人猿の場合には、コピー数の多い遺伝子についてはなにが言えるだろうか？　チンパンジーは、ＨＩＶの病原体保有者だったということがわかっており、エイズに対しては免疫がある。したがって興味深いのは、免疫機能に結びついたいくつかの遺伝子がチンパンジーではコピー数が増加してきたということである。ゴリラでは、コピー数が多い遺伝子は、生息環境と食性に関係している。セルロースとペクチンの消化に関係する遺伝子、ＦＬＪ２２００４は、ゴリラだけコピー数が多くなっており、これは、彼らの主食が葉であり、見つけられる時には果実も食べるという事実と符合する。ゴリラも、彼ら独自に、毒素を分解する上で必要な酵素ファミリーの遺伝子のコピーを多数もっている。食事が１００種類を越える植物からなっていて、その多くに毒が含まれていることから考えると、これは明らかに重要である。

シケラのチームはこの最初の研究をさらに推し進め、コピー数の点でヒトでもっとも顕著に増加したＭＧＣ８９０２という遺伝子を特定した。ヒトでは２１２のコピーがあるが、チンパンジーではその半分だ！　この遺伝子は、６つのＤＵＦ１２２０タンパク質領域をコードしている。タンパク質領域とは、タンパク鎖の複雑な構造物であり、そのタンパク質がほかの分子とどう相互作用するかに深く関わっている。ＤＵＦとは「機能未知領域（Domain of Unknown Function）」の略であり、したがって謎はもうひとつあることになる。霊長類だけがいくつものＤＵＦ領域をもっており、これらの配列は、正の淘汰のサインを示し、コピー数（すなわち増幅数）は、ヒトに近い霊長類ほど多くなる。しかし、ＤＵＦ１２２０領域は、多数の遺伝子によってコードされる多数のタンパク質に関わっている。したがって、ＤＵＦ１２２０が大幅に増えてきたのは、ＭＧＣ８９０２のなんらかの狂ったような複製のせいだけではなく、遺伝子一式全体のコピー数増加のせいでもある。それは明らかにヒトにとってきわめて重要であり、強い淘汰を受けてきた。

　では、DUF1220はなにをするのだろうか？　DUF1220は、ニューロン内で、とくに小脳のプルキンエ・ニューロン――脳のなかでは最大のニューロン――で発現する。これらのニューロンでは、枝分かれした樹状突起が密生し、低木の茂みのように見える。それらは、運動（すなわち筋）の協調においてきわめて重要な役割をはたす。DUF1220は、小脳に加え、情動体験を記憶にする海馬にも見つかり、高次の認知機能を担う新皮質の前頭葉、頭頂葉、後頭葉と側頭葉のニューロンにおいても大量に発現する。

　コピー数の増加したこれらの遺伝子のうち、どれぐらいの遺伝子が、実際に私たちをヒトにすることに関わっているのだろうか？　ヒトの系統でだけコピー数が増えてきた遺伝子のリストは増えつつあり、それらの多くは脳のさまざまな部分で発現する。これらは、認知の発達とニューロンの発火の全体的速さに関係していることが多いが、いまのところ、満足のゆくところまではわかっていない。シケラの研究は、自然淘汰の作用が疑われるコピー数増加現象の刺激的な買い物リストのようなものだが、これらの何重にもコピーされた遺伝子のうちどれが実際にヒトの進化の速度を速め、私たちと近縁の現生の類人猿との違いが大きくなる方向に加速したのかを解明するには、引き続いてたくさんの研究が必要になる。しかし2007年、ある研究が、これを考える上で文字通りの食材を与えてくれた。というのも、その研究が脳ではなく、口と消化に関するものだったからである。しかし、もしこの論文の著者たちが正しければ、脳の拡張へのエネルギー供給の開始という、私たちヒトの初期の祖先に特有の進化的変化について多くのことを教えてくれるかもしれない。『サイエンス・デイリー』は次のように報じた。「なんと、世界の支配は類から始まった！」

ジョージ・ペリーは、遺伝子のコピー数多型の専門家であり、ナサニエル・ドミニーは自然人類学の教授だ。ドミニーは、食事こそヒトの脳の急激で大規模な増大を解く手がかりだと考えた。彼がとくに関心を寄せているのは、およそ200万年前、脳が劇的に大きくなった時期だ。この時代には、ホモ・エレクトゥスが傑出したホミニンだった。ヒトの脳は、成長するのにも活動し続けるのにもきわめて高くつく器官だが、この頃に、脳は大きくなり、時を同じくして消化器官は小さくなった。つまり、このことは、私たちヒトの祖先が、葉やほかの植物のような消化しにくいものから、エネルギーのより豊富な食材へと、食べるものを変えたということを示唆する。では、どんな食物か？　最近まで、それは肉だと考えられていた。これには、アフリカの地溝帯で発見された動物の骨の山の数と同じだけ多くのシナリオが考えられるが、はっきり言えるのは、おもに木の葉や果実を食べ樹上生活を営んでいた大型類人猿から、巨大な顎と歯をもったアウストラロピテクスへ、次はおよそ250万年前のホモ・ハビリスへ、その次は最初の石器の輝かしい所有者、体がすらりとしたホモ・エレクトゥスへという進化の道筋があるということである。一般的に考えられるのは、以下のようなシナリオだ。

ヒトの起源研究における悩みの種のひとつは、なにが起こりつつあったかについて、連続する全体像を得られるだけの十分な――時間を通してきちんと一列に並ぶような――化石がないことである。しかし、動物の骨、とくに大型草食獣の骨は、たくさん見つかる。イェール大学のエリザベス・ヴルバは、多数のアンテロープの歯や骨の構造を詳細に分析した結果、木の葉を噛むのに適応した多くの種がおよそ250万年前に絶滅したと結論している。それらの種は、草を食むのに適した種――歯の大きさと歯冠の構造からそうだとわかる――に置き換わった。ジャイアントバッファローとハーテビーストが、そしてウマとクロジカも姿を見せた。ほかの研究者は、まさにこの時にたくさんの種のげっ歯類の絶滅と放散という急速な変化の拍動（パルス）があったことを示してきた。ヴルバは、変化しつつある気候と環境に対する大規模な反応という意味で、これを「転換の拍動」と呼んでいる。それはまた、大きな脳、大きな身体、そして最初の、オルドワン式の石器をもったホモ・ハビリスを生み出す拍動でもあった。

草地が大きく広がるようになって、木や木の実が少なくなると、次のことが問題になった。草を食べるのにもっともよい方法はなにか？　その時代、初期のホミニンの2つの種が隣り合う形で存在しており、それぞれがまったく異なるやり方でこの問題に対処した。頑健なアウストラロピテクスは、大きな堅果や塊茎を噛み砕ける、そしてざらざらした硬い草を食べられるように砕ける、頑丈な歯を発達させた。しかし、それよりも小柄で華奢なホモ・ハビリスは、草食に間接的に適応した。彼らは、動物に草を食ませ、ハイエナやほかの大型肉食獣の鼻先でその動物の死骸を漁った。オルドワン式の簡単な石器は、歯の役目の一部を担って、手のなかに収まることになった。これは、ホモ・ハビリスが殻のなかでもっとも硬いもの――骨――を開けて、なかにある栄養価の高い骨髄液をとり出すことができるようになったことを意味する。この食物は、きわめて望ましい結果をもたらした。急速な気候の変化は、植物の種類と量を大きく変化させたが、そのなかで、ホモ・ハビリスは、動物を食べることによって、変動の影響を弱めて、食事を安定させることができ、やがては、植物性の食物を消化するのに必要な胃腸の量を減らすように進化することができた。彼らは代謝エネルギーを、胃腸ではなく、脳の灰白質を大きくするのに使った。

……おそらくそうだろう。ほかの研究者は、これらの初期のホミニンが食べることができたのはどれぐらいの量の肉、あるいは骨だったのか、そしてもちろん、小さな簡単な石器の助けを借りていたにしても、彼らの小さな歯で、生の死肉を裂いたり食いちぎったりすることがうまくできたのかどうかについて考えをめぐらしてきた。現代の狩猟採集民は、実際には肉をごくわずかに食べる程度であり、それゆえドミニーは、次のように考えている。

現代の狩猟採集民を見ても、肉は食料全体のほんの一部だということがわかる。彼らは、ことばを用いて協力し合い、網を使い、さらに矢に毒を塗ることもする。狩りによって肉を得るのはいまもそうたやすいことではない。200万年から400万年前に、小さな脳をもち、二本足でぎこちなく歩く存在が、肉を能率よく手に入れることができた（死肉を漁ったにしても）とは、考えにくい。

そこでドミニーが考え至ったのは、でんぷんである。でんぷんは、塊茎や球根に、あるいはそれに類する植物の地下の貯蔵器官に含まれている。カリフォルニア大学サンディエゴ校のジョン・ムーアズによるタンザニアでのフィールド研究は、ドミニーの仮説に説得力を与える。ムーアズは、チンパンジーが棒や木の枝といった原始的な道具を使って、ウガラ地方の森林地帯のなかの乾燥したサヴァンナの地面を掘って、食べられる塊茎や球根を採り出していることを報告している。多くの研究者は、この地域が、200万年以上前に東アフリカにおいて気候の変化によって形成された——より乾燥した寒い気候になってゆき、森林が縮小した——と考えられる広大なサヴァンナに似ていると考えている。現在のウガラでは、気候は季節によって変わり、植物の繁茂する湿った冬から乾いた暑い夏へと変化する。植生は、開けた落葉性の林地に似ており、樹木のベルトが大きな帯状の開けた草地に囲まれている。現在の夏季は、私たちの祖先が遭遇しただろう環境を再現する。このような環境のなかで、私たちの祖先は、現在のサヴァンナのチンパンジーと同じく、食料を探して乾いた地面を掘ることを余儀なくされていたのかもしれない。

ドミニーは数年来、タンザニアのエヤシ湖周辺で暮らす狩猟採集民のハザ人のもとでフィールド調査を行なっている。彼は、ハザ人が日々のエネルギーの40％ほどを塊茎から得ていることに気づいた。ハザ人は、塊茎を切って、それを焚き火であぶる。でんぷんを消化するために、私たちは、唾液腺から出るアミラーゼという酵素を大量に生産する。そこでドミニーが考えたのは、でんぷんに富む食事をしている人々では、タンパク質に富む食事をしている人々よりも、アミラーゼをコードしているＡＭＹ１という遺伝子に違いがあるという可能性である。具体的に言えば、異なる人間集団の異なる食物生態が、アミラーゼ遺伝子に異なる淘汰圧を生じさせ、それがその遺伝子のコピー数の違いに現われているのではないだろうか？

世界中で見ると、食生活は地域によって多種多様ではあるものの、「高でんぷん」の食事をする民族集団と、「低でんぷん」の食事をする民族集団とに大別できる。ドミニーらは、高でんぷん食集団――穀物を主食とするヨーロッパ系アメリカ人、コメを主食とする日本人、でんぷんを多く含む塊茎を主食とする狩猟採集民のハザ人――と、肉、血、魚肉、果実由来の糖、蜂蜜や乳製品を常食とする低でんぷん食集団との間で、この遺伝子のコピー数を比較するという方法をとった。後者の集団には、熱帯雨林で生活するビアカ人やムブティ人、タンザニアの牧畜民であるダトーガ人、漁業で生計を立てているシベリアのヤクート人が含まれている。その結果、高でんぷん食集団には、ＡＭＹ１の６以上のコピー数をもつ人間が、低でんぷん食集団の2倍もいることが明らかになった。

どのようにして、多量のアミラーゼ生産は、コピー数が多く、高でんぷんの食事をする集団や個人に、淘汰上の利点を与えたのだろうか？　食物を噛むと、唾液腺からアミラーゼが出て、口のなかに広がる。これが、食物中のでんぷんを消化しやすくし、その食物が胃に達する前に、かなりの量のグルコースがでんぷんから遊離する。このグルコースは吸収されて、直接血流に入る。下痢で苦しんでいる人間にとって、これはとりわけ価値がある。ドミニーらが指摘しているように、世界的には、5歳以下の子どもの死亡の15％は下痢によるものだ。消化器中の内容物が猛スピードで排出されつつある時に、口腔から血中へと直接グルコースを取り込むことができれば、一命をとりとめることがある。同様に、唾液アミラーゼが長時間消化器中に留まり、それが小腸における膵臓アミラーゼの活性を大いに高めるということも示されている。

ここに、決定打が現われる。ペリーとドミニーは、チンパンジーのアミラーゼのコピー数を分析した。それは多型ではなかった。チンパンジーは、通常の2コピーのＡＭＹ1遺伝子だけをもっていた。ボノボは、確かにコピー数が増えているように見えるが、これらの遺伝子のコピーはどうも機能していないようだった。したがって、平均的なヒトは、チンパンジーよりも少なくとも3倍以上のＡＭＹ1のコピーをもっており、これに対して、もっぱら果実を食べるボノボは、アミラーゼをまったく作らないのかもしれない。

この研究からは、どのように食事がヒトの脳の進化を方向づけたのか、正確なことはまだわからない。肉だけで、植物は食べなかったのか？　植物だけで、肉は食べなかったのか？　それとも肉1、植物2の割合だったのか？　熱を通して食べたのか、それとも生のまま食べたのか？　ＡＭＹ１遺伝子の多重コピー間の少量のＤＮＡ配列の違いにもとづくペリーとドミニーによる大雑把な推定値は、コピー数の増加の起源が最近であり、おそらくは20万年前であることを示唆している。もしこれが正しければ、それは、２００万年前に起こったホモ・エレクトゥスの脳の大きさの増大とは関係がない。代わりに、それは、口のなかをアミラーゼで満たす価値は、現代人――肉か塊茎のどちらか、あるいは両方を料理するために火（火はそれらを消化しやすいものにし、消化に要するエネルギーも少なくて済むようになった）を使うようになった現代人――の登場まで待たねばならなかったということを示唆する。しかし、ペリーとドミニーは、コピー数の増加の年代について信頼に足る推定値を得るのには、自分たちのデータでは不十分だということを認めている。明確な年代を割り出すには、ＡＭＹ１配列に関するデータをもっと多くの人々から集める必要がある。それは、コピー数の増加の時期を明確にすることによって、ヒトの脳が増大したとされる時期、食事と生態の三者を関係づけ、いかにして私たちが食べることでヒトになったかについての全体像を提供してくれるかもしれない。

マシュー・ハーン、ジェフリー・デルムスとサン＝クック・ハンは最近、霊長類での遺伝子の獲得と喪失の両方を調べている。彼らの主張では、獲得と喪失を一緒に見る必要があるのは、遺伝子の出入りが重要だからである。すなわち、ヒトは、チンパンジーやほかのすべての霊長類よりもはるかに速いスピードで、ゲノムを「掻き回し」ている。彼らは、その規模がヒトでだけ2倍以上になった、脳に関係する遺伝子ファミリーをいくつか突き止めた。そしてこれらのファミリーの多くでは、塩基配列に対する正の淘汰のレベルが増加していることを明らかにした。彼らの計算では、チンパンジーと共通の祖先から６００万年前に分かれて以降、ヒトゲノムには678の遺伝子の獲得があり、チンパンジーのゲノムから740の遺伝子の喪失があった。彼らによると、これは、ヒトのすべての遺伝子のうちのなんと6・4％（22000中の1418）がチンパンジーには1対1で対応する遺伝子がないということを意味する。この「遺伝的出入り」は、確かにヒトに特有の適応を説明するに違いない。彼らが言うには、霊長類、とりわけヒトで加速した進化は、遺伝子の重複と喪失が、既存の遺伝子の改変と少なくとも同程度に、現代人の進化に役割をはたしてきたということを示している。彼らは明確に次のように述べている。

これらの知見は、なぜヒトとチンパンジーが、共有する塩基配列はよく似ているのに、形態も行動も大きく違うのかを説明するのに役立つかもしれない。

評判の悪い1・6％は、さして重要ではない。コピー数多型は、もとはひとつであった遺伝子をゲノム内に大幅に増やし、その生物学的効果を大いに高めることができる。しかし、DNAのより大きな領域が複製されて、ゲノム全体に分散することもある。これらが配列重複である。配列重複が進化の力としていかに強力か、そしてそれらのせいでゲノムがいかに不安定なものかが、いま急速に明らかになりつつある。ヒトと大型類人猿のゲノムには、これらの大きな分散型の配列重複がやたらと多い——高いレベルの配列の同一性がある——という点で、ほかの動物と異なる。霊長類の進化においては、重複の波が次から次へと押し寄せてきたように見える。進化の点で、この現象はきわめて重要かもしれない。というのは、ゲノムの不安定さと大規模な染色体の再編成が、この大規模な重複とDNAの再配置によって引き起こされるからである。ワシントン大学のエヴァン・アイクラーのグループやほかの研究者たちは、これらの配列重複がゲノムのどこで起こるかを広範囲に調べ、それがランダムに起こるのではなく、重複の「ホットスポット」――アイクラーのグループは、これらを「重複の拠点」あるいは「デュプリコン」と呼んでいる――があることを発見した。ヒトと大型類人猿では、およそ450のホットスポットが特定されている。それらは、ゲノムのなかのたくさんのほかの場所由来の重複を次々に加え、その結果これらのホットスポットは、アイクラーの表現では「ゲノムのさまざまなセグメントの複雑なモザイク」になり、ここから新たな遺伝子、融合遺伝子、遺伝子ファミリーが生まれ出てきた。

これらのホットスポットは、遺伝子の突然変異速度の急激な変化、遺伝子発現の大幅な増加、そしてあらゆる種類の遺伝病と関係している。それらは、急速な進化的変化が起こるための文字通りの「るつぼ」だ。これはいま進行しつつある進化のサインである。進化、とりわけヒトの進化について言えば、そのモットーは、仕事が荒っぽい料理人が陽気に言いそうな「卵を割らないことには、オムレツは作れないからね！」である。遺伝病は、ヒトゲノムという台所にある割られた卵である。それらは、共通の祖先から分かれて以来、ヒトへと急速に進化してきたことに対して人類が支払う代価である。

アイクラーのグループは、最初にゲノム全体を通して、ほぼ同一（類似度が90％から98％）で長さが1万DNA塩基より大きな配列重複を調べた。彼らは、ゲノムの5％ほどがこれらの大きな重複配列からなっていて、多くの場合、そこには遺伝子のコピーや部分的コピーが含まれている――それらは遺伝子のガラクタなどではない――ということを発見した。これらの配列重複の規模、それらがゲノムに占める割合、そしてそれらの配列の同一性は、ほとんどの研究者を驚かせた。大部分の研究者は、いかなる重複も、縦列反復と呼ばれるたまに生じる遺伝子のかたまりや、あるいはY染色体のようなゲノムの風変わりな領域に限られると思っていた。しかし、アイクラーらは、これらの大きな重複が染色体全体に広がっていることを発見した。なぜ、これらの大きな、ほぼ同一の配列重複が病に重要な影響をおよぼす（およぼしていた）のかも、明らかになった。減数分裂（配偶子を生み出す細胞分裂のプロセス）では、「前期」と呼ばれる最初の時期があり、各対の2つの染色体が短時間一緒に整列する。これが、染色体間の遺伝物質の交換、すなわち「交差」を可能にする。通常は、両方の染色体の同一の範囲の配列がお互いを見つけ合うので、この最初の整列はきわめて正確に起こる。しかし、重複した区画があってそれらがきわめて高い程度の配列の同一性をもつと、混乱が生じうる。時に、染色体は、対応するDNAの区画と、それとほぼ同一の重複配列とを取り違えて、整列を間違えてしまうことがある。こうした整列の誤りは、DNA配列の欠失か、重複か、逆位かにつながり、ウィリアムズ－ビューレン症候群やアンジェルマン症候群といったさまざまな遺伝病を引き起こす。こうした遺伝病のほかの例には、CATCH22として知られるさまざまな症候群のうちのひとつ、ディジョージ症候群がある。CATCH22症候群は、第22染色体上の22q11・2として知られるほんのわずかの部分の欠失によって、いくつかの遺伝子が失われることで引き起こされる。ディジョージ症候群は、免疫系の異常、副甲状腺の異常と先天性心疾患をともなう。しかし、潜在的な利点もある。これらの構造的激変が、まったく新しい遺伝子を作るという建設的な効果をもつこともあるからだ。

エヴァン・アイクラーは、この分野の草分け的存在だ。彼のチームは、配列重複の潜在的利点のみごとな例を発見している。それは、ゲノムのなかの機能をもたないように見える領域から新たな遺伝子ファミリーそのものが生じたという例である。この新しい遺伝子ファミリーは、2万ほどのDNA塩基対配列からなる部分が何度もコピーされ、これらのコピーが第16染色体の単腕（p腕）上の1500万の塩基対のかなり大きな領域中に分散することによって生じた。チンパンジーとヒトが分岐する前と後とで相次いで重複が起こり、その結果、ゴリラで17の重複、チンパンジーで25から30の重複、ヒトでは15の重複が生じた。重複配列のこれらのブロック内では、祖先の遺伝子は、新たな遺伝子ファミリーへと進化していた。ゲノム研究者にはまれなことだが、彼らは、文学的想像力を遊ばせて、この遺伝子ファミリーを、オウィデウスの『変身物語』に登場する、人間の形をした夢を送り込む神の名をとってモルフェウスと名づけた。遺伝子のコード部分であるエクソン配列の比較から明らかになったのは、進化が急速に起こり、600万年前のヒトとチンパンジーの分岐の前と後とでいくつものアミノ酸置換の出来事が起きたということを明らかにした。この結果生じたアミノ酸の変化は、通常の突然変異速度のなんと50倍から100倍にもなるのだ！　驚くべきことに、通常とは逆で、非コード部分のイントロンの突然変異（2％）に比べ、コード部分のエクソンで突然変異がはるかに多かった（10％）。これは、進化が山火事のようだったということを示している。もっとも劇的なのは、ヒトとチンパンジーの第2エクソンと旧世界ザルの第2エクソンの間の変化だった。アミノ酸の置換の量は、なんと43％のアミノ酸分岐になり、これは予想されるレベルの20倍である。ヒトでは、チンパンジーに比べて、アミノ酸分岐はさらに23％増えた！

モルフェウス遺伝子ファミリーは、旧世界ザルから大型類人猿への、そしてさらにはヒトへの、ほとんどありえないほどの進化的飛躍を示している。今日まで、研究者は、モルフェウス遺伝子ファミリーが実際になにをしているのかについてとくに明確な考えをもっていたわけではなかったが、ありそうなのは、祖先のその遺伝子は睾丸（精巣）でのなんらかの役割に限られていたが、2500万年にわたって重複、配列入れ替えやほかの再編成がいくつも起こるなかで、ファミリーのメンバーはこの染色体のあちこちに散らばることになり、新たな機能と調節のしくみを獲得してきた、という可能性である。また、それらが免疫系においてなんらかの重要な役割をはたしている可能性も高い。

アイクラーによれば、チンパンジーとヒトの間の遺伝的景観における変化の大部分は、重複に帰すことができる。単一塩基の突然変異が引き起こすゲノムの変化は1・2%なのに対し、重複が引き起こす変化は2・7%ほどであり、遺伝的変化を引き起こす上で「SNP」の2倍以上の重要度をもつ。この研究そのものについてもどかしく感じられるのは、だれもその全体像を知らず、やっと最初のページを開いたところだということである。どこで構造的重複が新たな遺伝子になり、その遺伝子がなんらかの進化的に新しい機能を支え、種間の違いを生み出してきたのかを示すには、まだまだ例が不足している。「お楽しみはこれから」だ。

免疫系の進化は、いまモルフェウス遺伝子ファミリーと関係づけて紹介した種類の遺伝子重複によって動かされているという見方がされ始めている。安西達也ら日本の研究チームは、第6染色体上の220あまりの遺伝子群であるMHC（主要組織適合遺伝子複合体）に焦点をあててきた。MHCは、身体の免疫防衛システムの要（かなめ）であり、細胞が「自己」か「非自己」かを識別する能力に関係し、外からの抗原に対して抗体を動員して防御する。これらの遺伝子の多くは、きわめて多型である（さまざまな変異体がある）。これらのうちある遺伝子では、400種類以上の対立遺伝子があり、この驚異的な多様性があってこそ、免疫系は、私たちの体がたえずさらされている厖大な種類の病原性抗原に立ち向かうことが可能になる。安西らは、遺伝子重複の出来事が繰り返されることによってできたいくつかのコピー数多型の遺伝子ファミリーをもつことが知られているMHC領域に注目した。

安西のチームは、この領域からヒトとチンパンジーが共有する35の遺伝子の配列を確定し、DNA塩基対の類似が98・9％であり、それらによって生じるタンパク質のアミノ酸の類似が98・3％であることを発見した。しかし、これの遺伝子のうち28は、MHC領域内にあるものの、免疫の機能をもっていなかった（ほかの機能をはたしていた）。安西のチームは、これらの遺伝子をそれ以外の免疫系遺伝子から分離してみたところ、非MHC遺伝子ではアミノ酸配列の同一性が99％以上であるのに、7つの免疫系遺伝子では95％にすぎないことを見出した。このことは、進化が、これらの非MHC遺伝子に関してはヒトとチンパンジーの間の配列の類似性を保つように作用したが、免疫系遺伝子に関しては配列の多様性を促進するように作用してきたことを物語る——これは、免疫系遺伝子の仕事が、ヒトとチンパンジーとで異なる病原体によって引き起こされるきわめて多種の感染に対処することだと考えると、意味をなす。

この2種類の遺伝子間のこれらの違いがさらに一層増幅されたのは、それらの遺伝子には、ALU反復配列、LINE因子やSVAと呼ばれる「くずDNA」の小さな挿入部分が違ったように散在しているからである。彼らがこれらの差異を計算に入れたところ、およそ98・6％とされてきた配列の類似度は、なんと86・7％まで下がった。ヒトとチンパンジーの間の12％の違いは、これらの挿入された部分のみによって生じていた！　もしこの86・7％という低い値をゲノム全体にまで拡張したとすると、世間に広まっているヒトとチンパンジーの違いの話を「私たちをヒトたらしめる13・3％」というように書き換えなければならない！

ヒトとチンパンジーのゲノム全体にわたる配列重複を比較した最近の研究は、ヒトのすべての配列重複のうち3分の1がチンパンジーにはないという計算結果を出している。この研究から、ヒトに特有の3200万の塩基の重複が見つかり、チンパンジーに特有の3600万の塩基の重複が見つかった。このうち、チンパンジーでは重複しておらず、ヒトでのみ重複している遺伝子は177あり、チンパンジーでのみ重複している遺伝子は94あった。ヒトに特有の重複遺伝子の半数以上は発現量が増加しており、一方、チンパンジーに特有の重複遺伝子では、発現量が増加していたのはそれよりやや少なかった。明らかに、ヒトとチンパンジーのゲノムは、600万年前に分岐して以降互いに違いが大きくなる方向に加速してきている。活発なコード部分のDNAのうち少なくとも7000万塩基がヒトとチンパンジーでは異なる重複をしており、これはゲノムの2・7％に相当する。

ジム・シケラは、配列重複によって生じた、ヒトの系統だけに特有のコピー数の変化を示す28の遺伝子をあげている。その大部分は、脳と中枢神経系に関係している。これらは、ゲノムの構造的再構成によってとくにヒトで進化した、脳で発現する遺伝子のほんの一部にすぎない。神経科学は、その表面を引っかきさえしていない。シケラは、現在の神経科学の論文のうち99％は脳で発現する遺伝子のほんの1％しかあつかっていない（！）という、米国国立精神衛生研究所長、トマス・インゼルのことばを引いている。そしてヒトゲノムとチンパンジーゲノムの間の構造的差異の範囲も、いまだ探索が終わっていない。シケラの「宝石箱」は、いまやアラジンの宝の洞窟になりつつある！

7章　アラジンの宝の洞窟

まえの章では、遺伝子重複（コピー数多型）と配列重複について紹介した。そこで見たように、それぞれは、ヒトとチンパンジーの間の遺伝的分岐に単一点突然変異の（控えめに見積もっても）2倍も寄与している。これらの重複が見られる場所は、ゲノム進化のホットスポットだ。そこにある遺伝子は、ほかのところの遺伝子よりも、はるかに高頻度の突然変異と遺伝子発現の変化を示すということも見た。同様に明らかなのは、「ヒトのゲノムとチンパンジーのゲノムはどの程度似ているのか?」という問いに対する答えが、どこを見るかによっていて、こうした重複のホットスポットの多くでは配列の分岐がきわめて大きいので、少なくともこれらについては、2つのゲノムの間の類似性は、かつての推定値98・4％（あるいはそれに近い値）から87％へと引き下げられる、ということである。しかも、ゲノムの構造と遺伝子多型の解明はまだ終わっていない。この10年以上にわたって、ゲノム科学者は、コンピュータの力を借りた新しい強力なツールを用いて、「私たちのゲノムのなかの宝石」とそれがはたす潜在的役割を次から次へと発見してきた。ゲノム研究が子どもが宝石箱のなかを探すようなものだという、ジム・シケラが用いた比喩は拡張されて、ゲノムは実はアラジンの宝の洞窟だということが、いま明らかになりつつある。

染色体の構造の構築の際に生じうる副産物のうち2つは、挿入と欠失である。欠失は、ひとまとまりのDNAコードが配列からたんに脱落することを言い、逆に、挿入はそれがつけ加わることをいう。挿入と欠失は、専門的にはまとめて「インデル」と呼ばれる。遺伝子におけるDNAの挿入や欠失が重要なのは、それらがフレームシフト突然変異を引き起こすからである。この変異では、コードが実際に飛んでいたり、新たに挿入された配列が句読点になって、メッセンジャーRNAへの転写が最後まで行かずに、そこで止まってしまったりする。2003年、ケリー・フレイザー率いるパールジェン・サイエンス社の研究チームは、ヒトの第21染色体とチンパンジーのそれに対応する第22染色体との間でインデルの生起を比較した。彼らは、2つの種間のインデルの57の違い——サイズは200から8000DNA塩基対の範囲にわたる——を特定した。彼らは、第21染色体の2700万塩基対を調べ、インデルが、単一の塩基対の変化による1・2%強に、ヒトとチンパンジーの間の0・6%の配列分岐を加える——これによって遺伝的分岐は1・5倍に膨れあがる——と結論した。彼らのデータからすると、種の分岐は、両方の側で起こってきた、すなわち両方の種が互いに遠ざかっていったように見える。彼らは、比較のためにオランウータンのDNA配列を用いて、16のインデルを詳しく調べた。（もしチンパンジーとオランウータンのDNAが合致すれば、そのインデルはヒトだけのものに違いない。もしヒトとオランウータンのDNAが合致すれば、そのインデルはチンパンジーで生じたことになる。）彼らは、3つの挿入、2つの欠失がヒトの系統で起こり、1つの挿入、10の欠失がチンパンジーで起こったことを見出した。

ジム・シケラによれば、ゲノムを見てゆくと、それぞれの種に500万ほどの小規模から中規模のインデルが見つかるという。彼によると、最初にチンパンジーのゲノムの解読を手がけた研究者のコンソーシアムは、チンパンジーのゲノムとヒトのゲノムにおいて、遺伝子の転写活性が活発である部分――ユークロマチン配列と呼ばれる――が、約4500万の非共有で種に固有の塩基対を含んでいることを発見したという。これは、両者のゲノムの3％に相当する。これはフレイザーの推定値を凌駕する。というのは、それがヒトとチンパンジーの差異への単一点突然変異の寄与分の2倍にあたるからである。

そして逆位がある。これは、特別に染色したスライドを顕微鏡で見て見えるほどの大規模な染色体逆位――染色体の一部の端どうしがつながる――から、10万DNA塩基対以下の逆位まで、さまざまな規模のものがある。2005年、トロント大学のスティーヴン・シェーラー率いる研究グループは、コンピュータを駆使して、既知の逆位のリストを大幅に増やし、次のような可能性を指摘した。すなわち、ゲノムにおける構造的変化のさらに別の源（逆位）が進化の材料を提供し、これがヒトとチンパンジーのゲノムの違いのひとつの原因になっているという可能性である。小さな逆位は見つけるのが難しいとされてきたが、シェーラーが言うには、2つのゲノム配列をコンピュータ上で並べることによって、大きな逆位が見つかるだけでなく、違いが切断点まで正確にわかる。シェーラーによる2つの種のゲノムについてのコンピュータを用いた比較は、既知の9つの逆位――これらは顕微鏡で見ることができるほど大きい――のリストに加え、さらに1576の逆位がありそうだということを明らかにした。このうち32の逆位は、大きさで10万の塩基対よりも大きかったし、29は、複数の遺伝子にまたがっていた。もし逆位の切断点が遺伝子内部にあれば、明らかにその遺伝子の機能は破壊される。切断点に隣接する遺伝子も、影響を受けるかもしれない。これこそ、シェーラーが興味をもった理由である。このような破壊は、遺伝病を生じさせうるからだ。一方で、この再構造化は、遺伝コードを再編成して、自然淘汰を受ける素材を提供するもうひとつのやり方かもしれない。これもまた、ヒトのゲノム進化の両刃の剣だ。コンピュータを用いて突き止められた逆位のうち23は、その後実験的に確認された。最大のものは第7染色体上のもので、430万塩基対の大きさがある。驚くことに、逆位領域のうち3つは、人間集団ではその方向がいろいろだった。たとえば、調べられた人々の一部は、ヒトに特有の逆位をもつ2つの対立遺伝子（同じ遺伝子の変異体の対）をもっていたのに対し、ほかの人々はヘテロ接合であった（すなわち、逆位配列を含む対立遺伝子ともとの逆位でない配列の対立遺伝子（チンパンジーと同じ）とをもっていた）。彼らは、ヘテロ接合の変異体がどのケースでも母親から受け継がれているということを突き止め、逆位領域が15以上の遺伝子にまたがっていることを発見した。それらの遺伝子のうちのひとつ、PMS2は、大腸がんに関与していることが知られている。

結局、実験的に確認された23の逆位のうち、半数を超えるものがヒトに特有だということが判明した。彼らは、逆位と配列重複との間には高い相関があることも確認した。すでに、配列重複がゲノム再構築の温床であることを見てきたが、逆位は、これらの領域に関係づけられ始めた構造的変化――インデルとコピー数増加――に加わるように見える。遺伝病との関係について言えば、前の章で述べたように、逆位の向きは、染色体整列の際に問題を生じさせる。すなわち、もしある配列が逆位になり、相同染色体上のそれと対になる配列が逆位でないのなら、2つの染色体は、減数分裂の際に適切に整列できず、重大な（場合によっては破滅的な）DNAコードの欠失を生じさせ、遺伝病を引き起こすかもしれない。シェーラーは以前は、遺伝病であるウィリアムズ-ビューレン症候群の研究を行なっていた。この病気では、患者の知的発達が遅れる。患者は、この病気特有の魅力的で妖精のような顔貌になり、IQはきわめて低いにもかかわらず、他者への驚くほどの共感力をもち、言語も独特だが流暢に使いこなす。多くの点で、自閉症の逆であり、自閉症患者が電車の時刻表に関心を抱くのと同じように、人間に対して強い関心を抱く。ウィリアムズ－ビューレン症候群は、DNA配列の微細な欠失によって引き起こされるが、この症候群の子どもの親には、いくつもの逆位が見られる。同じことは、アンジェルマン症候群とソトス症候群――発達初期における過度の成長とある程度の知的発達の遅れをともなう巨人症の一種――にもあてはまる。シェーラーらがこれらの逆位の変異体を発見したということは、ヒトゲノムが依然として変動しており、その意味ではいま現在も進化しつつある、ということを示している。私たちがチンパンジーと共通の祖先から分かれて以降、明らかにこれらの逆位がたくさん生じてきた（遺伝病のコインの裏側である、適応的な遺伝子進化の強力な候補が出てくるかどうかはまだわからないが）。

逆位は、霊長類とホミニッドの進化においてさらに基本的で重要な役割をもっていたのかもしれない。それは、共通の祖先からチンパンジーとヒトを分岐させたメカニズムであった可能性がある。種分化は、なんらかの物理的な障壁――深い河、大渓谷や山脈――のせいで、もとはひとつであった集団の個体どうしが物理的に互いに隔離されてしまい、交配できなくなってしまうことによって生じうる。時間が経つにつれて、2つに分かれた集団は異なる速度で突然変異を蓄積してゆき、やがてそれらの配偶子は、出会うことがあったとしても、もはや交雑が不可能な状態に達する。もうひとつのタイプの種分化は、物理的には互いに隔離されていない個体間で有効な繁殖が妨げられることによる。

2003年、アレック・マックアンドリューは、チンパンジーとヒトの共通の祖先の集団にどのように種の分化が起こり、ヒトの祖先とチンパンジーの祖先が繁殖の点で分離するようになったかを考察した。ひとつの重要な示唆は、染色体の大規模な再編成――インデル（挿入や欠失）や逆位――が生じたのかもしれないというものだった。確かに、ヒトの第1、4、5、9、12、15、16、17、18染色体を見ると、チンパンジーのものに比べ、みな大きな逆位があり、ヒトの第2染色体は、チンパンジーの2つの染色体が合体したものである。もとの染色体と再編成された染色体とをひとつずつもつ者――ヘテロ接合――は、2つの同一の染色体をもっていたホモ接合に比べて、子孫を残すことははるかに少なかっただろう。なぜなら、ある対の再編成された染色体ともとの染色体の間の組み換えは、整列の破滅的な誤りを生じさせうるからである。したがって、淘汰はホモ接合のほうを好み、2つの集団――遺伝子が再編成された集団とされなかった集団――が出現し、繁殖の点で互いに隔てられた状態になるはずである。

しかし、マックアンドリューはこの議論の欠点に気づいた。すなわち、もしヘテロ接合が（再編成の起こらなかった）正常なホモ接合よりも子孫を残すことがはるかに少ないのなら、どのように再編成の突然変異が急速に淘汰されてなくなるのを避けることができたのかを説明するのは難しい、という点である。もしヘテロ接合が子孫を残すことが少なくないのであれば、再編成の突然変異はうまく生き残り、繁殖の妨げになることはないだろうし、その結果生じる個体群は、再編成された染色体かもとの染色体かの、いずれかをもつ個体になるだろう。

マックアンドリューが言うには、再編成された染色体がたんに減数分裂の際にその姉妹関係にある変化しなかった染色体との間で組み換えをしないと仮定すれば、問題は解決する。つまり、最初のX世代の間、たとえ染色体のひとつのペアが組み換えをせず、出る幕なしにベンチ入りしていたとしても、子孫は生存できただろう。しかし、これが再編成された染色体を効果的に隔離し、この染色体はその後、これらの蓄積した突然変異が性的適合性に影響をおよぼすようになるまで、時を経るうちに密かに少しずつ突然変異を蓄積したのかもしれない。こうして2つの個体群は、同一の地域で遺伝的に分岐したのかもしれない。

これが実際に起こったという証拠は、すでに得られている。アルカディ・ナヴァーロとニック・バートンは、逆位のような一定の構造的変化をこうむった染色体内では、突然変異が蓄積されるはずだと論じている。とくに、彼らは、再編成された染色体（逆位配列が累積した染色体）では、同義突然変異に対する非同義突然変異の割合――正の淘汰のサイン――が、大きな構造的変化をこうむらなかった染色体よりもはるかに高いということを示した。したがって、およそ600万年前、スティーヴン・シェーラーらによって突き止められた、逆位の多い染色体のひとつがそれをもつ個人を繁殖の点で孤立させた可能性が高い。これらの人々こそ――もしそういった人々が実際に存在したとすると――私たちの祖先だったのかもしれない。

この話には、もうひとひねりある。それは、私たちをヒトにするゲノムの変化の核心へと私たちを連れて行ってくれる。2004年、トマス・マルケス＝ボネ、マリオ・カセレス、トッド・プレウスとアルカディ・ナヴァーロは、逆位のような染色体の再編成と、遺伝子発現や調節の差異との間の関係を探った。彼らが見出したのは、再編成された染色体上の遺伝子が、変化していない染色体上の遺伝子よりも、遺伝子発現がはるかに多く、しかしそれは脳のなかに限られるということであった。彼らによると、染色体再編成のこの効果は、チンパンジーとヒトのゲノムを比べた場合には、塩基配列の違いや遺伝子発現それ自体の違いよりもはるかに大きな規模になる。

ここで、ほんのちょっとゲノムの大きな構造的変化を離れて、アラジンの洞窟をもう少し奥に入って、この600万年間にわたるチンパンジーとヒトの分岐のさらにもうひとつの新しい道を見つけてみよう。これには、ヒトでだけ劇的に進化し、タンパク質をコードしていない遺伝子も含まれる！　これまでに行なわれているゲノム研究の圧倒的多数は、特定のタンパク質をコードしている機能する遺伝子を含む、ゲノムのうちのほんの小さな割合（だれに聞くかにもよるが、1・5%から3%）に焦点をあててきたと言ってよい。では、ゲノムの残りの97%から98・5%ほどについてはどうだろう？　無関係なのだろうか？　最近まで、これについては、「おそらく無関係」とか「わからない」とか「くずが受け継がれているだけ」といったように答えられてきたが、いま、これらの厖大な遺伝子の「不毛地帯」は、ガラクタDNAなどではないということがわかりつつある。すでに非コード領域に、いくつもの調節的要素が発見されてきており、その作用は遠くにおよぶこともある。そのうちのいくつかは、少なくとも仕事をしている。現在、カリフォルニア大学サンタクルズ校のデイヴィッド・ハウスラーの研究室と共同で研究を行なっているキャサリン・ポラードとソフィア・サラマらは、ゲノム解析技術の絶大なる力を借りて、この非コードのガラクタの山のなかに機能をもったDNA配列の島を探しにゆき、ついに見つけることができた。彼らは、タンパク質のコード遺伝子がどこにあるかではなく、どこにないかを調べるという通常とは逆のアプローチをとることで、チンパンジーとヒトのゲノムの違いの、新たな、興味深い、そして重要な水脈を見つけ出した。

機能的配列を特定するもっともよい方法は、いくつかの近縁でない種の間でDNAの広い領域を比較することである。もしほぼ同一の配列の領域があるなら、たとえその配列をもつ種どうしが、進化の点で数千万年や数億年離れていたとしても、それは、その配列が生物学的になんらかの重要な（多くの場合基本的な）仕事をしているという確かなサインになる。すなわち、時間を経るなかで、その機能を変化させる可能性のあるどんな突然変異も徹底的に排除する負の淘汰（純化淘汰）――これが配列を無傷な状態に保つ――によって維持されてきたということである。ポラードのチームは、チンパンジーのゲノムを、対応するマウスとラットのゲノム領域と比較した時に、DNA配列が約100塩基対にわたって少なくとも96%以上同一であるような配列のかたまりを探した。その結果、実際すべての哺乳類を通して保持されてきた3万5000箇所――平均で140塩基対の長さ――の長大なリストを得ることができた。これらの領域をヒトにおける対応する配列と比較することによって、彼らは、ヒトが哺乳類に広く見られる同一性を保つ傾向に従っているか、あるいは、特定の領域がその傾向に反し、遺伝コードのなかに置換を累積してきているのかどうかを見ることができた。

ポラードのチームは、ヒトで、かなりの量の突然変異が起こった49の領域を発見した。これらの領域のほとんどはなにもコードしていなかったが、知られている転写因子――タンパク質をコードしている遺伝子のオーケストラを調整する遺伝子――に隣接していることが多かった。同様に、これらの領域の4分の1は、脳や神経系の発生に関与している遺伝子と隣接しており、このことから、これらの高度に加速された領域（HARと呼ばれる）が脳の発生に重要な影響をおよぼしている可能性がうかがえた。

なかでも、HAR1と呼ばれる領域は際立っている。118のDNA塩基対のうち、チンパンジーとニワトリでは3億年間で2つの置換しかなかったのに対し、ヒトがチンパンジーと共通の祖先から分かれてからの600万年間では、18の置換が起こった。これは劇的な加速だ。HAR1領域は、現代人の間では多型ではない。18の置換はすべて固定状態にある（すなわち、すべての人間がそれらを保有している）。これは、これらの置換がどれも100万年以上前に起こったということを示唆する。HAR1は、第20染色体の先端にきわめて近いところに位置し、2つの遺伝子――HAR1FとHAR1R――と一部が重なっている。この2つの遺伝子は、タンパク質は生産しないが、代わりに、2つのきわめて安定したRNAの形式へと翻訳される。

この研究には、科学の偶然と運（セレンディピティ）以上のものがある。まず第一に、ヒトゲノムの非コード配列の途方もない広がりのなかを探すことは、気の遠くなる作業になるはずだった。ホミニッドの系統でそのスポットがきわめて保守的な状態から進化の暴走状態へと突然変化をとげた非コードのDNA領域を見つけられる可能性は、ほとんどなかった。デイヴィッド・ハウスラーによれば、カリフォルニア大学サンタクルズ校のオンラインのゲノム・ブラウザも役割をはたした。キャサリン・ポラードは、HAR1配列の領域を探し回っている時に、同じ研究室のポスドク研究員、ジャコブ・ペダーゼンが行なったゲノムのバイオインフォマティクスのスキャンがその場所に構造RNA遺伝子を予測していたということに気づいたのである。そしてベルギーから来ていた客員研究員、ピエール・ヴァンデルヘーゲンが、HAR1F遺伝子がどこでいつ活性化するかを決定するために、使用の同意をとりつけたヒトの胎児の脳組織のサンプルをもっていた。HAR1Fは、大脳皮質へと発生する胎児の脳の部分において、最初に7週と9週の間に検出された。それがとりわけ活性化していたのは、カハール＝レツィウス・ニューロンと呼ばれる特別な脳細胞だった。このニューロンは、胚発生の初期に出現し、大脳皮質の多層構造の構築に重要な役割をはたしている。3章でASPM遺伝子とマイクロセファリン遺伝子の考えられうる役割のところで論じたように、最終的に皮質を満たすニューロンは、前駆細胞から生まれ、その後発生しつつある皮質の層を通って上へ、目的地に行きあたるまで、自分から移動してゆく。これらのカハール＝レッツィウス・ニューロンは、活性化している間じゅう、おそらく皮質の一番外側の部分に位置して、リーリンというタンパク質を生産し、リーリンは下へと分泌されて濃度勾配を作り上げる。おそらく、リーリンは、成長するニューロンに対して「ストップ」信号として作用し、それらのニューロンに、割り当てられた目的地である皮質の層のひとつに到達したことを教えるのだ。

ポラードらは、HAR1Fが、リーリンの生産時に同時に活性化することを確認したが、その関係のほんとうの性質はまだわかっていない。しかし、ここでは、HAR1Fの発現はリーリンの発現に影響をおよぼしているのだと仮定してみよう。これはどれほど重要なことだろうか？　リーリンという名称は、マウスの特殊な浮足歩行（リーリン・ゲイト）にちなむが、この浮足歩行は、脳（とりわけ皮質と海馬）にさまざまな構造的異常があることで起こることが知られている。正常な皮質は、きわめて複雑なしかたで発生する。脳発生の世界的権威、パスコ・ラキックの説明によると、ヒトでは、最終的に皮質に落ち着く予定のニューロンは最初、妊娠の前半期の間に脳の深部で生まれる。最後の細胞分裂後まもなく、これらのニューロンは、皮質表面に向かって外へと上へと移動してゆき、皮質板と呼ばれる細胞層を形成する。移動するニューロンは、次から次へと、前の世代の移動したニューロンの間を通って、自らの最終目的地へとたどり着く。これはたとえると、兵隊のパレードで、軍楽隊の密な列が複雑に行進しながら、前で静止している兵士の列を通り抜けてゆくようなものだ。このようにして、皮質は裏から発生する。もっとも早く生まれたニューロンは、皮質のもっとも深い層に見つかるのに対し、あとから生まれたニューロンはより表層へと移動する。

リーリンもＨＡＲ１Ｆも、少なくとも妊娠17週〜19週まで、カハール＝レッツィウス・ニューロンで活性化する。この時点で、移動性のニューロン集団の大部分は、この移動の行進を終え、自分の場所に落ち着き、典型的な皮質の層構造を生み出し、ニューロンの複雑なネットワークを作り上げるためのシナプス形成のプロセスを開始させる。ポラードは、ＨＡＲ１Ｆがおとなの脳では、前頭皮質と海馬で発現していることも発見した。海馬でのこの発見が興味深いのは、海馬では新しいニューロンの生成がおとなの間も続くことが知られているからである。それはおそらく、新しい記憶の持続的形成と保持が、一生を通してニューロンのネットワークの絶え間ない再形成を必要とするからだろう。

現時点でベストな推測は、ＨＡＲ１Ｆの作り出すＲＮＡがリーリンの生産の調節役をはたしているというものだ。しかしこの場合も、脳のなかのルールは、遺伝子の機能を変える突然変異に対しては、それを弱めるようにはたらくが、これらの遺伝子の活動を調節する新たなやり方に対しては、それを定着させるように見える。ＨＡＲ１Ｆは、脳の遺伝子調節の兵器庫にあるもうひとつの武器であるように見える。ＨＡＲ１Ｆ、リーリンの生産、そして新皮質のきわめて複雑な発生のしかたという三者の間の結びつき（確かにまだ弱いが）からすると、ポラードの研究は、ヒトだけに特有で、ヒトの脳の劇的な増大を引き起こしているように見えるゲノム発生の有力な例を示しているように見える。彼女のグループは、ほかのどんな宝石を見つけることができるかを知るために、残りの48のＨＡＲ領域を調べつつある。

配偶子ができる減数分裂のプロセスでは、染色体の対応する対――一方は母親由来、もう一方は父親由来――が互いの間で遺伝物質を交換する。これは組み換えと呼ばれる。このように遺伝物質をシャッフルすることで、母親と父親双方の遺伝子の新たな組み合わせが子に伝えられる。この組み換えが起こる場所は、ランダムではなく、「組み換えのホットスポット」と呼ばれるところに集中している。最近まで、これらのホットスポットは、ヒトとチンパンジーとではよく似ていると考えられてきたが、ボストンとケンブリッジの遺伝学者の国際チームは最近、そうではないことを発見した。ホットスポットがヒトとチンパンジーの対応する染色体上の同じ場所にあることは、めったになかった。彼らは、ヒトで18のホットスポットを、チンパンジーでは3つのホットスポットを特定したが、両者は重なっていなかった。これは、子孫の世代に遺伝的多様性を作り出すまさにそのやり方が、2つの種の間では大きく異なるということを意味する。

学校の生物学の授業では、どのように遺伝子がタンパク質を作るのかについて古典的な事実を教わる。DNAは、メッセンジャーRNAに書き換えられ、メッセンジャーRNAのなかの3つの塩基からなるコドンのそれぞれが、ひとつのアミノ酸をコードし、これらがタンパク質の鎖を生じさせる。すなわち、ひとつの遺伝子イコールひとつのタンパク質というように。しかし、実際はこれよりはるかに複雑だ。これまでに発見されてきているのは、ひとつの遺伝子が選択的スプライシングと呼ばれるプロセスを通して全範囲のタンパク質を作り出すことができるということである。これらの異なる形は、スプライス変異体と呼ばれる。それらがゲノム全般における新しさと多様性の主要な源だということが、いま明らかになりつつある。もしひとつの遺伝子が多数のタンパク質を作ることができるのなら、ゲノムが生産するタンパク質の種類はそれに応じて増えることになる。これによって、なぜヒトゲノムでは不思議なほどコード遺伝子が少ない——約2万2000——のに、厖大な種類のタンパク質を生み出すことができるように見えるのかを説明する助けになる。ヒトの全遺伝子の50%から70%ほどは、選択的スプライシングを示す。これによって、ひとつの遺伝子が、それがはたらくのが脳か肝臓かによって、異なるタンパク質を作り出すことが可能になり、環境条件の変化に応じて別のタンパク質へと生産を切り替えることが可能になる。たとえば、２００５年、『ハワード・ヒューズ医学研究所紀要』は、ある研究者（ロバート・ダーネル）がノヴァと呼ばれるタンパク質が脳のなかでひとつの遺伝子からの49の異なるメッセンジャーＲＮＡのスプライシングを制御し、ニューロン間のシナプスの信号伝達をする、互いに近縁関係にあるタンパク質の一大ファミリーを生み出していることを発見したと報じている。

タンパク質の多様性を生み出すこの主要な源は、スプライス変異体がチンパンジーとヒトの分岐においても大きな役割をはたしていることを意味する。遺伝子では、イントロンとエクソンと呼ばれるＤＮＡ配列のまとまりが交互に並んでいる。エクソンは、遺伝子のコード部分であり、この部分がメッセンジャーＲＮＡへと転写され、そしてそれがタンパク質になる。イントロンは、遺伝子のなかの転写されない非コード部分で、通常はほかの部分の転写を調節する要素を含んでいる。遺伝子が活性化すると、すべてのＤＮＡは最初にＲＮＡへと転写される。このＲＮＡは次に、スプライソソームと呼ばれる構造物によって認識される。スプライソソームは、実際には、イントロンに相当する配列を、特定のスプライス部位でＲＮＡの転写物から切り取ることによって削除し、エクソン由来の配列だけを残す。スプライソソームは、タンパク質をコードしている遺伝子部分をＲＮＡとして集める際に、時にエクソン全体を削除してしまうことがあり、このプロセスが、体と脳における作用が微妙に異なる近縁関係にあるタンパク質のファミリー全体を生み出すことを可能にする。

ニューロプシンは、学習と記憶に関与するタンパク質であり、脳の前頭前皮質にある。それは、２つの形で――ニューロプシンⅠとスプライス変異体のニューロプシンⅡ（45のアミノ酸を余計にもっているが、これはこの遺伝子の第3エクソンの選択的スプライシングによって生じたものだ）として――存在する。この長い形のニューロプシンはこれまで、ヒトにはあるが、下等な霊長類や旧世界ザルの脳では発現しないことが知られていた。昆明の中国科学院のビン・スーのグループによる最新の研究は、ニューロプシンの変異を詳細に調べ、興味深い結果を得た。ニューロプシンⅡは、チンパンジーやオランウータンの皮質にも存在しなかった。つまり、それはヒトの系統に特有であり、過去600万年以内に生じていた。彼らは、単一の突然変異が新たなスプライシングの部位を生み出し、それらがニューロプシンⅡを作り出したということを発見した。さらに、ニューロプシンⅠの別のスプライシング部位に対する抑制効果――チンパンジーとヒトにだけ共通して見られる――がそれよりも時間的に先行しており、これがヒトにおけるニューロプシンⅡ変異体の出現を容易にした、ということを見出した。スーらはいまのところ、なぜニューロプシンⅡがヒトの認知の進化において適応的になったのかについて明確には述べていないが、それが脳の発生（発達）の特定の段階と前頭前皮質に限られているので、脳における新たなスプライス変異体の出現は、ASPMやマイクロセファリンといった遺伝子におけるヒトに固有の塩基置換の蓄積と少なくとも同程度に重要だとしている。

ベンジャミン・ブレンコー、マリオ・カセレス、トッド・プレウスとジョン・カラルコらによれば、スーらは正しい。彼らは、チンパンジーとヒトの間の選択的スプライシングの違いをゲノム全体を通して調べ、両者間では、共有する遺伝子のうち6～8％でスプライシングのレベルでの顕著な違いがあることを見出した。彼らが目を留めたのは、選択的スプライシングの違いを示す遺伝子と示さない遺伝子の間には、種間での重複がないということだった。このことは、チンパンジーに比べ、ヒトでは特定の遺伝子の集合の急速な進化を示唆している。2つの種の間でこうした選択的スプライシングの違いを示す多くの遺伝子は、遺伝子発現の制御、ニューロン間の神経信号の伝達、細胞死、免疫防御、そして病気へのかかりやすさに関与している。たとえば、アポトーシス——プログラムされている細胞死——に関与するGSTO2と呼ばれる遺伝子は、チンパンジーに比べヒトでは、細胞内に活性化の弱い形で存在する。

彼らは、ヒトとチンパンジーの間に選択的スプライシングの違いが広く見られることから、両者間の主要な差異に関与している可能性のあるいくつものゲノムのメカニズム——一塩基突然変異、遺伝子発現と調節、配列重複、コピー数多型、欠失——にスプライス変異を加えてよいだろうと言う。そして彼らが述べているように、ヒトとマウスの祖先が分岐して以後の9000万年間で選択的スプライシングの事象で同じままであったものは20%以下であることが知られていたが、いまようやく考えられるようになったのは、それが、ヒトとチンパンジーの分岐に寄与した重要なスプライス変異体に反映されているという可能性である。ヒトとチンパンジーが共有している遺伝子の4%程度は、ヒトではタンパク質への転写がかなり速くなっている（発現量が増加している）が、これらは選択的スプライシングを示す遺伝子ではない。彼らが言うように、このことは、ヒトとチンパンジーのゲノムの間の差異の付加的原因として、スプライス変異体が最近になって生じたものだということを示唆している。

この研究やさらに多くの研究を可能にするDNAマイクロアレイとコンピュータによるゲノム比較という最新鋭の強力な技術は、ゲノム全体の一斉捜索にきわめて有効であり、ヒトとチンパンジーの分岐に関係する、たとえばスプライス変異体 vs. 遺伝子調節の相対的重要性の推定値を与えてくれる。そしてこれらの技術は、ヒトとチンパンジーの差異を生み出すゲノムのメカニズムのリストを拡張し、一塩基置換――遺伝コードの単一点突然変異――が2つの種の分岐においても、また両者間の遺伝的類縁関係の推定値においても、限られた（おそらくは小さな）役割しかはたしていないという理解が得られるまでになっている。しかし、このような研究は具体例を欠いている。もしある特定の遺伝子がたくさんの機能するスプライス変異体の形で存在するなら、それは、ほんとうに2つの種の構造と機能に重要な変化を生じさせるのだろうか？　もしそうなら、それらは一体なんだろうか？　ほとんどは、予備的な作業にも手がつけられていない。いまあげたGSTO2の例は、これにぴったりの例である。ヒトは、選択的スプライシングが第4エクソンを完全に抜かしてしまう変異体をもっている。ヒトでのこの脱落は、生じるタンパク質の複雑な立体構造を修復不能なほどに損傷させる（あるいは変化させる）ようには見えないが、ヒトでの変異体は、チンパンジーに比べ、それを少量しか生産しない。ヒトにとってのその適応的価値とはなんだろうか？

GSTO2は、体内にある毒の中和と「酸化ストレス」の防御に関与している。酸化ストレスによって、体は、フリーラジカルと過酸化物の形で過度の活性酸素を生み出し、これが細胞を文字通りボロボロにする。酸化ストレスは、ヒトでは、アテローム性動脈硬化症、パーキンソン病、アルツハイマー病といった病気と関係していることがわかっているが、他方で、よい面としては、活性酸素は、免疫系によって病原体を粉々に吹き飛ばすために使われる。ブレンコーらは、脳と神経系の変性との関連でヒトとチンパンジーの老化には大きな違いがあることを指摘している。たとえば、ヒトの健常者の場合、脳の老化は、らせん状細線維（フィラメント）と神経原線維のもつれ（変性）が生じることと関係している（アルツハイマー病ではこれが顕著に現われる）が、これらの現象はほかの霊長類には見られない。したがって、一方では、ヒトはチンパンジーよりも長生きするが、ヒトの脳が老化する時には、その老化のしかたは特殊で、多くの場合破壊的であるように見える。こうしたことを背景にして、ヒトでは、GSTO2遺伝子ははたらきが悪い。ヒトでは、若者の身体が高レベルの活性酸素に耐えることができるのは、病気との闘いにおいて、チンパンジーよりもGSTO2遺伝子に大きく頼っているからなのではないだろうか？ もしそうなら、これは、自然がするやっつけ仕事のもうひとつの例――若い頃には効率的に病原体を殺すマシーンだが、その代価はのちに認知症で支払われる――だということになる。しかしいまのところ、これについては憶測をめぐらすしかない。

霊長類における進化、とりわけチンパンジーにひじょうによく似た祖先から現代のヒトに至る進化においては、キーワードは「増幅」である。増幅の現象は、チンパンジーとヒトのゲノムの間に変化と違いをもたらしたゲノムのさまざまなメカニズム（これについてはすでに紹介した）に繰り返し見られる。転写因子を生み出すマスター制御遺伝子のDNA配列の変化が違いを増幅するのは、それらの遺伝子が、従属する遺伝子のオーケストラ全体を調節するようにはたらく――ひとつの遺伝子が多くの遺伝子に影響する――からである。遺伝子の発現量増加は、その遺伝子により多くのタンパク質を生産させるようにする（すなわち生産力を高める）。遺伝子のコピー数の増加は、これと同じことをするが、それはまた、異なるように自然淘汰が作用しうる遺伝子ファミリーを作り上げることによって、遺伝子の差異も増幅する。配列重複は、ゲノム内に進化的ホットスポット――より安定していて変化の少ない領域に比べて、遺伝子の調節と突然変異の速度が並外れて速い――を形成する。最後に、スプライス変異体が、遺伝コードの異なるまとまりを選択的に抜かすことによって、1種類だけでなくさまざまな種類のタンパク質を生み出すことを可能にすることで、遺伝子の活性を増幅する。これらすべてが、2つの近縁種の間の身体、脳、行動の差異を増幅するが、それは、似た（あるいは同一の）遺伝子の発現のタイミングと発現量を変化させることによってだけでなく、前述のノヴァというタンパク質が49種類のメッセンジャーRNAをスプライシングによって制御しているように、はるかに精密で複雑な制御システムを作ること――脳内の神経信号の処理と伝達の微調整における驚くべき正確さを可能にする――によっても行なわれる。これらの増幅現象は、なぜ多くのDNA配列のレベルではほとんど同一のゲノムをもった2種類の生物が異なる進化速度を経験することがあるのか、そしてなぜ個体発生――身体や脳の発生と成熟のしかた――において差異が生じるのかを説明する助けになる。これは、どのようにして2つの近縁の生物が、遺伝の点で、そうした2つの異なる種類の生物へと分かれるのかという疑問に対する答えの一部である。

私は、アラジンの洞窟のほんとうの深さをまだ知りえていないと思っている。ゲノムは、思った以上に摩訶不思議であり、その進化の姿は、洞窟に入りたての頃はきわめて単純だったのに、年ごとに、それを増幅するますます奇妙なメカニズムが見つかりつつある。アラジンの洞窟の私たちの探検は、単純な理解から出発したが――1960年代に初めて報告されていたのは、チンパンジーとヒトがたくさんのDNA配列を共有しているようだから、遺伝的にも、行動の面でも、きわめて近いに違いないというものだった――、いまや、チンパンジーとヒトのゲノムが多くの重要な点で似ていないことを認めるまでになっている。ゲノムにおける数々の重要な現象は、これらの種間の違いを支える単一点突然変異の役割を薄れさせる。それらはまた、なぜ2つの種の祖先が600万年ほど前に最初に枝分かれしたのかという理由も与えているかもしれない。

これらの変化の影響を受けた遺伝子の点から、一貫してひとつのテーマが浮かび上がってくる。それらの変化は、おもに3つの重要な問題に関係している。第一は脳の発生・発達と寿命、脳の構造と機能であり、第二は病気との闘い、そして第三は栄養と代謝である。過去600万年にわたって、私たちヒトの祖先は、さまざまでより強力な認知メカニズムを備えた脳を発達させ、チンパンジーとは大きく異なる食物に適応し、そしてさまざまな病気や寄生体との戦いを多様なやり方で繰り広げてきた。ゲノムは、たとえれば干草の巨大な山のようなもので、そのなかにはきわめて多くの針が散らばっている。これらの針を見つける技術は、年を経るごとに強力になり、チンパンジーとヒトの類似性についての初期の仮定の土台は崩れつつある。ここ5年のゲノム研究の成果にもかかわらず、私には、尊敬に値する科学者たちが、40年も前に出されたヒトとチンパンジーの近さの概念にもとづいて、「チンパンジーは私たち」のメッセージをいまだに流し続けていることが、驚きですらある。この遺伝的近さの概念は、さまざまな方面において、チンパンジーは遺伝子の点で私たちヒトとほとんど同じなのだから、論理的に言って、彼らも私たちと同じようなやり方で考え感じているとみなすべきだ、という主張に直結してきた。これは、近縁だから似ているという議論として知られる、よくある生物学的誤謬のひとつである。次の2つの章では、これについて詳しく見てゆく。

8章　ポヴィネリの挑戦状

霊長類学者のフランス・ド・ヴァールは、著書『われらの内なる類人猿』のなかで、ヒトの本性のよい面と悪い面について詳しく紹介しながら、霊長類のなかで私たちにもっとも近縁であるチンパンジーとボノボがそれらの面にどのように光をあてるのかを考えるよう誘っている。彼が書名に用いたのは、映画『猿の惑星』でアリ役を演じたイギリスの女優、ヘレナ・ボナム＝カーターがインタヴューのなかで用いた表現である。彼女の話では、彼女もほかの俳優も、サルアカデミーに通い、そこで類人猿の姿勢や動作を学んだが、その時に「自分の内なる類人猿に気づいた」のだという。

ド・ヴァールは、社会行動に関して、この2種類の類人猿には大きな違いがあることを強調する。チンパンジーは火星から、ボノボは金星から来たと言えるほどに違う。チンパンジーは、悪魔的な社会で暮らしている。その社会では、長期の平穏や調和は、オスの身の毛もよだつような行動によって打ち砕かれ、メスは踏みつけられレイプされ、子どもは殺され食べられ、隣の集団のチンパンジーはぶちのめされて死に至り、歯と棒（と時には先端の尖った木の枝）で武装した血に飢えた群れがサルを狩る。一方、ボノボは、メスの階層によって支配され、殺しや傷つけ合うことはきわめてまれで、セックスは社会の潤滑油として用いられ、戯れと遊びが重要な日課だ。私たちヒトは、これら2種類の霊長類の間の合いの子のように振る舞うだろうか、とド・ヴァールは問う。彼によると、私たちは、1種類ではなく、2種類の内なる類人猿がいるという幸運に恵まれているという。それら2種類の類人猿が私たち自身のイメージの形成を可能にするのだが、そのイメージは、この25年の霊長類研究で得られた多くのことよりもかなり複雑なものになる。私たちは、私たちの内に、集団間の友好的関係を排除するチンパンジーの面と、境界を越えて性的な交わりや友好関係をもつボノボの面とをもっている。ちょうどジキル博士とハイド氏のように。

こうした見方は、ヒトの行動を説明するためのホモンクルス説を連想させる。この説では、行動は実際には、脳のなかのある種の「こびと」——「艦橋(ブリッジ)」にいて、内部から行為の指令を下す、見えざる、かつ知られざる原動力あるいはシステム——によって制御されている。ド・ヴァールがその艦橋に配しているのは、ひとりではなくふたりの艦長である。ちょうど、バウンティ号の艦橋にいるブライ艦長 vs. フレッチャー・クリスチャン、あるいは光の剣を交えて死闘を繰り広げるルーク・スカイウォーカー vs. ダース・ヴェイダー、あるいはジェダイのライトサイド vs. ダークサイドのように。ヒトの艦橋で舵とりをめぐって闘っているのは、チンパンジー vs. ボノボだ！「酔っ払ってさ、あたりのもんをぶっ壊してよ、女の子なんかをやっちゃってさ、ピール・デム・クルー［訳註 ロンドンの非行集団］を見習うのさ！」vs.「落ち着こうよ、音楽をかけてね、電気を暗くしてさ、夜中いいことをしようね！」。

ド・ヴァールは次のように問う。祖先のモデルとしてもっともよいのはどちらか？ 彼の答えは次のようになる。なぜどちらかでなければならないのか？ 私たちとチンパンジーとは、共通の祖先から枝分かれした。その後、私たちにつながる枝とは別の枝になったチンパンジーからボノボが（200万年ほど前に）分かれた。つまり、ボノボも、私たちと共通の祖先から、私たちと同じく600万年前頃に分かれたことになる。そのどちらかを、私たちの行動のある種の進化的鋳型とみなすことは、意味がない。私たちは、その共通の祖先が実際にどのようなものであったかも、どのように行動したかもまったく知らないし、おそらくこれからも知ることはないからだ。

2005年11月、ヘレン・グルドバーグは、オンラインの『毒舌サイエンス』のなかでド・ヴァールの本を辛口で批評した。彼女によれば、ド・ヴァールは、私たちが「内なる類人猿」について知るべきだと言っている、という。「自分のことについて話そう！」彼女がド・ヴァールの著作について議論するために彼と会った時に、彼は、彼女がヒトは特別で特殊だとする人間中心的な見方をしていると言って、笑った。「あなたはヒトがもっているという特別な能力について話しているけど、ヒトは遺伝的にチンパンジーやボノボと98・5％同じなんだ。知性の点で、社会性や感情の点でも、おそらくはチンパンジーやボノボと98・5％同じだ。ぼくらは小さな違いを繰り返し強調して、そこから多くのことを語るのが好きだが、実はそうした違いより類似点のほうがはるかに多いんだ」。

ド・ヴァールの議論は、進化研究におけるもっとも甚だしい誤りのひとつだ、と私は思う。それは、私たちがたんに遺伝的にきわめて近いがゆえに、行動もよく似ているはずだという主張である。これは、近縁だから似ているという議論の一形態である。比較認知心理学者のダニエル・ポヴィネリは、それがダーウィンの時代までさかのぼるとしている。

チンパンジーとヒトがＤＮＡを98・6％共有しているとしても、だから心も驚くほど似ているはずだ、ということにどうしてなるのか？　この考えは、学術雑誌や一般向けの書物の書き出しの部分でよく見かけるが、いまや一種の讃歌になってしまっている。これを歌わない者は、チンパンジーの尊厳を守るという大義への忠誠をもっていないと疑われる。

ポヴィネリは、それが心理学の歴史に古くからつきまとってきた誤謬だと言う。

それは、18世紀の哲学者、デイヴィッド・ヒュームが疑いえないと思った仮定であり、また１００年以上もまえ、比較心理学の基礎がチャールズ・ダーウィンによって築かれつつあった時代に存在した仮定だ。そしてそれは、その領域がダーウィンの擁護者、ジョージ・ジョン・ロマーニズによって形式が整えられた時に、明確に述べられた仮定でもある。今日でさえ、この仮定の見えざる触手は、ほかの動物の心を理解しようとする努力の奥まで入り込み、しっかり絡みついている。ひとことで言えば、ヒトとほかの動物種の心を比較しようとする場合、似ている行動が見られたなら、もっている心も似ているという仮定である。これが、近縁だから似ているという議論である。

ダーウィンの考えを発展させ、『動物の知能』（１８８２）と『動物における心の進化』（１８８３）の２冊を書いて、最初の比較心理学を作り上げたのは、ロマーニズであった。ポヴィネリによると、こうして、近縁だから似ているという議論をともなった心理学が生まれ、ロマーニズは次のように言うことで馬脚を現わした。

私自身の心の作用について、そしてその作用によって生き物としての私のなかに引き起こされる活動について知っていることから始めて、私たちは、ほかの生き物の観察可能な活動から、類推(アナロジー)によって、そのもとにはどんな心の作用があるかという推論に進むことができる。

俳優には、「子どもや動物と一緒の仕事はするべからず」という鉄則がある。比較認知心理学者は、この2つを飯の種にしている。年齢が3歳以上の子どもの思考過程を明らかにする実験では、ことばで質問して答えてもらえるので、その思考についてはかなり明確になにかが言える。ところが、年齢がそれ以下の子どもや動物を相手にするとなると、ことばは使えない。そのため、巧妙な実験を考え出して、どの程度のことができるのかを評価することで、彼らがなにを考えているかを推論しなければならない。哲学者のトマス・ナーゲルは「コウモリであるとはどのようなものか?」と問うことで、この問題を指摘した。彼の答えはもちろん、私たちはそれを知らないし、おそらく知りえないというものであった。では、チンパンジーであるとは、どのようなものか? 霊長類学者や認知心理学者は、50年以上にわたってこの問題について議論し続けてきたが、まだ答えにはほど遠いところにいる。

ヒトはまわりの世界をどのように理解しているのだろうか? チンパンジーはどうか? ヒトもチンパンジーも、過去の体験から、行為Aが必ず結果Bになるということを学ぶことができる。たとえば、チンパンジーの劣位オスが、メスと隠れて交尾しているところを優位オスに見つかり、それで痛い目に遭えば、見つかるととんでもないことになるということを即座に学習するだろう。ヒトもチンパンジーも、自分の目で見た証拠から、どのようにあることが別のことを引き起こすのかについて推論できる。しかし、数十年にわたる乳幼児や児童の認知研究から明らかになってきたのは、私たちヒトが、ある出来事がほかの出来事をどのように引き起こすのかを認識する際に、目に見える手がかりをはるかに超えるということであった。つまり、私たちは、見ることのできないもの――観察不能な、不可視のもの――による結果を推論することによって世界を理解している。このように、私たちは、ほかの人がなにかをするのを見る時、なにが起こっているかというある種の機械的記述――ちょうど機械やロボットを観察する時のように――に満足せずに、その人がなにを意図しているかもわかろうとする。なぜなら、その人は、欲求、信念や知識といった内的な心の状態によって動かされているからである。欲求そのものは見えないが、私たちは、そのような心の状態を推論することによってまわりの人間の行動を解釈する。この領域の第一人者のひとり、サイモン・バロン＝コーエンのことばを借りると、私たちは「心を読む」のだ。これは、私たちがみな占い師だということではない。それが意味しているのは、ほかの人々を動かしている（と私たちが思う）心理状態を推測することで、私たちは自然にかつ容易に彼らに意図を見る、ということである。別の言い方をすると、なぜその人がそれをするのかを、見えないものを用いて説明する理論を作り出しているとも言える。それゆえ、この認知能力は「心の理論」と呼ばれるようになった。

他者の頭のなかに心的状態を仮定することによって社会的行動を解釈するのと同じように、私たちは、見ることのできない物理的力（たとえば重力）について推理することによって、物体の運動や相互作用を予測する能力を獲得した。たとえば、私たちは、空中に放り投げた物体がそうであるように、モノを落とせば、地面に向かってまっすぐに落ちると予測し、石をまえより強い力で投げれば、まえよりも長く飛んで地面や獲物にぶつかると予測し、ある物体が別の物体を動かすには、その別の物体にぶつかるか、両者の間にある物体にぶつかってそれがその別の物体にぶつかるかしなければならないと予測する。

ヒトの認知におけるこれらの概念は、時に「理解」するのが難しい。というのは、私たちはみなそれらの概念をあまりに当然のこととみなしているからである。私たちにとって、「彼女が……を欲する、……と思う、……と考える」といった概念をもたず、そのためほかの人間の行為を説明できないといった世界を想像することは不可能に近い。例をあげてみよう。家族のだれかが冷蔵庫を開けて、怪訝な、あるいは不満そうな顔をしていることを理解するには、あなたがそれについての理論をもたなければ不可能だろう。「彼女が冷蔵庫に行ったのは、牛乳が飲みたいからであり、そこに牛乳パックが入っていると思ったからである。けれど、彼女は、ぼくが牛乳を使い切って新しいのを買っておくのを忘れたということを知らない」。もしだれかがあなたに歯を剥き出しながら近づいてきたとして、あなたに噛みつこうというのではなく、歯を見せてにこにこ笑っているということがあなたにわからないなら、世界がどんなにおそろしく不可思議なものになるか(!)を想像してほしい。自閉症児の多くは、顔の表情を解釈するのが困難だ。喜び、恐怖、怒り、驚きや悲しみを読みとるのが難しく、困惑、高慢さや恥ずかしさといった複雑な感情は、読みとることがほとんどできない。サイモン・バロン＝コーエンは、彼らを「心が読めない人(マインド・ブラインド)」と呼んでいる。もしあなたが相手を見て、感情の表出が読めないとしたら、そこになにが見えるのだろうか？心理学者のアリソン・ゴプニクは、衣服にくるまれた皮の袋が椅子の上にだらりともたれかかり、その上部の前面には2つの小さな黒い点があるのが見えるといった状況を考えてみよ、と言う。これが自閉症の人が見ているものなのだろうか？ チンパンジーにはどう見えているのだろうか？ 突いた玉が正確に微妙な角度で赤い玉に当たらないと、その赤い玉を穴に落とせないということをほとんど知ることなく、ビリヤードをしているところを想像してみよう。あるいは、時間と空間についてのあなたの理解がぼんやりとしすぎていて、そのため因果――ある出来事が別の出来事を引き起こすこと――を把握するのが不可能であるような世界を想像してみよう。
このような形式の認知――これによって社会と物理世界の両方が解釈できる――はそれぞれ、「素朴心理学」と「素朴物理学」と呼ばれている。頭に「素朴」がつくのは、どちらも教科書的な意味の心理学や物理学ではないからである。それらは、ある意味で常識的な理論であり、厳密な科学理論とは食い違うことも多い。たとえば、私たちの多くは、水のホースがぐるぐる巻きになっていたら、飛び出してくる水も円を描くと思ってしまう。厳密な科学的意味において重力や電磁気作用や信念といった見えざる力についてなにかを理解するようになる以前に、そして理解するようになってからでさえも、素朴物理学と素朴心理学は、私たちに物理的因果と社会的因果――原因と結果――についての理解をもたらす。それらは、私たちが石の飛ぶ軌道を腕から石への運動エネルギーの転移と空気分子の摩擦の点から記述できるようになる以前に、そうした理解をもたらしてくれる。どの場合も、その要点は、私たちが見ることのできないモノ――目には見えない、観察不能なモノ――について推理することによって、人やモノの行動を予測する理論を作り上げるということである。この理論構築は科学という点では粗雑かもしれないが、アメリカの2人の傑出した心理学者、アンドリュー・メルツォフとアリソン・ゴプニクによれば、私たちは科学者のようにそれをし、生まれたその日からそれをし始める。メルツォフとゴプニクは、幼い子どもも（新生児でさえも）、小さな科学者のように振る舞い、自分のまわりがどうなっているかについて理論を立て、棄却するということをしている、と主張する。（逆の見方をすれば、科学者は大きな赤ちゃんということになる！）

メルツォフとゴプニクは、新生児が、世界のものごとについての推論能力を生得的にもっており、世界がどうはたらくかについての最初の「理論」を経験をもとに変えたり再構成したりする、と考えている。たとえば、メルツォフは、生後42分しか経っていない新生児が顔の表情をまねることができることを示した。すなわち、赤ちゃんは、メルツォフがたとえば目を見開いて舌を突き出すと、それをしっかりまねたのだ。赤ちゃんは、生後1年のうちに、ほかのモノよりはヒトの顔を、ほかの音よりはヒトの声を好むようになり、そして顔のいくつもの種類の表情を認識して、それらの間の違いと、幸せ、怒り、悲しみ、恐怖といった心の状態がわかるようになる。赤ちゃんは、外側の世界を内なる世界にマッピングしている。よく知られているように、昔の人々は目を「魂の出入り口」とみなしていたが、現在の心理学者は目を「心の出入り口」とみなしている。これは赤ちゃんにもあてはまる。1歳児は、ほかの人が指差した方向を見始める——彼らは、これが外の世界の興味あるなにかに向けられた動作だということがわかっている。彼らはすぐに、興味あるモノに向けて指差しや動作をすることによって、相手の注意をそのモノに向けさせることができるようになる。彼らは、他者がどのように感じているかについてなにがしかのことを感じ始めるという点で、共感することを学ぶようになる。ゴプニクによれば、この時期には、彼らは「心」というものに気づいている。しかし、その心は、物質以前の存在としてかつて仮定されていたエーテルのように、どこにも存在しており、「私の心」と「あなたの心」の乖離——すなわちそれら2つが違うという理解――はない。

数年前、私は、アリソン・ゴプニクが14か月の男の子でこのことを鮮やかに示す実験をしている場面を撮影した。彼女は、テーブルを挟んで男の子の反対側に座り、彼に食べ物の入った2つのボウルを見せた。一方のボウルには、（子どもがみな好きな）魚の形をしたクラッカーが入っており、もう一方には、（みなが大嫌いな）生のブロッコリーが入っていた。ゴプニクは次に、それぞれのボウルのなかのものをとり出し、自分がなにが好きだということを示していた。男の子はうれしそうにクラッカーをほおばり、それが好きで、なにが嫌いかを男の子に示してみせた。クラッカーをとり出す時には、「うへー！」と言って顔をしかめ、一方、ブロッコリーをとり出す時には、「わー！」と言って、うれしそうな顔をしてみせたのだ。そのあと、2つのボウルを男の子の手の届くところに押し出し、右手をボウルの間のちょうど真ん中において、「なんかちょうだい」と頼んだ。男の子は、彼女が自分の好きなのはブロッコリーだということを示していても、クラッカーを彼女にあげた。つまり、彼は、自分はクラッカーが好きなので、ほかのだれもがそうに違いないと思っていた。この4か月後、男の子はこの誤りをしなくなっていた。ゴプニクはブロッコリーをもらえた。

このように、1歳半の子どもは、欲求のような隠れたものについて、基本的なレベルの理解をもっている。ゴプニクによると、2歳児は、自分が望んでいることと親の望みとが合っていないことがわかったとたんに、怒りを爆発させるという。2歳児、恐るべし。4歳ぐらいになると、子どもは、ほかの人々が信念をもっていて、それゆえ誤った信念をもつこともあるということがわかるようになって、より進んだレベルの心の理論を用いるようになる。心の理論のこうした高次の理解が発達の過程でいつ頃から始まるのかを知るための心理学的テストが何種類かある。ゴプニクらが用いているテストは、お菓子の箱を用いる。子どもは、箱にはお菓子が入っていると思っているが、その箱を開けてみると、エンピツが転がり出る。ここで、もしあなたが3歳児に、もし友だちが部屋に入ってきて、初めて箱を見せられたら、その友だちは箱になにが入っていると思うか、と尋ねる。すると、子どもは「エンピツ」と答える。というのは、自分の新たな知識の状態と同じものを友だちももっていると思っているからである。しかし、4歳児は、「お菓子!」と答える。というのは、友だちの頭のなかには誤った信念があり、それが自分と違っているということがわかっているからである。

子どもは、原因と結果についてどのように推論するのだろうか? 3歳以降、子どもは明敏な推論ができるようになる。この原因の帰属は早くから生じ、しかもきわめて強力だ。アリソン・ゴプニクと当時彼女の研究室の大学院生だったデイヴィッド・ソーベルは、ブリケット発見器と呼ばれる独創的なゲームを考案し、2歳児でこのゲームを試した。子どもは4つの積み木を示され、そのうち2つ、これとそれが「ブリケット」だと言われた。実験者がブリケットのうちひとつをつまんで、「ブリケット発見器」という偽物の機械の上に載せると、機械の前面の明かりがつき、音楽が流れた。もちろん、これは、別の実験者が見えないところにいて、スイッチを入れていた。次に、実験者が、ブリケットとは呼ばなかった積み木をつまんで、それを機械に載せると、この時にはなにも起こらなかった。機械を動かす別の積み木はどれかと聞くと、2歳児でさえ必ず、もうひとつの「ブリケット」を選んだ。子どもは、同じ呼び名だから、同じ属性をもっている、という因果的推論をしていた。ブリケットだけが明かりをつけることができるとは言われていないのに、そうだと推論していた。何人かは、「ブリケット」がどう作用するかを調べるため、それらを分解しようとさえした！

ヒトの認知の進化を研究する者にとって聖杯とも言える、最終的な謎は、これらの能力がヒトだけのものなのか、それとも霊長類のなかで私たちにもっとも近縁のチンパンジーとも共有しているのかである。結局のところ、近縁だから似ているという議論によるなら、もし私たちヒトが素朴物理学や素朴心理学の能力をもち、チンパンジーが私たちと遺伝的に98・6％同じであるのなら、チンパンジーも、素朴物理学や素朴心理学の能力をある程度もっているはずである。チンパンジーの行動の一般向けの解説は、彼らの道具使用、コミュニケーションやだましの能力についての最近の発見を紹介することで、ヒトが独特だという主張の出鼻をくじくのを好む。しかし、チンパンジーは、道具を作ったり、彼らどうしの間で相互作用したりする時に、よく発達した「素朴」心理学や「素朴」物理学を用いているだろうか？　あるいは、彼らの因果の理論は、自分が見ることのできるものだけに制限されているのだろうか？　後者の通りなら、ヒトの認知は動物界ではほんとうにヒトに特有であり、そしてここでの議論にとっては決定的なことだが、ヒトとほかの霊長類との間に劇的に一線を画すものだということになる。これは、解くべき重要な問題になりつつある。

チンパンジーとヒトの比較心理学の歴史を詳細に概観することは、本書の領分をはるかに越える。文献は厖大にあり、研究も数十年にわたって積み重ねられてきた。関連する問題や論争についてざっと知ってもらうために、ここでは、２つの研究者グループの研究に焦点をあて、科学の社会学を垣間見ることにしよう。ひとつは、ダニエル・ポヴィネリ率いるルイジアナ大学認知進化グループであり、もうひとつは、マイケル・トマセロ、ジョゼプ・コール、（そしてつい最近では）ブライアン・ヘアが中心となったライプツィヒのマックス・プランク進化人類学研究所の発達・比較心理学部門である。どちらの研究グループも、素朴物理学と素朴心理学を研究している。どちらもこの領域で卓越していることは、衆目の一致するところである。どちらのグループも、チンパンジーが心の理論をもっているかどうか、そしてより重要だが、自分たちの実験がそのことを証明しているかどうかをめぐって、悲観論から楽観論へ、あるいは逆に楽観論から悲観論へ揺れ動いてきた。両グループの関係は、この数年で険悪なものになっている。というのは、ポヴィネリが、ライプツィヒのグループがチンパンジーが心の状態についてなにかしらのことを理解していることを示す強力な証拠とみなしている実験結果を頑として受け入れていないからである。ポヴィネリの現在の立場は、揺るぎなく明確であり、曖昧さがない。彼の主張するところでは、チンパンジー（あるいはこの件についてはヒト以外の霊長類はどれも）がほかの個体の心について理解していることを明確に示したテストは、これまでひとつもない。それらのテスト自体からは、問題になっている霊長類が他者の観察される行動に対して行為しているだけなのか、それとも他者の見えない心の内容についてそうしているとわかっているのかについては、なにも言えない。物理的な力の見えざる世界についてチンパンジーがなにを理解しているかを明らかにするテストも、同様に曖昧である。彼は、チンパンジーやほかの大型類人猿にも心の理論があることを証明したと言いたいのなら、新しいパラダイム──新たに、よく考え抜かれた実験──を確立する必要があると言う。そうしなければ、研究者は、自分たちが記録してきた行動が、心的なプロセスの結果だったと主張したり仮定したりすることにならざるをえない。「彼はこのことをしたのだから、……のように考えていたに違いない」といったように。これは、ポヴィネリが、彼もその一員である研究者集団に対して、決然と突きつけた挑戦状である。

ポヴィネリの初期の研究は、次のことを証明することにあった。すなわち、チンパンジーも、私たちと同様、見ることが知っているという内的状態につながるということを理解しており、他者の視点をとることができ（一緒になにかをする時には役割を入れ替えることができ）、悪意と偶然とを見分けることができ（餌を偶然置くように見えるトレーナーより、餌を故意に置くトレーナーのほうを好む）、そして指差しが餌のありかを示しているとわかるといったことである。彼の得た結果は、彼の初期の楽観論を反映していた。しかし、1990年代中頃、ロンドン大学ユニヴァーシティ・カレッジのセシリア・ヘイズによる比較認知心理学の領域全体に対する猛烈な批判を受けて、ポヴィネリは、「目から鱗が落ちた」と言い、自分を酔いから醒めた人間にたとえた。彼の論調は、より悲観的なものへと変わった。2000年に出版された記念碑的な彼の著書、『類人猿にとっての素朴物理学』は、チンパンジーがまわりの物理世界の因果をどれほど正しく理解しているかという研究についての解説としていまも、もっとも包括的で、驚くほど創意に富んでいる。しかし、それは、論文としてではなく1冊の本として出版され、学術誌の論文のようにピアレヴュー［訳註　専門の研究者による審査］を受けることがなかったため（これらの問題に関係したほかの研究論文の多くはそうしていた）、比較心理学の共同体のなかの多くの研究者を憤慨させた。それゆえ、この領域の有名な研究者であるハーヴァード大学のマーク・ハウザーなどは不機嫌に、この研究の多くが審査に回されていたなら、ぼくは絶対公表を認めなかったはずだ！、と叫んだほどだった。ポヴィネリはクーデタという手に出て、みなを立腹させることになった！

素朴物理学の原理をよく示している行動は、道具使用である。アフリカの野生チンパンジーは、小枝を使って蜜を掬いとったりハチやアリや藻を釣り上げたりするのが観察されているし、葉をスポンジのようにして浸した液体をとり出し、硬い面にナッツを叩きつけて割り、石をハンマーや台座代わりにしてナッツを割り、粗雑なすり鉢とすりこぎを使ってナッツを砕き、植物の鉤状になった部分で虫をひっかけるのも観察されている。これらの行動には、文化的な差異がいくつもあり、アフリカの異なる地域にいるチンパンジー集団のどれもがこれらの行動を示すわけでもない。ここで重要な問題は次のことである。チンパンジーは、なぜ鉤状になった小枝だと、木のうろのなかにいる虫をつかまえられるかを、どの程度理解しているのだろうか？　なぜ石でナッツを強く叩くと割れるのか、あるいはなぜT字になった棒だと熊手のようにして食べ物を自分に引き寄せられるのかをほんとうに知っているのだろうか？　チンパンジーは、自分で道具を選んでそれを成形したのは、その道具の物理的力を知っていて、因果についてなんらかのことを理解しているからなのだろうか？　それとも、試行錯誤だけでそれをしているのだろうか？　野生チンパンジーの道具使用の観察だけでは、これらの根本的な問題に決着をつけることはできない。それゆえ、ポヴィネリやほかの多くの認知科学者は、チンパンジーの心のなかを覗き見るために、道具使用を実験室に持ち込まねばならなかった。

ポヴィネリの最初の実験のひとつは、当時彼のところの学生だったジム・レオーの発案によるものだった。もちろん、ポヴィネリもレオーも、チンパンジーがシロアリの塚の狭い穴に小枝、木の皮や草の茎を挿し入れるという、ジェイン・グドールの写真つきの報告をよく知っていた。このテクニックが有効なのは、万力のような口で道具に噛みついてくるアリたちを一挙に引き出せるからである。しかし、チンパンジーは、この場合、適切な幅や長さの道具の選択を可能にする因果について、なんらかの概念をもっているのだろうか？　これを明らかにするために、彼らは、イタリアの研究者、エリザベッタ・ヴィザルベル

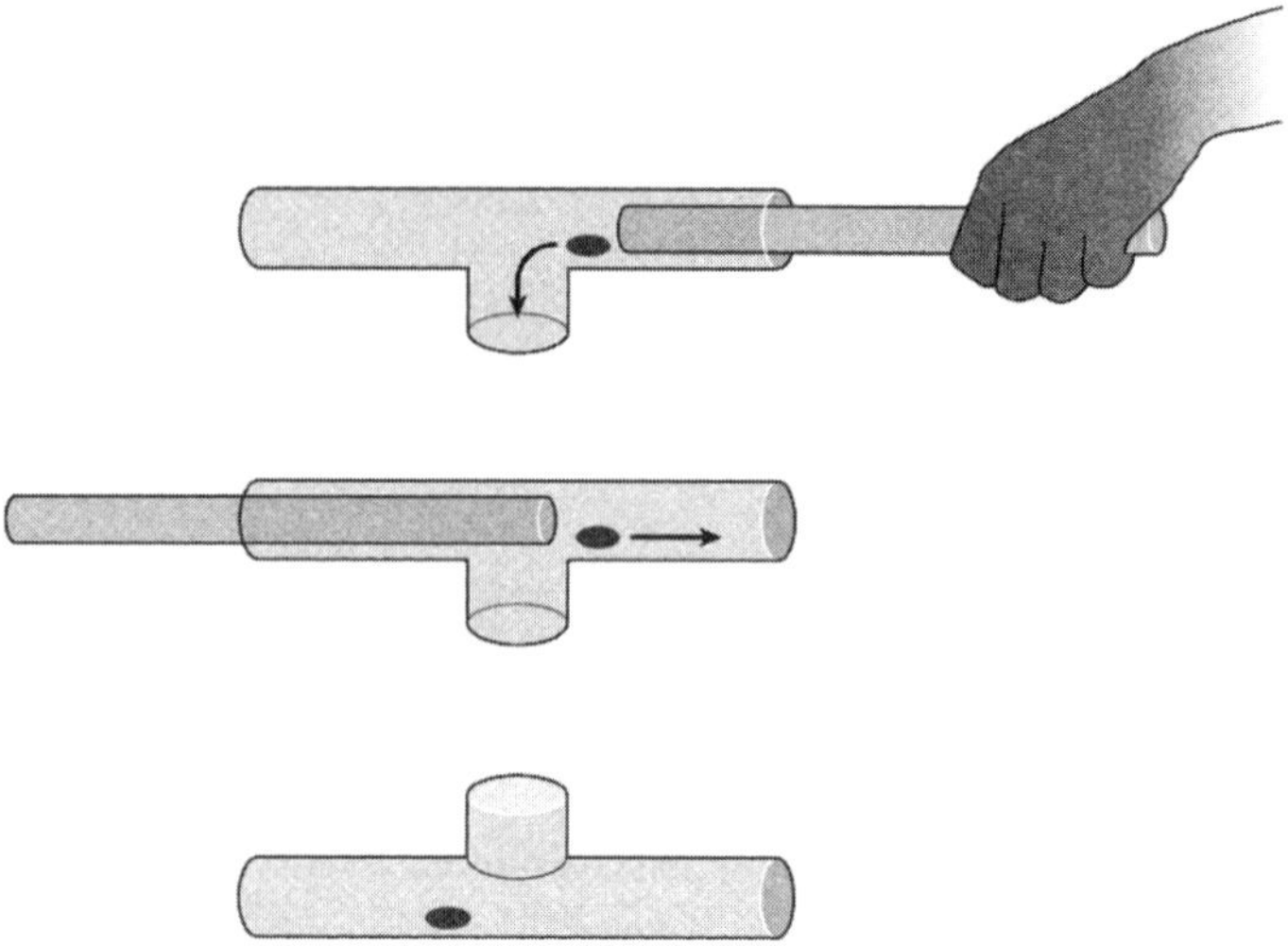

図2　落とし穴－筒課題

ギが最初にオマキザルとチンパンジーに対して用いた「落とし穴－筒」テストを用いた（図2参照）。このテストでは、透明なプラスチックの筒のなかにピーナッツがひとつおかれている。オマキザルとチンパンジーがしなければならないのは、筒の一方の側から棒を差し込んで、ピーナッツを押し出すことである。おかれているのは、長さがさまざまの細い棒、いくつもの棒がひとつに束ねられたもの、あるいはついている横木を取り除く必要のある棒であった。オマキザルは最終的に、長い棒を選ぶことによって、あるいは3本の短い棒を次々に入れることによって、あるいは棒の束をほどいてから使うことによって、この課題ができるようになった。しかし、横木を取り除かなくてはならない場合には（野生では、小枝から分枝を切り離すことに対応する）、課題をマスターできなかった。チンパンジーの成績も、これよりよいわけではなかった。チンパンジーは、まったく誤らずに棒の束をほどきはしたが、オマキザルと同様、(電柱のように) 2本の横木のついた棒を理解しているようには見えなかった。横木は、棒の両端に1本ずつついていたが、チンパンジーは、多くの場合、横木を1本はとったが、筒には正しくないほうを挿し込もうとした。

オマキザルとチンパンジーが棒の選択についてなんらかの真の洞察をもっているかどうかをさらに調べるため、ヴィザルベルギは、筒に下向きの腕がついていて、それが落とし穴として機能する装置を用いた巧妙な実験を考え出した。ピーナッツは、落とし穴の少し右か左かのどちらかにランダムにおかれた。オマキザルは、ピーナッツが穴に落ちないように、適切な側からピーナッツを押すことを学習できるだろうか? それができたのは1頭のオマキザルだけだった。しかし、落とし穴を避けることについてなにかがわかっているわけではなくて、「ピーナッツから遠いほうの端から突つく」という、融通性のない単純なルールに従って課題を解決している可能性も考えられた。これをテストするために、筒が上下逆さにされた。こうすると、腕はまえと同じだが、上を向いているので、落とし穴としては機能しなかった。ピーナッツが、まえと同じく、その左か右のどちらかにおかれた。オマキザルは、どちらの側からもピーナッツを押し出すことが可能であるのに、餌から遠い側の口から押すことに固執した。

ポヴィネリは、次にこの落とし穴のついた筒テストを7頭のチンパンジーで行なってみた。最初の訓練で基準をパスした4頭のうち、筒の適切な側から押すことによって落とし穴を避けるということがチャンスレベル以上でできたのは、メガンという1頭だけだった。しかし、メガンでさえ、最初の50試行の成績はチャンスレベルでしかなかった! 落とし穴を上に向けたところ、メガンは、それがもう機能していないにもかかわらず、40回中39回で、「餌から遠いほうの側から突つけ」というルールに固執し続けた。3

番目のテストでは、逆さになった筒の、餌があるところにもっとも近い側に棒がおかれた。メガンは、必要とあれば、棒を取り上げ、それをもって餌から遠い側の端に行って、そこから押すという手続き的ルールに固執した。以上のことから強く示唆されたのは、メガンが、落とし穴が機能しない条件では、移動のコストがあるにもかかわらず低次のレベルのルールに従っており、落とし穴の因果的役割がまったくわかっていないということだった。ポヴィネリとレオーは、メガンの洞察力をさらに調べるために、落とし穴と餌と棒のほかのいくつかの組み合わせを考えつき、いくつかの決定的条件——道具がつねにまえもって筒の左側におかれていて、餌が上に向いた（すなわち機能しない）落とし穴よりも近い側や遠い側にある条件や、機能する落とし穴よりも遠い側にある条件など——を設定した。こうした条件のなかで、落とし穴が機能し、道具が左側におかれていて、餌も落とし穴の左側（すなわち近い側）にある条件が決定的テストに相当した。もしメガンが落とし穴についてちゃんと理解しているなら、棒を取り上げて、反対側から差し込むはずだった。だが、そうすることはなかった。

この種の道具使用をもう少し詳しく調べるため、彼らは、「穴テーブル」課題を考え出した。これは、真ん中で左右に分けられたテーブルが提示され、テーブルの端にある餌を熊手で自分のほうに引き寄せるという課題である（図3参照）。テーブルの一方の側では、餌を引き寄せる時には、餌はペンキで描かれた長方形の上を通過するが、もう一方の側では、餌が長方形の穴に落ちてしまう。メガンだけが（第一試行から）、穴の開いたテーブルのほうではなく、長方形の描かれたテーブルのほうを選んで熊手を引き、全試行の80％で正解した。ほかの個体はチャンスレベルを超えることはなかった。

しかし、飼育されているチンパンジーでは、手を伸ばしても届かない距離にある餌を棒や熊手を用いて引き寄せるといった行動が頻繁に観察されてきた。このことは、チンパンジーが熊手がどう作用するかについてある程度のことがわかっているということを示している。しかし、ポヴィネリのチンパンジーは、テーブルの上にあるクッキーをとるためには、正常な状態の熊手と逆さになった状態の熊手の有効性を区別できなかった（図4参照）。彼らは、クッキーを動かすためには、逆さになった熊手を用いて熊手とクッキーを接触させなければならないということが最後まで理解できなかった。ポヴィネリは、チンパンジーが道具と報酬とが目で見て近くにあったほうがよいということは学習するが、力を伝えるには物理的接触が必要だということは学習しないと結論した。

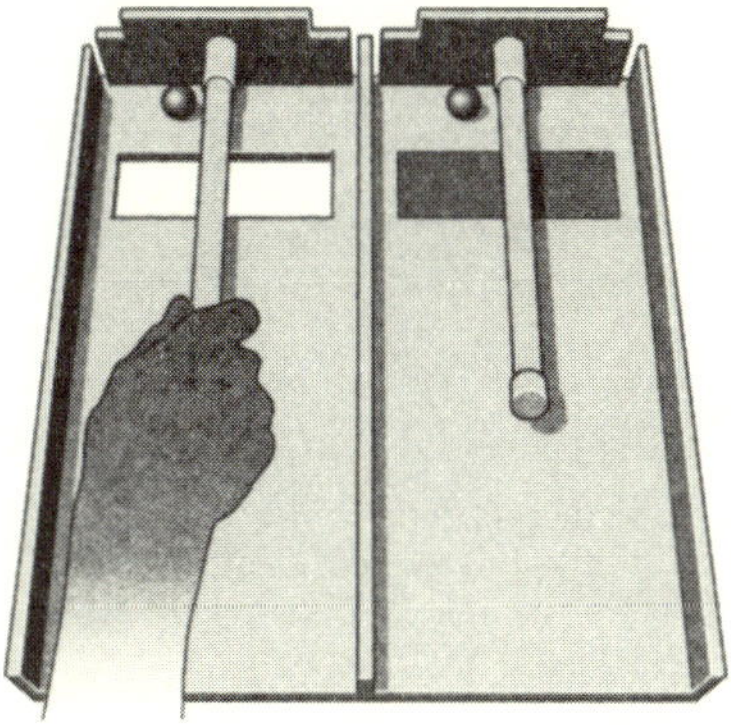

図3　落とし穴－テーブル課題

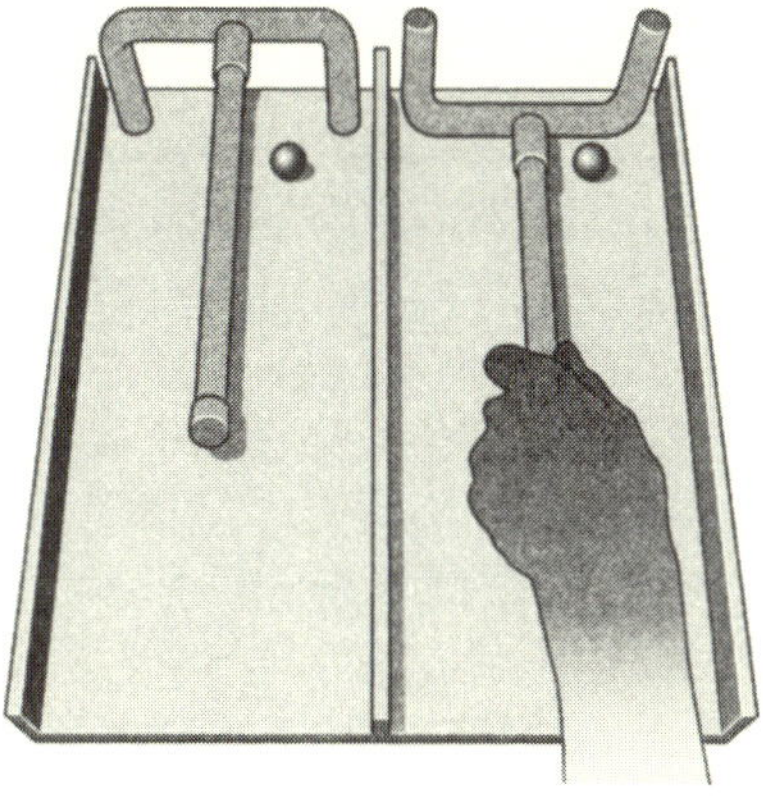

図4　逆さ熊手課題

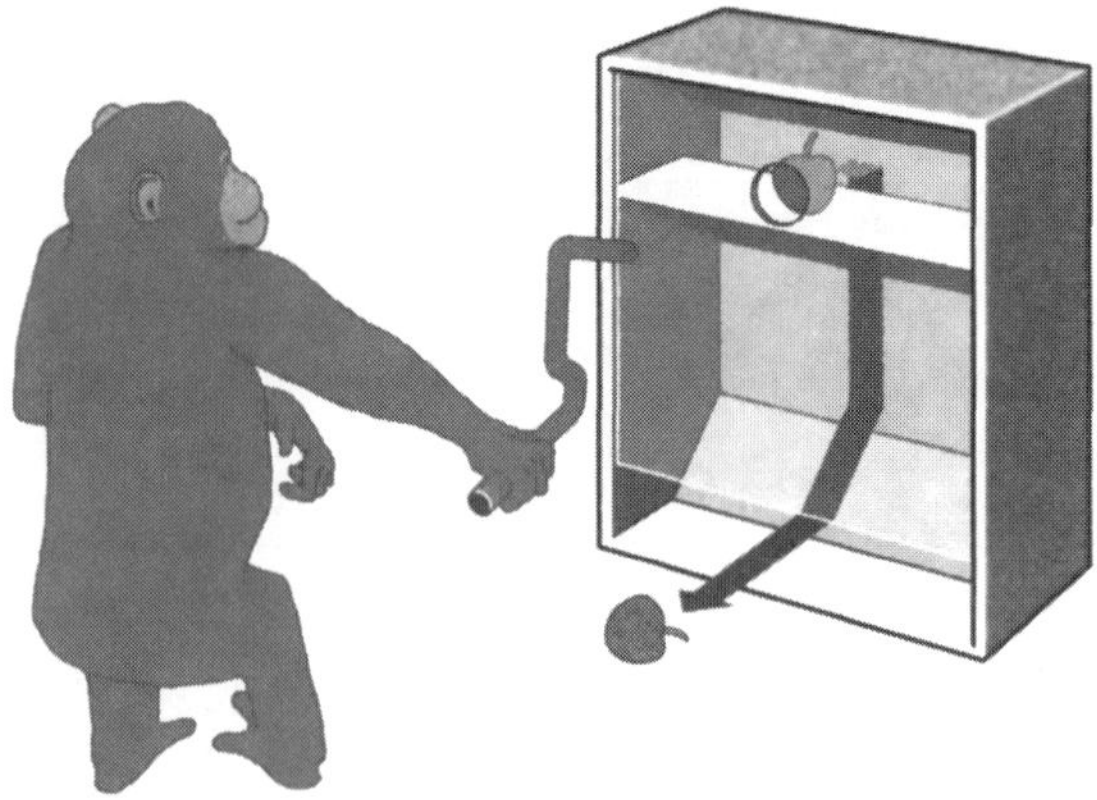

図5　道具の挿入課題

野生では、チンパンジーは、適切な直径の草茎や小枝を穴に挿入して、それにくっついてきたアリを落とさぬよう慎重に引き抜くことによって、巧みにアリを掬いあげる。このことは、彼らが、明らかに道具の末端の適切な大きさや形状について理解しているということを示唆している。ポヴィネリのチームは、適切な道具の使用をテストした。適切な道具として、一方の端が穴に差し込めるようにまっすぐで、もう一方の端が曲がっているもの、不適切な道具として、どちらの端もT字状をしているものや全体が四角形になっているものがおかれてあり、チンパンジーは、アクリルガラス板に開いた穴越しにリンゴを突くために、それらのいずれかを選ばなければならなかった。彼らは、不適切な道具よりも適切な道具をある程度は好んだものの、その場合でも、突くには難しいほうを使うことも多かった（図5参照）。チンパンジーの成績は、課題の因果構造の理解という高次レベルの解釈を支持しなかった。彼らは、穴への挿入やリンゴを突くのに適したまっすぐの端をもっているかどうかよりも、道具のつかみやすさ――つかめる部分――の影響を強く受けていたように見える。まっすぐになった端は握りやすかったが、もう一方の端でリンゴを突くのは難しかった。

ポヴィネリは、さらに研究を進めて、チンパンジーが、あるモノが別のモノの動きを引き起こすには、物理的につながっていなければならないということを理解しているかどうかという疑問にとりかかった。彼はまず、紐とモノを使った一連の課題から始めた。この課題では、何本かの紐が報酬（バナナ）とさまざまな幾何学的関係で提示されるが、そのうち1本だけが報酬にくっついていた。バナナは、2つの条件でしか動かなかった。ひとつは、紐がバナナに結びつけられている場合で、もうひとつは、紐の上にバナナが載っている場合である（力を加減して引けば、バナナを動かすことができた）。もしこの2つの条件のどちらかでも好んで選択されたなら、そこには物理的つながりの理解が含まれていることになるだろう。

しかし、チンパンジーが提示された関係のうち選択の有意な好みを示したのは、バナナに結びつけられた紐 vs. バナナに届いていない紐の条件に限られていた。彼らは、バナナに結びつけられた紐とただ接しているだけの紐の違いについて、なにかを理解していただろうか？ ほかのすべてのテストで、彼らは、実際の物理的接触よりも、知覚される接触の量の影響を受けているように見えた。すなわち、それが物理的にどうであるかよりも、どう見えるかのほうが重要なようだった。彼らが物理的つながりについてよく理解しているのなら、バナナの上に載っただけの紐のほうではなく、バナナの下に入った紐を引っ張るはずであった。しかし、そうはしなかった。

これまで、野生チンパンジーでは、道具の加工が観察されている。たとえば、穴に入るように、小枝から横に伸びた分枝を切り取るとか、小枝の直径を小さくするために皮をはぐとか、たくさんのシロアリを釣ることができるように小枝や草茎の端を噛んで広げるとかいった行動である。しかし、チンパンジーは、これらの改良について明確になにを知っているのだろうか？ 模倣や自分が行なったたくさんの試みの結

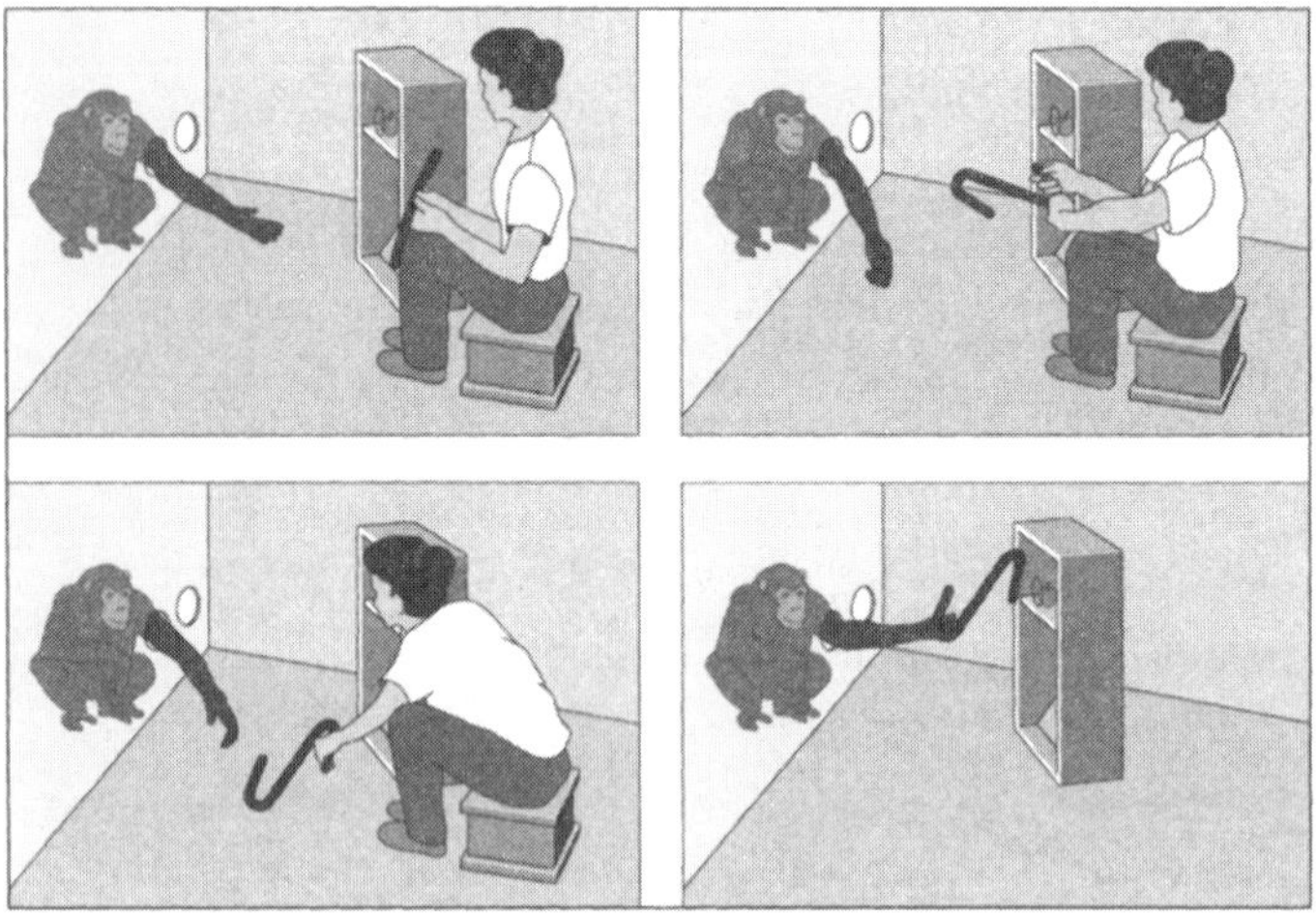

図6　道具の変形課題

果を通して、学習した台本の通りにしているだけなのではないだろうか?

ポヴィネリのグループは、チンパンジーに、曲げることのできるパイプを道具として与えることで、これをテストした。実験では、実験者がパイプをSかCのどちらかの形に曲げて、それをチンパンジーに与えた(図6参照)。チンパンジーが課題に成功するためにしなければならないのは、それをまっすぐに伸ばすことであった。その結果、この道具を変形しようとしたのは、2頭のチンパンジーだけで、しかもそれをしたのは、どちらも1回の試行だけであった。ポヴィネリらは、チンパンジーにパイプをまっすぐにするにはどうすればいいかを実演して見せたが、チンパンジーがその通りにすることはなかった。ポヴィネリは、チンパンジーが、自分の作り出す形が世界に対して物理的にどのように作用するかという明確な因果の理解をもっていないと結論した。チンパンジーの物質文化は、すべてが試行錯誤学習なのだ。彼らが生活する上では十分であり、ヒト以外の霊長類のなかでは印象的なものであるにしても、それが私たちの物質文化に比べるときわめて限られているのは、このような理由のためだ、と彼は言う。

ポヴィネリによると、チンパンジーがなんらかの点で私たちと同じような「素朴」物理学をもっているという証拠はほとんどない。では、「素朴」心理学についてはどうか？　霊長類学者は、数十年にわたって、野生の霊長類がほかの個体の行動を意図的に操作しているように見える魅力的で刺激的な出来事を記録してきた。スコットランド霊長類研究グループのアンドリュー・ホワイトゥンとディック・バーンは、これらの観察の多くをふるいにかけて選りすぐり、それを大著『マキャヴェリ的知性』として出版した。その2年後には、霊長類における戦術的だましについての報告の包括的データベースも公表した。霊長類における社会的知能は、この40年にわたって、道具や装置の操作を要求する数々の実験から推定される知能に比べ、はるかに多くの注目を集めてきた。これは、アリソン・ジョリー、そしてその後はニコラス・ハンフリーが、野生では、霊長類は仕掛けや技術に関係した問題に直面するのはきわめてまれであり、彼らの直面するもっとも厳しい問題は仲間との関係だと論じたからである。したがって、物理学の場合よりも、ほかの個体をどのようにあつかうか――協力や競争場面における社会的スキル――をめぐる淘汰が、霊長類の知能の進化の原動力であった可能性がきわめて高い。

ホワイトゥンとバーンは、だましを、対決することなく利益を得るための社会的道具として、そしてだまされる側を、だます側の目的を達成するための社会的道具として解釈した。1990年までに、彼らは253の記録を集め、それらを種類分けし、報告者が自分の目撃した行動をもっともよく説明するにはどのような解釈が適切と感じているか――試行錯誤や強化といったあまり複雑でない学習形態なのか、あるいは「心を読む」といったより複雑な認知なのか――という点からランクづけした。では、これらの個体が、だましがなぜ機能するかを「知っていた」という証拠はあるのだろうか？

記録の多くは、隠蔽を含んでいた。たとえば、あるメスは、岩陰に隠れて、自分が優位オスからは見えないところにいるので安心して、劣位オスとこっそり毛づくろいや交尾をした。また、あるオスのチンパンジーは、優位オスには見えないようにして、メスに向けて勃起したペニスを誇示した。ほかの記録は、ほかの個体の注意を逸らすことを含んでいた。たとえば、「さも関心があるかのように」遠くにある別のモノをじっと見続けるとか、あちこち歩き回ったり別の場所に注意を向けたりしてほかの個体の注意を実際の餌の隠し場所に向けさせないようにするとか、関心がないふりをするとかである。このように、多くの例は、ほかの個体の体の向きや目の向きの理由についてなんらかの理解を含んでいた。そのためこれらの例は、チンパンジーが向くこと‐見ること‐知ることについて実際になにを知っているかという何度も蒸し返される議論を生み出し、現在も論争が続いている。たとえば、それは、優位オスが自分のほうを向いていると、あとで報復される可能性が高いという劣位オスの知識なのか、それとも、優位オスには自分が見えるので、自分がなにをしようとしているかがわかり、それゆえ報復される可能性が高いという劣位オスの理解なのか？　さらに、道具使用の場合と同じく、野生での観察では、だまし行動の低次と高次の解釈を明確に区別できない。バーンとホワイトゥンは逸話をどんどん積み上げてゆき、確かに記録は厖大になり、説得力をもつ逸話が増えはしたが、それによって真実に近づくことができたわけではなかった。

霊長類が意図的にだましを行なっていると主張するどの報告も、ある個体が、ほかの個体が特定の方向を向いている時にはなにかを見ていると思っているだけでなく、その特定のなにかを見ることによって、それについてなにかを知っている、あるいはそれについての信念を形成している（すなわち、見えない心の状態を導いている）ということもわかっている、ということを前提にしている。ポヴィネリは、相手の心を読んでいるというバーンとホワイトゥンのフィールドの証拠を実験室で明確に確認するテストを作ることにとりかかった。ポヴィネリやほかの研究者による初期の研究では、チンパンジーが18か月のヒトの幼児と同じように実験者の視線を追うことが示された。チンパンジーは、相手があるモノを見ようと頭と目の両方をそこに向ける時に、あるいは目だけが向く時に反応した。しかし、チンパンジーは、これが実験者が見ることができるということを意味しているということに気づいていたのだろうか？　チンパンジーは、たんに相手の視線を追い、その結果同じものを見ることになっただけであって、実は相手の注意状態がわかっているわけではないのかもしれない。あるいは、相手が目を向けているほうを見やるのは、相手が見ているものを自分も見たいと思っている——より高いレベルの認知をしている——からなのかもしれない。

ポヴィネリは、チンパンジーが彼らを見ることができる人間とできない人間とを区別できるかをテストした。チンパンジーは、自分のおねだりのしぐさが相手に見えなければ効果がないということがわかっているのだろうか？　彼らからその目を見ることができ、しかも彼らを見ている者のほうに、おねだりをしようとするだろうか？　彼らは、バケツやボウル、あるいは袋や段ボールの箱を頭にかぶり、部屋のなかを歩き回って、ものにぶつかるという遊びがお気に入りだった。したがって、彼らは自分が見ることができないということを理解しているようにも思える。しかし、2人の実験者のうち一方がバケツを頭にかぶったり、目隠しをしたり、あるいは手で目を覆っても、チンパンジーは、もう一方の実験者とその実験者のどちらにも、おねだりをした。ところが、前を向いた実験者と背を向けた実験者は明らかに区別した。なぜこのような違いが生じるのだろう？　おそらく、前を向いているか背を向けているかという区別は、たんに、見ているか・見ていないかがもっとも容易にわかるケースであって、それが彼らのマスターしたことなのだろうか？　それとも、事前の試行で、檻に入って、自分のほうを向いている実験者におねだりをするということをたんに学習したということなのだろうか？　あるいは、「見ている」ということは理解せずに、他者の正面に向けておねだりをせよというルールに従っていただけなのだろうか？　これは、一方の実験者が顔をそむけて見ており、もう一方の実験者が振り向いて肩越しに見ている、「盗み見」vs.「振り向き見」テストで調べられた。チンパンジーは好みを示さなかった。どうやら、完全に正面を向いている必要があるようだった。同様に、彼らは、顔の前に覆いをもった実験者ともたない実験者も区別しなかったし、目を逸らしている実験者と正面を見ている実験者も区別しなかった。実際、このテストでは、チンパンジーは、部屋の隅に向いた視線を追いかけはしたが、その実験者にねだっても無意味だということがわかっていないように見えた。一方の実験者が目隠しをし、もう一方の実験者が口を隠した場合にも、両者を区別しなかった。さらに、目を開けた実験者と目を閉じた実験者も、自発的に区別することはなかった。

では、彼らが、自分から頭にものをかぶって見えないようにして遊ぶのが楽しいというのは、どう説明すればよいだろうか？　もし自分が見ることができないということを知らないのなら、なにが起こっているのだろうか？　ポヴィネリは、覆いで前が見えないという体験が、かゆいところを掻くという感覚程度にしか、明確には表象されていないのかもしれないと推理している。別の可能性として、自分の心的状態はわかるが、そうした理解を外挿して、ほかの個体が心的状態をもつという考えを抱くことができないのかもしれない。子どもは4歳になるまで見ることが知ることだということがわからないので、彼らは3歳児でテストしてみた。3歳児も、テストはほぼ完璧にできた。このことは、これらのテストに合格するためには、見ることが注意していることを意味するとわかるだけでよかったということを示している。チンパンジーは、ハードルを低くしても、合格できなかっただろうか？

その後、「見える-見えない／目を開いている-閉じている」手続きを用いて「顔の前に覆いをおく」条件で再テストしたところ、チンパンジーはこれにも合格できないことがわかった。数年前彼らは試行を繰り返して学習した後に高得点をとっていたが、にもかかわらず、今回の得点はチャンスレベルだった。しかも、この数年間、注意に関するさまざまな種類のテストを受けてきたのに、そのような結果だった。特定のルールは忘れられていて、チンパンジーは、いずれにしても、似たような認知能力についてのテストを一般化することができなかった。チンパンジーの心のなかで、注意についてのさまざまなテストがひとつにまとまって、中心的な構成概念になることはなかった。

しかし、これらのテストは、実験者とチンパンジーを隔てる遮蔽物を用いた以前の視線追従テストと矛盾した結果を示していた。以前の視線追従テストでは、チンパンジーは高次の認知的説明があてはまるかのように行動し、遮蔽物を通ってその向こうまで視線を外挿するというより、実験者がなにを見ているのかを「見よう」として遮蔽物を回り込んで見たからである。一方、「見える-見えない」テストでは、低次の認知能力を示した。この矛盾を解決するためにポヴィネリは、なかの見えないカップを2つ伏せてテーブルの両側におくというテスト状況を作った。どちらか一方のカップには餌が入っていた。実験者は、正解のカップか、そのカップの上かのどちらかに目を向けた。チンパンジーは、正しい手がかりを識別できただろうか？　3歳児は、正解のカップに視線が注がれている時はそのカップを正しく選んだが、視線がカップの上にある時にはカップをランダムに選んだ。チンパンジーは、2種類の目の向きをほとんど区別せず、実験者が正解のカップに目を向けている場合も、そのカップの上に目を向けている場合も、実験者の視線を追ってカップを選んだ――大体の方向で十分のようであった。ポヴィネリは、チンパンジーが視線を追う能力はすぐれているものの、目の向きが注意という主観的状態に関係しているということはわかっていないと結論した。では、遮蔽物がある場合はどうだろう？　ポヴィネリによると、おそらく、チンパンジーは、実験者の注意を占めている遮蔽物の陰になにかがあるに違いないということがわかっておらず、この状況においては、全般的に遮蔽物の手前側の空間が無関係であるということを学習しただけなのかもしれない。

2003年、ライプツィヒのマックス・プランク進化人類学研究所の比較認知心理学部門の研究グループ――マイケル・トマセロ、ジョゼプ・コール、ブライアン・ヘア――は、何年にもわたって行なわれたチンパンジーの認知テストについて再検討を行なった。1997年の時点では、彼らは、いくつもの研究室で得られている証拠をつぶさに検討した結果、ヒト以外の霊長類が自分と同じ種のメンバーの行動についてはよくわかっているが、心理状態についてはそうではないと結論した。彼らは、ヒト以外の霊長類は、観察できない原因を認知的にあつかえないというポヴィネリの考えに全面的に賛同した。

しかし、彼らによると、チンパンジーは相手の心理状態がわからないのに対し、ヒトでは4歳以上になるとわかるようになるというこのかなり単純明快な仮説に「修正を迫る」新たなデータが、その後の5年間に得られたのだという。チンパンジーとヒトを区別することはまさに難しくなった、と彼らは言う。彼らは、「突破口（ブレイクスルー）実験」（主としてブライアン・ヘアによって行なわれ、２０００年に報告された）と呼ぶ一連の実験によって、ポヴィネリの示す闇のなかに光を見ていた。ヘアは、彼の研究室とポヴィネリの研究室からあふれ出る否定的な結果のおもな理由が、チンパンジーが心の状態を推論できないということにあるというよりも、それをテストするために用いた実験のきわめて人工的な性質にあるのかもしれないと考えた。ヘアは、こうした人工的な性質が野生チンパンジーの行動の性質に反しており、野生では、食料資源をめぐって争うので、協力的で自分に食物をくれる相手に慣れていないのだ、と論じた。おそらく、それまでの実験はみな、チンパンジーにとって生態学的妥当性を欠いていたのではないか、と彼は考えた。チンパンジーは、その社会的文脈を理解できなかっただけなのだ。

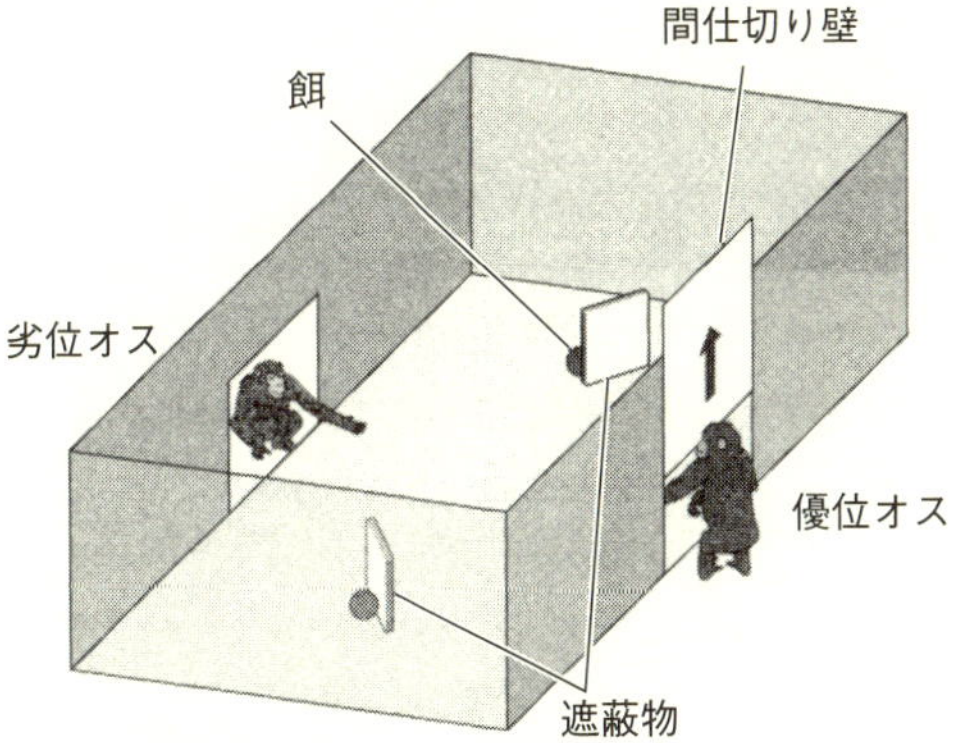

図７　餌をめぐる競合場面を用いたヘアの遮蔽物実験

　ヘアは、「見ること－知ること」の問題を優位と劣位のチンパンジーの間の餌をめぐって競合する文脈のなかで検討する実験状況を用いることにした。この2頭のチンパンジーは、中央の檻から上げ下げできる間仕切り壁で隔てられており、中央の檻には不透明な2つの遮蔽物がおかれていた（図7参照）。2頭のチンパンジーは、実験者が中央の檻に2つの餌をおく間見ることを許されていたが、ある時は遮蔽物がない状態でおかれ、またある時は遮蔽物のひとつの陰におかれた。そのあと、両方のチンパンジーは、檻に入るのを許された。当然ながら、優位オスは、見ることのできた餌すべてをひとり占めした。2つの餌とも、遮蔽物がない状態でおかれた場合には、優位オスがほとんどをとった。しかし時に、実験者は、一方の遮蔽物の陰に、優位オスには見えないように餌をおくことがあった。ここでの問題は、劣位オスが自分だけが見ることのできる餌——なぜなら遮蔽物の劣位オス側の陰におかれたので——のほうに好んで行くかどうかであった。劣位オスは、優位オスと競う上で少しだけ有利な立場にあり、それゆえ、その行動は、たんに放された時の優位オスの行動に反応しているのではなく、檻のなかに餌がおかれた時の「だれがなにを見ていたか?」を覚えていることによっていることを保証した。

この実験での劣位オスの選択の測度は、正解の遮蔽物への接近の程度にもとづいていた。すなわち、接近せず、中ほどまでの接近（遮蔽物への中間点までの接近）、完全な接近（中間点を越えた接近）の3種類であった。注意してほしいのは、この測度が、劣位オスが餌のところに行き、手を伸ばしてそれをとったかどうかまでを問題にしているわけではないという点である（これがポヴィネリの主要な批判点になる）。

彼らの結果は、確かに劣位オスが、自分にも優位オスにも見える餌（遮蔽物がなくて、どちらにも餌が見えている場合か、優位オスも遮蔽物の陰に餌がおかれるのを見た場合）よりも、自分だけに見える餌のほうにより多く行くことを示していた。このことは、ヘアにとっては、見えること-見えないことについてなにがしかの理解をもっていることを示唆していた。しかし、彼らは、見えることが知ることに等しいということについて、なんらかの理解をもっていたのだろうか?

追試実験では、劣位オスはつねに、2つの遮蔽物のどちらかの側に餌がおかれるのを目撃することができた。第1条件では、優位オスもその行為を目撃できた。第2条件では、優位オスはその行為を目撃することができず、したがって餌の場所については知らなかった。第3条件では、優位オスは、餌の場所について誤った情報を与えられた。というのは、最初に餌がおかれるところを見ることができたが、続いて間仕切り壁が下ろされて、餌がとり去られたからである。間仕切り壁は優位オスの側で数秒間、つねに完全に下りており、その後劣位オスが、次に優位オスが檻に放された。もし劣位オスが、先ほど餌がおかれる瞬間か、あるいはとり去られるその瞬間を優位オスが見ていたかどうかを覚えているなら、そしてもし見ることはわかることに（知っていることに）等しいという計算をしているなら、劣位オスは、優位オスが餌がどこにあるか情報を与えられていないか誤った情報を与えられている時に、より頻繁に餌のところに行き、それをとって、優位オスから殴られずに済むはずである。実際、劣位オスはそうした。

この実験の一部を変えた実験では、どこに餌がおかれるかを見た優位オスが、なにも見ていない別の優位オスと時たま「不意に」交替された。劣位オスは、餌がどこにおかれたかを第2の優位オスがまったく知らないはずだということがわかって、その優位オスが現われた時にはいつでも餌に近づいただろうか？予想通り、劣位オスは、優位オスが交替した条件では、そうでない条件よりも、餌をとる割合が多かった。ヘアらは、自分たちの得た結果が「チンパンジーがグループ内の仲間のだれが『知って』いて、だれが『知って』いないか——すなわち、グループ内の個々の仲間が、先ほどなにを見ていて、なにを見ていなかったか——がわかっていることを、これまででもっとも明確に示している」と結論づけた。

ヘア、コールとトマセロは、チンパンジーが十分に発達した「心の理論」をもっているということを証明したと結論づけはしなかったものの、自分たちが、チンパンジーが少なくとも他者の視点について限られた理解をもっているということを示したと思った。なぜなら、チンパンジーは、餌がおかれた時に競争相手にはなにが見えて、なにが見えないかに注意しており、放された時にどれをとりに行くのかの決定に際して頭のなかで「テープを巻き戻す」という「巻き戻し方略」を用いているからである。つまり、映画の用語で言えば、チンパンジーは、映画のカットを他者の視点（ＰＯＶ）へと移している。このような見解に立って、彼らは、チンパンジーの社会的認知が、他者の行動の表象的理解にもとづいており、これが、他者の行動と社会的関係を記憶し、予想し、意図的に操作するといったことをするのを可能にしていると結論した。

研究グループの代表、マイケル・トマセロは、この時には、チンパンジーが他者が信じていることについてなにかを理解しているという証拠はまだどこにもないと明言していた。彼は言う。チンパンジーは、意図的なだましができない。というのは、意図的なだましでは、故意に、他者の心に誤った信念を植えつけなければならないからである。彼は、心の理論を一枚岩の認知能力とみなし続けるかぎり、チンパンジーが心の理論のどの構成要素を使うことができ、どの構成要素ができないかについて細かく知ることなどできない、と論じた。たとえば、４歳以下の子どもは、見ると知るといったようなことや、他者の視点から見えることについてわかっているように見えるが、心の理論の標準的テスト――彼らが、他者があることについて誤った信念をもっていることがわかっていることを示すテスト――にはもっと大きくならないと合格しない。もしかして、チンパンジーは、社会的認知においては幼い子どもと同じレベルに留まっているのだろうか？

これは大きな賭けだ。問題になっているのは、私たちの認知がヒトに特有のものかどうかである。私たちはいまは、チンパンジーが他者の心の状態をまったくわかっていないという私たちやほかの研究者の以前の仮説があまりに大雑把すぎたと思っている。チンパンジーの社会的認知の研究を前進させる道は、「顕微鏡の倍率を上げ」て、チンパンジーが相手のどのような心理状態を理解できて、どのような心理状態を理解できないのか、できる場合にはどの程度正確にできるのかを明らかにすることだろう。

ロザリン・カリン＝ダーシーとダニエル・ポヴィネリはすぐに、不透明な遮蔽物を用いたヘアの実験を追試することにした。彼らは、ヘアの基準を撤廃することから始めた。彼らは、餌をとるというヘアの測度に疑問を感じていた。彼らによると、ヘアは、その説明のなかで、餌が遮蔽物のうちの一方の陰におかれた場合に、もうひとつの餌がどちらからも見えるということを明示できていない。彼らの論じるところでは、この省略は致命的だ。というのは、もし、優位個体が餌がおかれるのを見ていて、劣位個体がどちらからも見えるところにおかれた餌を優位個体にとらせるのを許すか、その餌を避けるかするのであれば、その劣位個体には選択肢が与えられていない――遮蔽物の陰の餌をとるしかない――ことになるからである。いわばホブソンの婿選び［訳註　選り好みできない選択］だ。彼らは、接近の測度もきわめて漠然としていて曖昧であると考え、それを自分たち流に改め、劣位個体は餌に近づくだけでなく、手を伸ばして餌に触れなければならないとした。彼らの実験は、ヘアの実験とは考え方も実施のしかたもよく似ていたが、その結果はヘアの結論を支持するものではなかった。

しかしポヴィネリは、心の理論の一部の要素が証明されたとするライプツィヒ・グループの結論に対して、もっと根本的な異議を唱えた。彼は、彼らが得た結果は認めるとしても、この実験では、目を向けることは見ることを、見ることは知ることを意味するということがわかっている場合と、人間の実験者が檻のなかに餌をおいている時に優位オスが餌のほうを向くということに気づいているだけの場合とを区別できないと主張した。それらを心の理論で説明するというのは、彼らの解釈にすぎない。彼らは、「劣位個体は、見ているから知っているという概念をもっているに違いない」と主張しているように見える。ポヴィネリは、「あなたたなら、これで納得するだろうか？」と問う。もちろん、ポヴィネリは納得していない。チンパンジーが他者の観察不能な心の状態――この場合には見ることと知ること――について推論していたとされたどの結果も、劣位個体はたんに観察可能な行動――この場合には特定の方向を向くこと――について推論しただけなのかもしれず、劣位個体が適切に行動するにはそれで十分だったろう。ポヴィネリは、劣位個体が心のなかでどう思っていたかを示唆する思考実験を行なうことで、自分の論点を明確にしている。次のシナリオがそうである。観察可能な行動的抽象は傍点なしで、心の理論からのみ導ける推論は傍点を付けて記してある。

「奴は、餌がいまある場所におかれる時にいて、その方向を向いていたんだから、餌がおかれるのを見ていて、いまそれがどこにあるかを知っている。だから、奴はそこへ行く可能性が高い。」劣位個体が餌の遮蔽物のところに行くかどうかは、この文章の前半部分――過去経験にもとづく行動ルールや劣位個体の行為の説明――だけでも十分であり、傍点部分は、とくに理解をつけ加えるわけではない。次の文章も、心の状態の帰属については同様に冗長だ。「奴は、餌がいまある場所におかれる時にいなかったんだから、奴は見ていないので、その場所にあることを知らない……」。

ほかの対照条件が助けになるだろうか? ヘアは、それと似たような実験場面――優位個体のジョーが餌のおかれるのを見るが、それからドアが開いて、もう1頭のメアリーが現われる――を用いた。ヘア自身の心の理論は、この実験を次のように解釈した。もし劣位個体が新たな優位個体がいる時のほうが餌のところに行きたがるなら、劣位個体は、次のように推論しているに違いない。すなわち、「そうさ、ジョーは餌がおかれるのを見ていたんだから、それがどこにあるかを知っている。……あ、メアリーだ! 彼女は餌がおかれるのを見ていなかったんだから、どこにあるかは知らない」。しかしこれは、賢いチンパンジーがたんに次のように行動的抽象を行なっている可能性を考えに入れていない。すなわち、「ジョーがいて、ある方向を向いていたので、食物を探すだろう。メアリーはいなかったので、そうしないだろう」。

2つの研究グループは、お互いに見解が異なるという点では見解が一致している。ライプツィヒ・グループは、心の理論が一枚岩の認知過程ではないと考えたがった。チンパンジーは、「信念」を概念化するに足る心の理論はもっていないが、心の理論の低次の要素はもっている。たとえば、チンパンジーは、だれかがなにかを見ていたら、そのだれかがそれを「見ている」という主観的な心の状態をもっていて、そしておそらくはそれについてなにかを「知っている」という認識を心のなかにもっている、といったことがわかっているだろう。この意味で、チンパンジーは、認知的に2歳から3歳の幼児の発達段階に留まっている。一方、ポヴィネリのグループは、チンパンジーもヒトも、他者の観察可能な表面的行動について推論（そして予測）ができるが、ヒトは、観察不能な心の状態についても推論することができるという「おまけ」をもっている点で、動物界では特別であると考えたがった。ポヴィネリらは、チンパンジーの社会的認知については「発達が留まっている」という考え方を好まない。

ポヴィネリは言う。「おそらく、ヒトの心が進化させてきた特殊な心のシステムが、どうしてもチンパンジーの心というものを歪曲して、ヒトの見方に合うように脚色してしまうのではないだろうか？」言い換えると、私たちは心の理論をもっているがゆえに、ヒト以外のものの行動を（時には無生物の動きをも）、あたかも彼らも他者の信念、願望、意図がわかっているかのように記述してしまうというのだ。なるほどそうかもしれない。私たちヒトは、擬人化の病にかかっていて、自分のペットにも、「うちのワンちゃんは、私の言うことがなんでもわかっちゃうの！」や「このツルバラには心があるの！」といったように、心の状態を帰さずにはいられない。私たちのまわりも、『小さな機関車』〔訳註　英米版きかんしゃやえもん〕や知恵ある樹がこびとと協力して魔法使いたちをやっつける物語のような作品であふれている。私が気に入っているのは、トム・ハンクス主演の映画『キャスト・アウェイ』に登場する人物である。飛行機が事故で海に墜落し、ハンクスは絶海の無人島に漂着する。ひとりぼっちで気が狂いそうになっていた最中、飛行機の積み荷、フェデックスの宅配便のバレーボールの包みが岸に打ち上げられる。ボールのブランドは「ウィルソン」だった。そのボールは、顔を描かれ、ロビンソン・クルーソーのフライデイよろしく、家来の「ウィルソン」になった！

したがって、もし心理学者が、私たちヒトの脳のはたらき方のゆえに、対象に心の状態を帰属させる――それが心をもっていても、いなくても――という危険な傾向をもっているのなら、実験から言える可能性がわずかであっても、心の理論はつねに、導き出せるもっとも節約的な結論とみなされがちだということになる。確かに、その結論は常識的に見えることがある。ポヴィネリが言うには、こうした擬人化の罠に陥らないようにするには、もっとよい実験パラダイムを探す必要がある。彼は、1998年にイギリスの心理学者、セシリア・ヘイズが提案した考え――その時にはヘイズは難癖をつけるためにそうしたのだが――を採用することによって、これを行なった。

覗き窓のある2つのバケツを用意せよ、とヘイズは言う。覗き窓のひとつは透明で、もうひとつは不透明だ。色で区別できるよう、一方には、たとえば覗き窓を赤い絵の具で縁どり、もう一方は青で縁どるとしよう。これは「任意」の手がかりである。というのは、そうしなければ、外側からは違いがわからないからである。次に、チンパンジーをバケツで遊ばせて、彼らが、青で縁どられた覗き窓のバケツをかぶると、なにも見えなくなるが、赤で縁どられた覗き窓のバケツをかぶると、ちゃんと見えるという体験をさせる。そのような体験の後に、チンパンジーに、2人の実験者に対しておねだりをさせる。実験者のひとりは赤で縁どられた覗き窓のバケツをかぶり、もうひとりは青で縁どられた覗き窓のバケツをかぶっている。もしチンパンジーが赤の覗き窓のバケツをかぶっている実験者に好んでおねだりするなら、それは、彼らが自分の体験を相手へと転移することができ、見ることができると彼らが推論した実験者に対しておねだりをしたということを強く示唆するだろう。

ポヴィネリの共同研究者、ジェニファー・ヴォンクは長らく、人間の刺激の豊かな家庭環境で育ったチンパンジー――文化的訓練を受けたチンパンジー――にこの覗き窓のあるバケツでの実験を試してきているが、成功していない。この章の最初のほうでも登場したワシントン大学の発達心理学者、アンドリュー・メルツォフは、これと似たような実験を18か月の幼児で試しているが、幼児はこのテストに合格する。

しかし、ライプツィヒ・グループは、このアプローチをにべもなく却下した。彼らの考えでは、それは「生態学的妥当性のきわめて低い」実験だからである。今日まで、彼らは、チンパンジーが餌をめぐってヒトと競合する遮蔽物タイプの一連の野心的な実験を推し進めてきた。こうした実験では、実験者は正面と側面がアクリルガラスでできたブースのなかに座り、自分の前の左右におかれた餌の入った2つの皿を監視している。チンパンジーは、このブースの側面のアクリルガラスに開いた穴から手を入れれば、皿の餌をとることができる。手を入れるのが実験者に見えるかどうかは、いくつかの方法で制限されている。左か右の一方に、遮蔽板を何種類か組み合わせて挿入したり、あるいは、ブース内を完全に見えなくし、両側の穴から餌の皿までの間に一方は透明で、もう一方は不透明なトンネルをおいたり（チンパンジーはどちらのトンネルに手を入れるか選択しなければならない）した。さらに、チンパンジーが手を入れた時にそれとわかるように、一方の穴に音をたてる蓋がつけられもした。チンパンジーは、（実験者の視点に状況を投影して）ブースのなかの人間には見えないと推論していることを示唆する選択肢を選ぶだろうか？彼らは、この問いにある程度イエスと言える結果を得て（ただしほかのグループの追試ではまだそうした結果は得られていない）、チンパンジーは、餌をとるために、人間の側の視野が制限されていることを利用して、意図的だましの行動をとることができたと主張した――つい2年前には、彼らがチンパンジーにはないとした能力である。しかし、これらのチンパンジーが実際には、意図的に誤った信念を与えようとしたのではなく、実験者に情報を教えないようにしていたという可能性――ずっと控えめな達成――もあることを認めている。

ポヴィネリは、彼らの主張を認めないだろう。チンパンジーの行動の「相も変わらない」どの高次の説明も、うまく低次の説明に置き換えることができる、と彼は言う。このように、両グループは袋小路に入り込んでいる。年々、ヒトが動物界では独特な認知を有しているという考えに対する異議は増えつつある。ポヴィネリは、ヒトは行動を読むことによって自分のまわりの社会を解読するが（チンパンジーもそうしているが）、ヒトという種にまったく特異的な、心の理論という能力――観察不能な心の状態を読む能力――も有していると主張して、こうした趨勢に逆らっているように見える。ライプツィヒのグループは、白と黒ではなくて、さまざまな明るさの灰色があるといった生物学的連続性の考え――遺伝的にかなり近縁の2つの種ならありえそうなこと――により傾いている。一方の見解では、2つの種の間には、飛び越えられないほどの隔たりがあり、もう一方の見解では、チンパンジーの認知はむしろ「5月の可憐な蕾」［訳註　シェイクスピアのソネット中の表現］のようなもので、600万年という進化の時間をかけて花開き、ヒトの認知として満開した。

研究がこのように袋小路に陥っている原因は、ひとつには、私たちヒトの心の進化の道筋を明らかにするために、もっぱらチンパンジーを――そしてチンパンジーの認知の測度を――用いてきたことにある。それゆえ、私たちは、チンパンジーが心の状態についてなんらかの能力をもっていそうなら、これをヒトの認知の進化を解く手がかりとして受け入れる。私たちは、チンパンジーが能力を発達させたヒトの子どもによって最終的に追い越されるという点で、彼らに「ヒトに近い存在」という地位を認める。これは、ダーウィンの時代からずっと行なわれてきたことだ。

ポヴィネリとライプツィヒ・グループの対立は、解きがたいものになっている。それを解きほぐす手はあるだろうか？　近縁だから似ているという議論ときっぱり手を切ることは、近縁の動物なら、よく似た脳をもち、脳がよく似ていれば、生じる行動もよく似たものになるという排他的な仮定をやめることを意味する。そしてそれをする唯一の方法は、チンパンジーとヒトだけの単調な比較をやめて、レンズを大きくし、顕微鏡の下により多くの動物種をおくことである。一方の陣営は、認知の進化をまったく異なる明かりのもとで見始めている。実際、ポヴィネリとの研究上の論争はあるにはあるが、ライプツィヒの認知科学者たちはすでに大きな網を投げ、興味深い獲物がかかり始めている。彼らが始めたのは、チンパンジーとイヌを比較する実験である。

ブライアン・ヘアは、チンパンジーが遮蔽物のまわりに向けられた視線を追い、相手の視点からだと遮蔽物が邪魔になって見えないかどうかがわかるかについて、はっきりイエスと結論していた。それゆえ、合格してよいはずのテスト――対象選択課題――では出来がよくないということが、不思議でしかたなかった。この課題では、いくつかの不透明な容器のなかのひとつに餌が隠されていて、人間が餌の正しい位置に目をやるか、指差しをする。ヘアの報告によると、子どもは14か月齢以降ならこの課題を難なく解くが、チンパンジーには難しい。では、イヌはどうか？

飼われているイヌにこの課題をするチャンスを与えてみよう。すると、彼らは、驚くほどの柔軟性を示してこの課題を解く。イヌは、いくつもの異なる行動を用いて、隠された食物の位置を突き止めることがチャンスレベル以上でできた。たとえば、人間が目標物の位置を指しても（たとえば、目標物から1メートル以上離れて立ち、左右の腕を交差させて手で指し示す)、人間が目標物のほうに目をやっても(人間が頭を動かして、あるいは動かさずに容器を見る場合)、人間が目標物に向けてお辞儀したりうなずいたりしても、そして人間が目標物の前に目印(意思伝達のまったく新しい手がかり)をおいても、正解がわかった。イヌは、人間が正しくない容器のほうに歩きながらそれとは逆方向の正しい容器を指差しした場合でも、正解した。おまけに、手がかりがほかのイヌや実験者以外の人間によって与えられた時でも、同じように正解した! イヌは、最初の試行からよくできた。学習は関係していなかった。

イヌが目や視線を好むことは、投げられたボールを拾って戻ってきた時に、人間がイヌに背を向けていると、回り込んで人間の前にボールをおくという事実や、おねだりをする時には頭や目が隠れていない人に対してすることが多いという事実——チンパンジーが自然にはできないことだ——に示される。また、人間の目が開いていると、閉じている時に比べ、食べてはダメと言われている餌に近づくことが少なく、これもチンパンジーとは違っている。さらに、ヘアの報告によると、イヌが大きな遮蔽物の陰にいて、食べてはダメと言われている餌が遮蔽物に開いた小さな窓の前にあり、遮蔽物のもう一方の側に人間がいる時にも、その餌には近づかない。この場合には、イヌがその人間を見ることができず、その人間もイヌを見ることができない位置にいても、餌には近づかなかった。

しかし、社会的手がかりに従うイヌの驚くような能力は、ほかの認知にはあてはまらない。イヌの優秀さは、領域が限られるのだ。イヌは、霊長類の多くができる手段 - 目標課題——食物に結びついていない紐ではなく、結びついているほうの紐を引っ張るという課題——ができない。さらに、食物の場所について非社会的手がかりを用いる課題——たとえば、平らにおかれた板と食物が下にあるかのように一方の端がもちあがっている板の区別——もほとんどできない。彼らの認知は、とりわけ社会的なことに特化している。彼らは、人間の目をレーザーのような正確さでとらえる。

ライプツィヒの主任研究員のジョゼプ・コールは、オオカミ、チンパンジー、イヌ、ヒトの子どもを比較している。チンパンジーは、ヒトのおとなと（子どもとも）違って、新奇なものを怖がり、新しいものに触るのを嫌がる。問題を解く時も、他者から学ぶのではなく、独力で問題を解こうとする。オオカミも同じだ。ハンガリーのエトヴェシュ大学のアダム・ミクロシが考案したテストでは、オオカミは、封印された箱を開けるという課題を、実験者がやめさせるまで、単独でやり続けた。イヌは、この課題がオオカミと同程度にしかできなかったが、できない時は早々にあきらめて実験者の膝にあがってきた！　ヒトの子どももまったく同じことをした。コールが言うには、このように近縁の動物種なのに、興味深い違いを示すのだ。オオカミはチンパンジーと、イヌはヒトの子どもと同じグループになる。イヌとオオカミは近縁だが、イヌのすることの多くは、オオカミよりもヒトに近い。チンパンジーとヒトは近縁なのに、チンパンジーはオオカミによく似ている。

もちろん、だれも、イヌが遺伝的に類人猿よりヒトにより近いと言っているわけではない。そして私の知るかぎり、イヌが本格的な心の理論をもちうると主張している研究者もいない。しかし、ヒトに注意を向けたり、ヒトの注意を喚起するといったさまざまな社会的認知課題においては、イヌはチンパンジーと互角か、時にはまさることがある。明らかに、ヒトに似た彼らの社会的認知スキルは、彼らと私たちの間の遺伝的近さとは関係がない。アダム・ミクロシは、自然場面でのイヌと飼い主とを研究した。彼によると、イヌのこの高められた社会的認知は、彼らが人間の社会に入り込むこと――ヒトに寄り添って暮らすこと――によってもたらされたものであり、彼らの生活そのものが人間の出す手がかりと動作を鋭く見てとることに依存していた。イヌは、人間の行動と機能の類似した新たな社会行動――収斂的特性――を進化させることによって、人間と一緒に生活することに適応したのに違いない。行動のこの収斂は、同じ認知メカニズムがはたらいているということを必ずしも意味しない。ウィンドウズもＭａｃもする仕事は同じだが、異なるシリコンのアーキテクチャ上を異なるソフトウェアが走っているのと同じように、イヌの脳は、ある限られた範囲内でだが、ヒトの心の理論を構成しているスキルの一部――たとえば、視線を追う、注目がわかる――と同じやり方ではたらく一連の行動へと収斂してきた。それらは、近縁だから似ているという議論に反する主要な例である。

こうした認知の比較にもっと多くの動物種を加えると、近縁だから似ているという議論、すなわち遺伝的近さにもとづく議論が疑わしく見えるようになる。次の章では、収斂進化のこの考え方を極端なところまで推し進めることによって、近縁だから似ているという議論を木っ端みじんにしようと思う。認知の比較に加えるのは、私たちや類人猿と数億年前に分岐した動物、鳥類である。

9章　賢いカラス

8章では、ヒトとチンパンジーの比較に力点をおく比較認知心理学の狭いアプローチが生み出した袋小路から抜け出る方法を見つけようとした。こうしたヒトとチンパンジーの比較研究の外側には、近視眼的になることを嫌って、ヒトやそのほかの霊長類から遠く離れた――2億8000万年前に分岐した――鳥類を用いて刺激的な研究を行なってきた比較認知心理学者たちがいる。その代表は、ケンブリッジ大学のオシドリ夫婦、ネイサン・エムリー博士とニコラ・クレイトン教授である。比較心理学は、どうしてこれほど霊長類中心に、そしてこれほどチンパンジーに偏ったものになったのだろう？　どのようにして、霊長類は、ヒトに近いがヒトより下等という地位を得るようになったのだろうか？　ネイサン・エムリーは次のように言う。

これは、研究領域としての霊長類学の始まりからしてそうだった。動物園や実験室での霊長類の初期の研究は、（ダーウィンやそのほかの研究者の主張をもとに）霊長類の認知能力がヒトのそれと対比できるのかどうかを決めるために行なわれた。このアプローチは、それ以来衰えることなく続いてきており、チンパンジーがヒトの言語、関係性の学習や心の理論といった能力をもつのかといった研究をもたらした。認知テストを用いて霊長類とヒトを比較する伝統は、現在も続いている。

フィールド研究も、霊長類中心主義に手を貸した。研究の大部分は、化石人類がどう行動していたかを知るための手がかりを得ようとした人類学者によって行なわれたからである。ルイス・リーキーがチンパンジー、オランウータン、ゴリラを研究するためにジェイン・グドール、ビルーテ・ガルディカス、ダイアン・フォッシーをそれらの類人猿が住むジャングルへと送り込んだのは、まさにこの理由からだった。その後、マキャヴェリ的知性仮説がニコラス・ハンフリーによって提唱され、アンドリュー・ホワイトゥンとディック・バーンが、この仮説をフィールド観察を通して拡張し、検討した。この仮説は、霊長類の心の性質、社会行動や知能をヒトに関係づけようとするものだった。これらの研究が、ほかの動物種の認知能力から、研究者の目をさえぎった。チンパンジーと比較して、ヒトにおいて変化してきた遺伝子を探る比較ゲノム研究は、こうした一連の学問的目隠しのなかの最新のものだ。ふたたびネイサン・エムリーのことばを引用しよう。

議論は次のように展開する。霊長類は、私たちにもっとも近い親戚であり、したがってヒトと似た認知能力をもっている可能性がある。ヒトの認知に似ていないものはすべて、より「知的」でないものとみなすべきである。霊長類の認知は構造的にヒトの認知と似ているので、霊長類は、霊長類以外の種よりも認知的により進んでいるに違いない。

鳥たちがこれを聞いたら、なんと思うだろう？

カラス、そしてその近縁種のミヤマガラス、ワタリガラス、コクマルガラス、カササギ、カケスは、カラス科としてまとめられる。彼らは、人間たちを友と敵のどちらかに二分するように見える。一方の極には、怒り心頭で散弾銃の銃口を右往左往させる農民がいて、もう一方の極には、熱狂的なカラスファンがおり、インターネットのチャットで、カラスの悪賢さ、いたずら好き、ユーモアのセンス、頭のよさを示す逸話を次から次へと交換するのに興じている。

キャンダス・サヴェージは、写真と絵入りの『カラス』という本のなかで、メスの若いカラスが、その兄弟のカラスが突然頭に花びらが落ちてきて驚いたのを見て、自分から別の花びらを摘んで兄弟めがけて落とし、また驚かせて跳び上がらせた（！）という出来事を紹介している。そのカラスは、兄弟の驚くさまを見て意地悪くおもしろがる根っからのいたずら好きだったのだろうか？　兄弟の心のなかに入り込むことによって、彼の当惑や苛立ちを見越していたのだろうか？　それとも、サヴェージは、動物行動のランダムな動きを擬人化して見ているにすぎないのだろうか？

サヴェージは、これに次のような陽気な逸話もつけ加えている。動物の死骸を食べていた若いワタリガラスが、近くをワタリガラスの一群が通りかかった時に、死骸の近くに転がって「死んだ」ふりをしたという。そのワタリガラスは、「食べないほうがいいぜ。これには毒があって、オレはやられちまったから」という信号を送っていたのだろうか？

「カラス好き」のインターネット掲示板 crows.net に出ていた、次のような話はどうだろうか？ それは、救出されて飼われるようになったハシボソガラスのエピソードで、そのカラスは、一家の飼っているシャムネコたちから自分の食べ物を守るために、皿を引いて彼らから遠ざけ、皿の前を行ったり来たりして障壁を作った。

我が家で一番勇敢なネコが、カラスを無視して、皿のなかのものを食べようと決意した。カラスは、憤然とネコをにらみつけ、皿を引っ張ってネコから遠ざけようとしたが、ネコは皿の上に身をかがめた。カラスは後ろに数歩下がり、状況を把握すると、ネコの後ろに回り、尻尾を持ち上げ、引き始めた。その時のネコの顔と言ったら！

さらに話を続けてもいいが、でも読者は次のように言うだろう。まじめな科学の本だと思ったのに、どうして証明などできない逸話を紹介したりするのか？ それは、私が「私たちヒトと私たちみたいな高等類人猿」という名で知られる会員制の認知クラブのドアをぶち抜いてみたい――少なくともカラス科の鳥をそこに入れてみたい――と思うからである。これから紹介してゆくように、カラスの認知についてのまじめな研究が、裏づけのない「ほら話」に合致する実際の行動の例を見出し始めている。

古くからの「自然の階梯」――初期の博物学者や人類学者が動物界を順序づけるために用いた天までの梯子――では、認知の梯子のもっとも上の段（天使のちょっと下）あたりにヒトが位置し、その数段下にはチンパンジーやほかの大型類人猿がなんとかへばりついている。鳥は、哺乳類と共通の祖先を最後にもっていたのは2億8000万年前のことで、跳び上がってやっと梯子にのっている程度だ！　バカ者を「鳥頭(とりあたま)」と言うではないか！　しかし、状況は変化しつつある。現在、鳥類――少なくともある種の鳥たち――の味方をしてくれる頼りになる科学者たちがいる。たとえば、ネイサン・エムリーは次のように言う。

大部分の哺乳類がもつ6層からなる新皮質が複雑な認知の必要条件だという考えが、いまだに流布している。確かに、西洋社会では、頭の少し足りない人のことを「鳥頭」と呼ぶことがある。いささか驚くべきことだが、比較心理学者や神経科学者にも、いまだにこうした見方をしている人が多くいる。

エムリーによると、この誤った考えが長い間正しいと思われてきた理由のひとつは、鳥の終脳、すなわち前脳の各部分を呼ぶのに使われてきた用語の混乱にある。伝統的に、鳥の大脳の各領域を指す用語の末尾は -stratum で終わり、これは、それらが基底核――進化の点では脳のなかでもっとも古く、もっとも基本的な部分――由来であることを意味していた。ここは、母性行動、性行動、摂食行動のような本能行動に関与するため、鳥の脳は、柔軟性のある、すなわち知的な行動を生み出すことができないという見方につながった。

いまでは、この命名が誤りにもとづいたものだということがわかっている。鳥の前脳の大部分は基底核の線条体に由来するのではなく、脳外套に由来する。興味深いことに、哺乳類の新皮質も脳外套に由来する。

これにもとづけば、鳥の脳の見方が変わる。鳥の行動はいまや——もとは同じ構造から出発して、哺乳類とは違う進化をたどった脳をもちながら——哺乳類と同じ社会的・生態学的問題を解決するための適応として説明できるかもしれない。

エムリーの言う通りなら、カラス科の鳥やオウムは、これまで考えられていたのとは違って、霊長類と肩を並べることになる。そして事実、そうである。エムリーが指摘しているように、ハリー・ジェリソンは、数十年前、脳の大きさそれ自体は脳化の程度を示す測度として不適切だということを示し、新たな測度として脳化指数（EQ：Encephalization Quotient）を提唱した。脳化指数とは、体重の違いを考慮に入れた相対的な脳の大きさの測度である。カラスの脳の脳化指数は、チンパンジーの脳の値と同じになり、両者とも、その値は、体の大きさから予測されるよりも大きい。ネイサン・エムリーは、チンパンジー、カラス科の鳥、オウムの間では相対的に脳の大きさが等しいことは、特定の認知能力の等しさを反映していると固く信じている。エムリーは、疑いを差し挟む余地を残していない。彼は、カラス科の鳥を「羽の生えた類人猿」と呼んでいる。

エムリーが個人的に気に入っている逸話は、イギリスの高速道路のサービスエリアでの観察である。そこにいる2羽のカラスが協力し合って、ゴミ箱から黒のゴミ袋を両端をくわえて持ち上げ、こぼれ落ちそうになった中身を第3のカラスがとっていた。生物学者のダニエル・スターラーの観察は、この話の上を行く。彼が報告しているのは、オオカミとワタリガラスの協力行動だ。１９９９年、彼は、イエローストーン国立公園内のドルイド・ピークのオオカミの群れを追っていた時に、オオカミにはワタリガラスの群れが付き従っていることが多く、狩りが終わった後数分以内に決まってワタリガラスが現われることに気づいた。しかし彼はまた、ワタリガラスがオオカミを獲物へと案内しているようだということにも気づいた。死んだばかりのヘラジカの子どもの死体の上に、たくさんのカラスが騒がしく舞い降りたのだ。カラスがそんな大騒ぎをしているのは、そのごちそうを隠すのではなく、ほかの動物の注意を引きつけるためのように思われた。案の定、かなり遠くにいた、群れのリーダーのオオカミがこの騒動に気づいて向きを変え、吹きだまった雪を越えて、死体があるところまでやって来た。スターラーには、歯や鉤爪をもたないワタリガラスが、ヘラジカの硬い皮を裂いて内臓や肉をとり出すことができないため、解体をしてくれる者として意図的にオオカミを選んでいるように思えた。こうして、オオカミとワタリガラスは互いを警戒しながらも一緒にヘラジカを食べた。

協力と「意図的」協調行動については、これぐらいにしておこう。では、道具使用についてはどうだろう? BBCのネイチャー番組のひとつで、カメラがとらえた貴重な映像がある。日本の仙台のカラスは、走る車を、クルミを割るための拡張された道具として用いるのだ。カラスは、信号が赤になって車が止まると、地面に降りて、車の通るところにクルミをおく。車が走り出すと、必然的にクルミがかなりの割合で轢かれ、割れる。カラスは、いったん近くの電線へと退却しているが、信号が赤になると、さっと舞い降りて、急いで実の部分を食べ、割れていないクルミをまたおくのである。

カラスについてのもう1冊のすぐれた本は、ジョン・マーズラフとトニー・エンジェルの『カラスとワタリガラス読本』である。この本では、カラスの知能について示唆に富む数々の逸話が紹介されている。お喋りオウムはだれでも知っているが、マーズラフとエンジェルが指摘しているように、カラス科は、鳴禽類に属し、サルの場合と同じように、特定のモノ、危険、社会的場面を明確に指示するきわめて複雑な社会的音声コミュニケーションシステムをもっている。驚くほどのことではないが、彼らは、ヒトの喋るのも、ほかの動物種の発声も、うまくまねることができる。彼らの複雑な咽頭筋は、「ボクはカラスのジムだよ」や「なんてこった、チクショー！」といったせりふを発声するのを可能にする。コンラート・ローレンツの飼っていたワタリガラスのロアは、みごとなまねをしたし、ハンズルと呼ばれるズキンガラスの（もしほんとうなら）驚くべきエピソードもある。ハンズルは、数日行方がわからなくなっていたが、足を負傷して帰ってきて、「しめた、ワナにかかったぞ！」というハンターのことばをまねた。ピッツバーグの国立鳥類園にいるミッキーというカラスは、入園者に向かって「おい兄弟、調子はどうだい？」とあいさつする。ウォルト・ディズニーのアニメ映画『ダンボ』に出てくる「ゾウが空を飛んでるのを見たよ」とカラスたちが合唱するのは、まったくの作り話というわけではないのかもしれない。

では、カラス科（カラス、ワタリガラス、ミヤマガラス、カケス）は、空飛ぶ類人猿のようなものなのだろうか？　それとも、彼らの認知がすぐれているという科学的主張は、空飛ぶゾウみたいな一種のフィクションなのだろうか？　右に紹介した逸話は、意図的なだまし、ほかの動物種の行動の操作、道具使用、ユーモア、共同作業、これからの計画といったものを含んでおり、これらはすべて、ヒトと（研究者の間では激しい議論はあるが）大型類人猿だけの認知能力と考えられてきた。しかし、この10年で、世界各地の多くの研究グループが、カラスの逸話を巧妙な心理実験と観察へと転じてきている。私の見るところ、それは、認知の進化における真の比較という王道を歩いている。ヒト、類人猿、鳥が同じ淘汰圧を受けているなら、進化は、認知を司る器官（すなわち脳）の性質とは関わりなく、似たような認知的解決を彫刻する（問題の同じような解決法へと収斂する）。それは、Ｍａｃとウィンドウズがそれぞれ異なるハードウエアとアプリケーションソフトを用いて、同一の文書、同一の美術作品、同一の加工写真を生み出せるのに似ている。

この「もうひとつの認知心理学」運動の中心にいるのは、ネイサン・エムリーとニコラ・クレイトンの研究グループである。クレイトンらは、おもにアメリカカケスとミヤマガラスを用いて研究を行なっている。同様に、オックスフォード大学のアレックス・カセルニックのチームは、実験室でニューカレドニアガラスを用いてめざましい成果をあげており、ニュージーランドのギャヴィン・ハントとラッセル・グレイも、太平洋のニューカレドニアで現地のカラスを用いて同じような実験をしている。オーストリアでは、トマス・バグニャールが、おもにワタリガラスで研究を行なっている。これらの研究者はみな、可能な場合にはつねに、霊長類研究と直接的な比較ができるようにカラスの実験を組んでいる。彼らの実験は、次のような同じ問題をあつかっている。カラス科の鳥は、モノがどう作用するかについてなんらかの理解をもっている（「素朴物理学」を理解している）だろうか？　他者の心がどうはたらくか——ほかの個体が彼らとは違う欲求や信念をもっていることがあり、それゆえ協力、だましや学習が可能だということ——をほんとうに理解しているだろうか？　すなわち、「心の理論」をもっているのだろうか？　そして、過去や未来について、なんらかの理解をもっているだろうか？　過去の教訓（ほかの個体が彼らになにをしたか）を覚えており、すなわちエピソード記憶をもち、その知識を未来の行為を計画する時に役立てることができるだろうか？　エムリーとクレイトンの表現を借りると、彼らは４つのＷ、すなわち「いつ・どこ・だれ・なに」を理解しているだろうか？　これらのカラス研究者たちは、この問題に、カラスがこれまでに紹介した大型類人猿の認知に匹敵する（あるいはそれを凌ぐ）かどうかという点から取り組んでいる。その結果は、動物の認知の伝統的な「霊長類中心の」見方に大きな打撃を与えるものである。

カラス科の鳥には、ものを隠す習性がある。見えないところに――通常は地面にくちばしで穴を掘って――餌を貯め込む。大事な餌を苦労して隠しても、お腹の空いた時にその場所を思い出せなければ、隠すことは無駄なだけである。事実、カラス科の鳥は、隠したことについて驚くべき記憶力をもっており、とりわけどこに隠したかという空間記憶は驚異的である。ハイイロホシガラスはその天才だ。彼らは、埋めた3万もの場所を数か月もの間覚えている。どのようにしてか？　ひとつの仮説は、隠したすべての場所のスナップショットを形成しているというものだが、これはデータを保持するには効率のよいやり方とは思えないし、落ち葉、草木の繁茂や積雪など、景観の季節的変化の影響も受けやすい。しかし、彼らが実際に行なっているのはこれに類した方法と考えられている。というのは、隠し場所に戻った時には、異なる方向から近づいた場合でも、隠し場所に対して自分の位置を隠した時と同じになるようにするからである。一方、これに対する仮説として、「ランドマーク」説がある。この仮説では、彼らが隠し場所について目立った特徴（岩や木）を選び、その特徴を基準に隠し場所の位置を知ると考える。これを実験的にテストするために、中央にある大きなランドマークである岩だけはそのままにして、その右側にあるものすべてが20センチ右に動かされた。ハイイロホシガラスは、変えられていない左側では、隠し場所から正確に回収したが、変えられた右側では、回収しようとした位置は正しい位置から20センチずれていた。

しかし、カラス科の鳥はおしなべて社会性のとりわけ強い鳥であり、ものを隠すということと記憶には社会性の次元がある。カラスの日々の悩みの種は、窃盗、すなわち隠したものを盗まれることだ。貯食する、あるいはものを隠す習性をもつ鳥は、近くにいるほかの鳥から見られずに隠す行為をするのがなかなか難しいため、隠す側と盗む側にはつねに知力戦が繰り広げられている。隠す側は、盗まれるのを防ぐためにいくつもの方略をもっているはずだし、一方、盗む側は、ほかの鳥が隠しているところを見てから数日後に、それをくすねるために、隠し場所の正確な位置についての豊富で確実な空間記憶をもっているはずである。

ニコラ・クレイトンのチームは、アメリカカケスについての一連の驚くべき実験室実験で盗みをとりあげ、カケスの行為がどの程度意図的か——カケスが自分の心について、そして自分の食物を盗もうとするほかのカケスの心についてどの程度理解しているか——という問題を検討した。クレイトンは、アメリカカケスが人間の残した残飯を隠す時に隠し直しをすることに気づいていたので、実験条件下でこの行動が再現できるかどうか見てみることにした。カケスが、容器のなかのミールワーム(数がわかっている)をとって、すべての区画が砂で埋まった製氷皿に隠すことができるようにされた(図8参照)。隠すほうの個体は、自分だけがいる場合——もう1羽別の個体が近くにはいるが、直接は隠すところが見えない——と、もう1羽の個体が観察可能な場合との2通りがあった。3時間後に、隠したところに戻されると、砂だけが入った第2の製氷皿がおいてあった。つまり、クレイトンらは、カケスがまずいくつワームを食べ、最初にいくつワームを隠したかを知ることができ、次に、いくつワームを回収したか、隠し場所を何回探したか(回収の正確さ)、ワームをいくつ隠し直したかを測定することができた。隠す側は、最初にだれにも見られずに隠した場合よりも、だれかに見られていた場合に、ワームの回収と隠し直しが多くなった。隠し直し先のほとんどは、見ていた側の個体の知らない新しい場所だった。隠した側は、見た側がチャン

図８　製氷皿に餌を隠すアメリカカケス

スがあればそのワームを横取りするだろうということを予測し、誤った信念をもたせるための故意の対抗策として隠し直しをしたのかもしれない。もちろんたんに、とにかくだれかが見ていたら、あとから機械的に隠し直しをしていた可能性もある。その行動がどの程度特有かを調べるために、隠す側の鳥に２つのトレイが与えられた。すなわち、見られている時に第１のトレイに隠すことを許され、そしてその10分後、こっそり隠せるように第２のトレイが与えられた。３時間後、彼らが好んで隠し直しをしたのは、第１のトレイからだった。つまり、彼らは、自分がいつどこで見られていたかを覚えていた。クレイトンらは次に、以前に自分が観察する側で、ほかの個体が隠したものを盗んだことのあるカケスを実験群に加えた。これらのカケスは、今度は観察される側に回り、一度隠したのちに隠し直しをする機会を与えられた。これらの個体は、自分が見られていた時にだけ高い頻度で隠し直しをしたが、それは、自分が以前に盗んだことのある場合に限られていた。盗んだ経験のない個体は、隠し直しをしなかった。つまり、隠し直しには、盗んだという経験が必要なようだった。クレイトンらは、次のように報告している。

これらの鳥は、自分の盗んだ経験を現在の状況にあてはめ、隠したものを盗むかもしれない観察者の視点に自分をおいているように見える。……これらの実験は、アメリカカケスが高いレベルの社会的認知と、盗んだ経験を踏まえた認知をもっていることを示唆している。しかし、それは心の理論の証拠になるだろうか？

明らかに、ヒトの場合と同様、カラス科の鳥の世界でも、泥棒を捕まえるなら泥棒の身になって考えるのが一番であるように見える。したがってこれまでと同様、問題となるのは次のことだ。彼らはどの程度のことがわかっているのだろう？

エムリーとクレイトンは、盗んだ経験のある個体だけが、自分が隠しているところを見られたということがわかっている時、あるいはそう思った時に、隠し直しをすることから、アメリカカケスが体験の投影を示していると結論している。これは、心的帰属の例なのだろうか？　彼らは、自分が以前にした行動を「自覚」していて、それが「疑り深さ」を生じさせるのだろうか？　もちろん、エムリーとクレイトンは、カケスが信念‐欲求の心理学をもっているとは思わない——見ている側が盗もうという欲求をもっているとか、餌の隠し場所を知っているという信念をもっているとかいった計算をしていない——と明言することには慎重である。しかし彼らは、カケスには、他者の視点からものごとがどう見えるのかがわかっているのかもしれないと言う。これらの主張は、チンパンジーでの初期の研究と、とりわけライプツィヒ・グループの最近の研究を思わせる。

不透明な遮蔽物を用いたさらなるテスト——盗む側の鳥には２つのトレイが提示されたが、一方は丸見えで、もう一方は遮蔽物にさえぎられて見えないようになっていた――は、ポヴィネリ vs. ライプツィヒのグループ間で見解が対立するチンパンジーでの同様の実験を忠実に再現したものである。隠す側は、自分を見ているほかの鳥がいる時には、遮蔽物の後ろに隠すのを好んだ。食物を回収する時、彼らは2つのトレイから同程度にとったが、再度隠す時には、遮蔽物の後ろに行くことを選んだ。彼らは、観察する側の鳥の視点をとっていたのだろうか？　それともたんに自分からは観察者が見えない場所を隠し場所に選んでいただけなのだろうか？　この疑問を解決するために、ケンブリッジの研究者たちが行なった実験は、カケスを照明のあたった明るい部分とあたらない暗い部分からなるケージのなかにおき、それぞれの部分にトレイを配置するというものであった。カケスは、見られずに隠す時には一方をとくに好むということはなかったが、見られている時には、観察する側の鳥にとっては視覚情報が曖昧になる暗がりのなかで隠そうとした。食物を回収する時には、彼らは、明るく照らされたトレイからだけ隠し直しをした。

では、「なに・どこ・いつ・だれ」がわかることは、心の理論をもっていることになるのだろうか？　クレイトンの結論は、慎重な書きぶりが際立っている。彼女は、自分たちの結果を、カケスがほかの個体がなにを知っているかをある程度わかっていることを意味するものとして解釈する余地を残すにとどめている。彼女は次のように書いている。

私たちの発見は、アメリカカケスが最初に自分がものを隠した時にだれがいたかを覚えているということを示唆している。これは、人間がもつようなエピソード記憶にもとづいている必要はない。というのは、これらの「なに・どこ・いつ」の記憶は、過去を心のなかで再構成しなくてもありうるからである。同様に、

「だれがいつ見ていたか」の把握も、ヒトの「心の理論」のように観察不能な心の状態を仮定する必要はない。……他者の心について推論するヒト以外の動物の能力は、決定打と言える研究がなかなか出ないままだが、私たちの研究は、ヒト以外の動物が異なる知識状態にある者どうしを区別していることを示唆する証拠を提供する。

とはいえ、これを、ケンブリッジ大学のウェブサイトにあるクレイトンのホームページで、彼女が引用しているもっと熱のこもった文章と比べてみてほしい。アメリカカケスが心のなかで時間旅行をすることができるという、『ネイチャー』に載ったクレイトンとエムリーの報告について、たとえば、カーディフ大学のジョン・ピアス教授は次のように反応した。

アメリカカケスが、餌を最初に隠した時に、それをほかの個体が見ていたなら、あとから隠し場所を変えることが多いというクレイトンとエムリーの観察結果は、それ自体が注目すべき発見である。しかし、そうするのはほかの個体が隠した餌をすでに盗んだことのある個体だという知見は、きわめて驚くべきことであり、理論的に重要な意味をもっている。というのは、アメリカカケスがほかの個体の行動を読んで裏をかくほどの高度な思考過程をもっている可能性を示唆するからだ。もしこれがほんとうなら、アメリカカケスは、ヒト以外で唯一心の理論をもっている種だということになる。

クレイトンとエムリーがなにを意図しているかは明らかである。彼らは、自分たちの得た結果を高次の認知の点からほんとうは解釈したいのだが、一応は慎重な態度をとりつつ、ほかの人間たちの口からそれを言わせようとしているのだ！

これらの結果は、オーストリアのトマス・バグニャールとその同僚らのワタリガラスでの研究によって強く支持されている。だましについてのバグニャールの観察は、予想外のことだった。彼の当初の実験は、隠された餌をめぐる若いワタリガラスの社会的学習と横取りを調べることであった。しかし、劣位オスのフギンと優位オスのムニンの間では、突然、それがゲームの様相を呈し始めた。（北欧神話では、2羽のワタリガラス、フギンとムニンは、神オーディンの耳と目の役割をはたしていた。彼らは9つの世界を飛び回り、なにが起こっているのかをオーディンに知らせた。フギンは「思考」を、ムニンは「記憶」を意味する。）餌（チーズ片）が、蓋のついた筒状の写真フィルムの容器に隠された。課題の内容についてあらかじめ訓練をしてから、餌の入った容器群と入っていない容器群が、戸外の採餌エリアに分散されておかれた。容器の群は色分けされており、試行の日には、特定の色の容器だけにチーズがおかれ、チーズの入った容器の色は日ごとに変えられた。

劣位のオス、フギンは、その後スターになった。彼は、餌の入ったすべての容器のうち3分の2の蓋を開けた。餌の入った容器の群を最初に見つけるのは、ほとんどつねにフギンだったし、見たかぎりで餌が入っていないとわかった容器群はすぐに避けることを学習した。優位オスのムニンは、フギンがとてもうまくやっていることに目をとめ、横取りしようとフギンに飛びかかり、フギンが得た餌の80％以上をかっさらった。フギンにとって、このコストは高すぎた。フギンは、自分の行動を変え始め、時には餌の入っていない容器群のほうに向かった。ムニンは、餌がとれると思ってフギンについて行ったが、フギンは、ムニンが餌の入っていない容器を突いているすきに、急いで餌の入った容器群に戻って、全部からではなく一部からだけ餌をさっととると、その場をすぐに立ち去った。これら一連の出来事は、15秒もかからなかった。フギンは、「オオカミ少年」の原則がわかっているかのように、「報酬のない容器群に行き、報酬のある容器群に戻る」というだましを控えめに行ない、それは1日に少なくとも1回程度だった。しかし、ムニンが横取りする頻度が増すにつれて、その動きも頻繁になった。フギンは、ムニンが自分のあとについて、実は餌のない容器群へ行くのをためらっている時には、演技を長く続け、餌のない容器をたくさん突いた。これは、フギンが自分がしていることとムニンの反応の間の関係がわかっているというふうにバグニャールの目には映った。つまり、フギンは、ムニンを積極的にだましているように見えた。この点で、フギンの行動は、多くの霊長類学者が野生チンパンジーがしていると主張する意図的なだましと肩を並べる。

しかし、バグニャールは、フギンがムニンの心の内を読んだという結論へと跳ぶことはしなかった。どちらか決めかねながら、バグニャールは、フギンが心の状態というより、行動を操作していたという、より「節約的」な結論を示唆した。

次にバグニャールは、隠すのを見られていた‐見られていない場合と盗みとを組み合わせた一連の実験をワタリガラスで行なったが、これは、アメリカカケスでのクレイトンとエムリーの実験、そしてチンパンジーでのヘアの実験とまったく同じ実験になるように組んであった。隠す側と盗む側の間に駆け引きがある場合、隠した側がその隠した餌を回収する時にとる行動は、隠すところを見られていたかどうかや、障害物があってほかの鳥からは見えないようになっていたかどうかによるのだろうか？

最初の実験では、ワタリガラスは、劣位個体がいる時に、隠した餌をこっそり回収するかどうかという選択を迫られたが、その場合には、最初に隠す時に、劣位個体が隣の区画からそれを見ていた場合と、カーテンでさえぎられて見ていなかった場合の2通りがあった。予想されたのは、餌を隠す個体が、最初に隠す時にその場にほかの個体がいた場合には、ほかの個体がいなかったり、いても見ることができなかったりした場合よりも、あとからとり出して隠し直しをすることが多いだろう、というものだった。結果は、予想通りだった。

野生でのチンパンジーの道具使用能力については、多くの（私には多すぎるように思えるほどの）研究がなされてきた。これらの行動は、チンパンジーが真の洞察力や新たなことを始める力をもっていることを証明しているのだろうか？　残念ながら、新しい道具使用の前触れとなる純粋な洞察の瞬間、「わかった（ユーレカ）！」を示す証拠や観察はないに等しい。チンパンジーでの素朴物理学についてのポヴィネリの研究は、彼らが、そのような洞察のひらめきを与えるだけの深い理解――物理世界の観察不能な特性の理解――をもっていないことを示している。チンパンジーは、数千年間ナッツ割りやアリ釣りをしてきたのだろうが、その習慣が最初にどのように出現したのかは、だれにもわからない。エムリーとクレイトンが言うように、イソップ物語のひとつでは、アルキメデスという名のカラスが水差しの水を飲みたくて、水かさがくちばしに届くようになるまで小石をいくつも水差しのなかに入れ、わかった（ユーレカ）！　現実世界のカラスも、このような洞察を示すだろうか？　あとで見るように、カラスに関するかぎり、事実は小説より奇なりだ。

この問いに対する答えがイエスであることを示唆する古典的実験は、人間の手で育てられたワタリガラスを用いたベルント・ハインリッチの研究である。この実験では、肉片が木の枝から紐で吊り下げられていた。肉片を得るための唯一の方法は、紐を引っ張り上げることだった。飛びながら突ついて肉をとろうとしたり、肉のまわりをホバリングしてとろうとする個体はいなかった。肉片をとるには、足かくちばしで、紐をおよそ5回たぐって引き上げなければならなかった。用いたワタリガラスのうち3羽が、最初の試行でこの解決法をとった。2本の紐があって、1本は肉片に、もう1本は小石に結びついていた場合には、即座に肉のほうの紐を選ぶか、あるいは小石のほうの紐を引っ張ってみてから、すぐに肉の紐に切り替えた。紐を交差させると、多くはだまされたが、1羽は交差をほどいて平行にしてから、正解の紐を選択した。一方の紐を色のついたレースの紐に置き換えると、それが肉片に結びついている時だけ引っ張り上げた。このことは、ワタリガラスがたんに紐のタイプと餌の間に固定的な連合を作り上げていたのではないことを示していた。そして最後に、一方の紐が肉片に、もう一方の紐がヒツジの頭部（彼らにとってはごちそうだ）に結びついている時には、引き上げるのには重すぎるほうの紐を引き上げることはしなかった。ハインリッチは、ほとんどの行動が即座になされたので、ワタリガラスが洞察を用いていたと結論している。かりにその行動を試演していたとしても、それは、頭のなかのシミュレーションによってのみ可能だった。

道具についてはどうか？　ニュージーランドのコンビ、ラッセル・グレイとギャヴィン・ハント、そして彼らの共同研究者たちは、南太平洋にあるニューカレドニア諸島のいくつかの島々に住むニューカレドニアガラスの野生での道具使用の印象的で詳細な観察を重ねてきた。彼らが注目したのは、小枝の道具とタコノキの葉の道具の製作である。タコノキは、熱帯と亜熱帯の低木で、長く、ズボンのベルトほどの幅

(a) (b)

図９　タコノキの葉から道具を切り出すニューカレドニアガラス

(a)　葉の左側に立って、道具の先細の端を作るために葉をカットしているところ

(b)　道具の幅広の端を作り、葉の根元のほうに戻りつつあるところ

の、硬い葉をもっている。タコノキの葉の道具は、鋸の歯を思い描いてもらうとよい。カラスは、噛んでもぎとるという一連のステップを踏んで、葉から「のこぎり」の形を切り取る（図９参照）。基本的には、３種類のデザインがある。幅広か、幅狭か、階段状かである。こうしたデザインがあることがなぜわかるかと言えば、葉の道具の形が「ネガ」の形でつねに葉に残されているからである。グレイとハントは、ニューカレドニアガラスがタコノキの葉身の左縁で道具を作る傾向をもっており、各デザインでは、できる道具がぴったり一致するほど正確に作られているということを見出している。

たとえば、階段状になったもっとも複雑な道具を作るために、ニューカレドニアガラスは、道具の幅狭の端の部分を作ることから始める。まず、葉の根元を繊維に直交するように横に切れ目を入れる。次に、葉の遠い側へと跳んで、これも葉の繊維に直交するように葉の面を２回大きくカットして、幅広の端の部分を作り出す。そのあと、長い切れ目を縦に入れていって、根元の切れ目と合うようにする。

ここで必要なスキルは、道具の刃の部分がもとの葉からきちんと切り取られるように、葉の面上のこれらの切れ目がぴったり合わさるようにすることだ。道具は、ワンステップのプロセスで作られた。葉の道具がいったん木から切り離されたあとは、さらにカットや整形が行なわれることはなかった。葉の道具のこれら3種類のデザインすべてが同一の地域内に見られるので、グレイとハントは、道具のデザインが単純なものから複雑なものへと累積的に進化してきており、その技術が世代間で社会的に伝えられているという状況証拠になると結論している。

ハントとグレイによると、道具製作においてて繰り返し観察されるこのきわめて特徴的な方法は、霊長類の道具製作と遜色ないという。チンパンジーは小枝をもいで短くするが、鉤について理解しているようにはほとんど見えないし、オランウータンも、枝を道具にして別の枝をとることがあり、これは、枝をひっかける「鉤」として記述されてきているが、ハントとグレイは、明確な文字通りの鉤の製作の証拠はないため、これを「枝の叩き落し」とみなしている。

ニューカレドニアガラスは、とげのある階段状のこの道具を用いて、樹木に開いた穴や割れ目から甲虫の幼虫を採り出す。タコノキのとげは上を向いて生えているので、カラスは、道具をもつ時には、とげが自分のほうを向かないように幅広の端のほうをもち、とげに幼虫をひっかけて出す。この道具が柔らかすぎて穴から虫を出せない場合には、とげのある辺を虫に押しつけたり、一撫でしたりして、それによってとげにひっかけてとり出す。それでもうまくいかなければ、すぐにそれを投げ捨て、新しい道具を作りにかかる。ハントとグレイは、カラスが虫までの距離を測ることで道具の適切なサイズを選んでいると考えている（図10参照）。彼らは、ある地域のカラスは、タコノキの葉の左側から道具を切り出すだけでなく、

図10　タコノキの葉の階段状の道具

道具の根元の部分が自分の頭の左側にくるようにもつことに気づいた。彼らによれば、これは、道具の使用と製作の両方で側性化が見られるという、ヒト以外での最初の報告である。

意地悪い役を演じるなら、そんなことはみな手続き的ルールか機械的行動を用いてできると言わなければならないが、ハントとグレイは、それとは別の見方を示している。カラスは、チンパンジーとは違って、自分の道具の機能的特性がある程度わかっているという。彼らによれば、タコノキの葉を精密に切り取るということは、その材料がもつ構造や制約よりも、製作のテクニックによっていることを示している。これは、きわめて重要なポイントである。というのは、チンパンジーではこれまで、用いる材料の大幅な加工は観察されていないからである。

同じカラスが小枝で鉤を作るという彼らの観察は、その主張の信憑性を高めている。カラスはまず枝の

図11　ニューカレドニアガラスによる鉤状の道具の製作

なかで見込みのある二股になった小枝を選ぶ。次に二股の一方の小枝を股のすぐ上のところで折り、それを捨てる（図11参照）。これで鉤状になる。次に、残った枝を股のすぐ下のところで折り（こうして鉤が枝の端になる）、鉤状の道具ができあがる。次に枝を一定の長さに噛み切って、これを柄にし、そして鉤の部分の余計な出っ張りはとり去って鋭利にして、みごとな形に仕上げる。彼らは、道具の柄から葉もとり去る。ハントは、1羽のカラスと一緒について回っている子ガラスが、3つのステップからなるこの方法を同じように用いて、10本の鉤状の道具を製作するのを観察し、それがこれまでヒトだけのものとされてきた4つの特徴をもっていると主張している。すなわち、高度な標準化、鉤の使用、利き側、道具のデザインの累積的変化である。この道具製作はチンパンジーで観察されてい

図12　鉤状の道具を使う野生のニューカレドニアガラス

るものを凌いでいるが、それが「素朴物理学」の確かな証拠と言えるのかどうかについては、まだ結論は出ていない。たとえば、おとなのカラスが若いカラスにそのやり方を「教え」ていることを示す証拠はない。しかし、なぜ枝を用いた道具製作がひじょうに印象的かと言えば、鉤が自然のものではない——すなわち、自然の植物の複雑な形のなかに鉤の形を知覚して、そのように成形しなければならない——からである（図12参照）。

ハントとグレイが野生のニューカレドニアガラスの道具製作における洞察を研究していたのと時を同じくして、アレックス・カセルニックのグループは、オックスフォード大学の動物学科でニューカレドニアガラスを用いて一連の実験を企てつつあった。ニューカレドニアガラスは、ヨーロッパや北アメリカで見慣れているカラスよりも、ひと回り小さく、羽に光沢がある。その羽は、ちょうど石油の膜に陽があたった時のように、虹色に輝いている。しかも、行儀が悪い！　私が彼の研究室を訪れた時、アレックスは、「身を守るために」耳当てつきの特別な帽子——「ビグルス」の飛行帽に少し似ている——をかぶるようにと言った。そのわけは、そのあとすぐにわかった。私たちが放飼場に入った時、数羽のカラスが円を描きながら飛んで私たちを出迎え、ちょうど飛行場で何度も旋回して地上すれすれに飛ぶ曲芸飛行をする軽飛行機さながらに（！）旋回するごとに私の頭に舞い降りたからである。そのなかの1羽は私の足元に舞い降り、私に意地悪そうな眼差しを向け、それから私の靴の靴紐をほどき始めた。私は、「アレックスが言うほどきみが利口なら、今度は靴紐を結び直してみろよ！」と叫びそうになった。

２０００年に開始された一連の実験で、カセルニックのグループは、課題に合った道具の選択能力、食物をとるのに適した道具の長さや直径を見積もる能力もテストした。もしそれほどの訓練をしなくともそれができるのであれば、少なくとも、カラスがある程度の洞察を用いているということを示唆している。実験は、8章で紹介したヴィザルベルギとポヴィネリがチンパンジーで用いた手法と直接的な比較ができるよう組まれていた。

第1実験では、餌が透明なアクリル製の筒の内部のさまざまな距離におかれた。筒は、一方の端がぴったり閉じられていたが、もう一方の端は栓がされていたものの、栓の中央に穴が開いていた。彼らは、カラス（オス1羽、メス1羽）に10本の竹串の入った道具箱を与えた。竹串はさまざまな長さにカットされていて、水平の木の板に開けられた穴の列に（ちょうどドリルの各種の刃先の入った道具箱のように）挿し

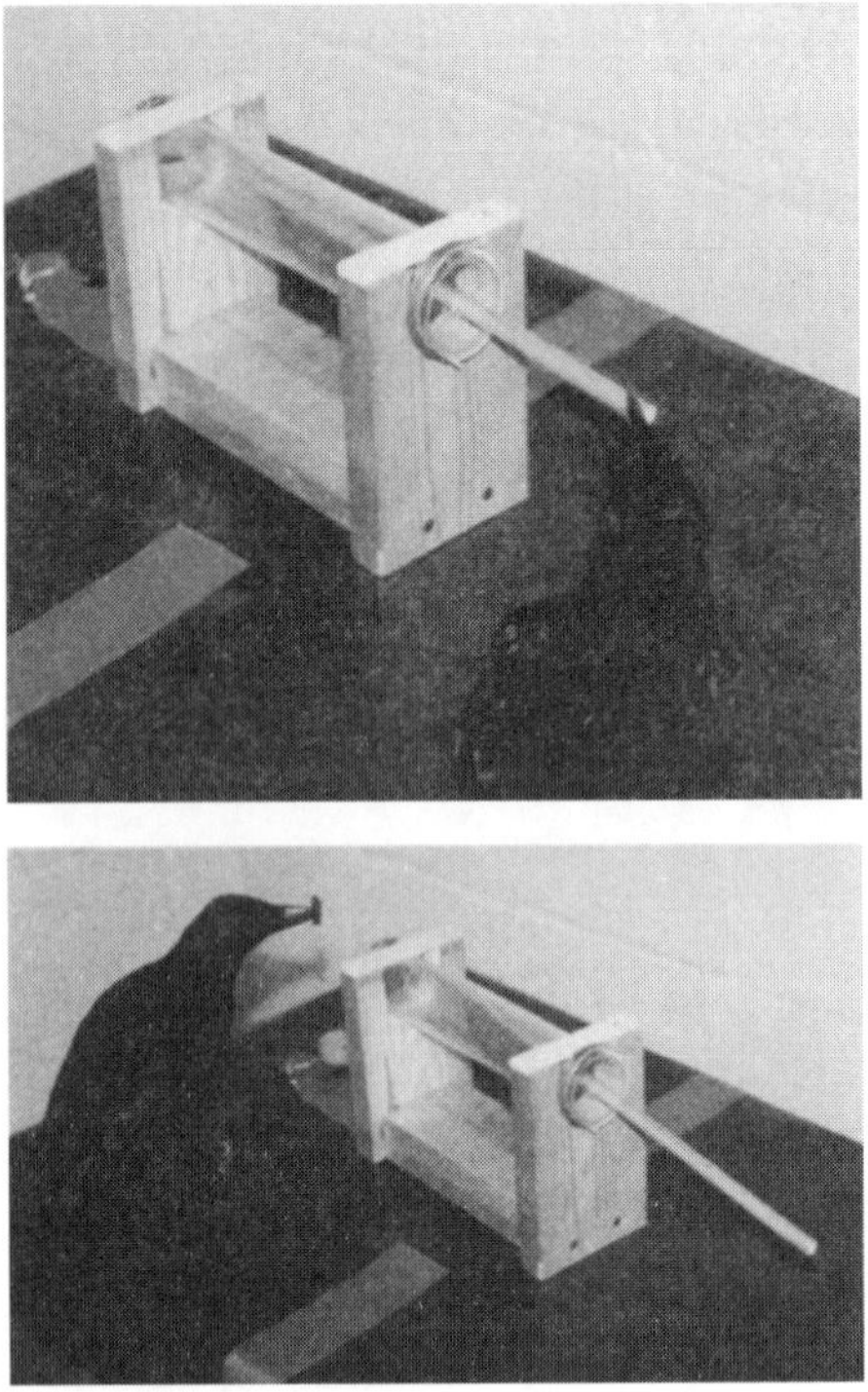

図13　筒に入った餌を突いて出すために適切な長さの棒を選ぶベティ

て並べられていた。この板は、試行間で向きを変えられ、ある試行では短い竹串が筒の近くにきたが、別の試行では、逆に筒から遠くになった。

カラスはつねに、棒を選択するまえに、筒の壁越しに、筒のなかの肉を筒の口から覗き込むようにして観察した（図13参照）。時には、ある棒をくわえて捨て、別の棒を選ぶことがあったし、棒の端がくちばしと頭と一直線になるようにくわえることもあった。また、柄のやや下寄りの部分をくわえて、残りの部分を頭の横で支えるようにすることもあった。こうすることによって、棒は操作がより可能になった。カラスは、試行の半数でもっとも長い道具を選び、4分の1では、距離に合った道具を選んだ。彼らは、「食物の距離に合った棒を選ぶか、おかれているなかでもっとも長い棒を選ぶかせよ」といったルールを用いていたように見える。どちらの方略でも、餌をとることはできた（確かに、餌をとることが重要であって、細かいところまで気にして長さをぴったり合わせ、研究者の意図した実験計画を満足させなくてもよい！）。

自分で棒を見つける必要がある場合には、カラスはどうしただろうか？　これをテストするべく、第2実験では、部屋の反対側に道具箱が遠ざけられ、それと筒との間に障害物がおかれた。メスのカラスは、筒で使うために棒をとりに行くことはなかったが、棒のいくつかをもち去り、それらを筒以外のところで使用した。オスのカラスは、メスよりもはるかにうまくできたが、第1実験よりもかなり長い時間を要した。これは、なにをするかの決断に時間がかかったせいだった。やり方を一度決めてしまってからは、餌をまえと同じぐらい速くとった。このカラスの典型的なやり方は、止まり木にしばらく止まってから、飛んでいってまえのように餌を調べ、そして飛んでいって棒を選ぶというものだった。2回ほど、長さが2センチだけ足りない棒を選んでしまったが、棒をくちばしの先端でくわえて足りない長さの分を補うことによって成功した。もう2回は、短すぎる棒を選んでしまい、すぐに道具箱にとって返すと、長い棒を選び、餌をとるのに成功した。

別の実験で、カセルニックのチームは、カラスが課題に合った直径の道具を選ぶことができるかどうかもテストした。彼らは、L型の筒を用い、その水平部分の腕は栓でふさがれていたが、そこには穴が開けられていた。もう一方の腕は下に向いており、カラスは、栓の穴に挿入できる棒を選んで、食物の入ったカップを「井戸の下のほうへ」押さなければならなかった。与えられた棒の太さは3種類――細い、中程度、太い――で、棒は、1本がばらで、ほか2本が束ねてある場合と、3本が束ねられている場合があった。

このメスのカラスはつねに、棒の束をすぐに近くの止まり木までもってゆき、包みを破り捨て、そのなかからつねに細い棒だけを選んだ。３本の棒が束ねずにおかれた時も、24試行のすべてで細い棒を選んだ。どの場合にも細い棒が適切だったが、それが選ばれたのは、もっとも軽い棒で、くちばしで持ちやすかったからかもしれない。このカラスは、太いが使える棒がばらでおかれていても、束のなかにもっとも細めの棒がある場合には、依然として束のほうをくわえてもってゆくのを好み、それを取り外して使った。

この実験の一部を変えた第２実験では、筒は第１実験と同じだったが、棒の束の代わりに、小枝と葉のついたオークの枝が筒の近くにおかれた。今回は、２羽のカラスが用いられたが、彼らは、30試行中29試行で食物をとり、それはつねに20分以内に行なわれた。彼らは、筒を調べた後、枝のところに飛んでゆき、ちょうどよい小枝から葉をとり去ってから、小枝をもぎとった。

このメスのカラスがもっとも細い棒を圧倒的に好んだため、第１実験は、穴の直径を考慮に入れているという直接的な証拠を提供することができなかった。しかし第２実験では、道具は太すぎるならすぐに拒絶され、穴が大きくなるにつれて、選ばれた小枝も太くなった。いずれの場合も、穴に合っていたのは、道具の「挿入する側」だった。これは、ほとんどの小枝が不規則な形だということを考えると、印象的な結果だ。それは、このカラスがこの課題でなにをすべきかがわかっていることを示している。これらの明らかなスキルがあるのに、では、なぜカラスは、６回の試行で、カップを筒の下へと落とすのには短すぎる小枝を選んだのだろうか？　引くに比べ押すという動作は、カラスにとっては、あまり「やり慣れていない」動作だったのかもしれない――木のうろ（穴）はふつうは行き止まりで、出入り口はひとつしかない！　あるいは、筒の上の口からカップまでの距離をいい加減に見積もっていて、下の口まで行かせるのには足りない距離だったのではないだろうか？　あるいは、結局はテクニックの問題で、このカラスは、時にはカップを一撃で落とそうとビリヤードのテクニックを使っていたのかもしれない。とはいえ、このテストのもっとも印象的な特徴はなんと言っても、道具の材料の選択と変形だった（明らかに変形した道具がどう機能するかを思い描いていた）。これは、貴重で重要な発見である。

カセルニックの研究で長らく輝かしい成績を示してきたのは、メスのカラスのベティだった（図14参照）。ベティを最初に有名にしたのは、まっすぐな針金と鉤状になった針金とを用いた初期の実験の報告によってだった。この実験では、ある深さの透明なアクリルの筒のなかから、餌（通常はブタの心臓かミールワーム）の入った小さな容器を持ち上げるために正しい道具を選択できるかを調べた。これは、深い井戸から水の入ったバケツを引き上げることと同じだった（図15参照）。ベティは、鉤状の針金を選んで、それを用いて釣ろうとした時、優位オスのアベルがさっと飛んできて、それをベティから奪いとった。カセルニックらの驚いたことに、ベティは、まっすぐな針金を選ぶと、その端をケージの網目に差し入れ、それをくちばしで曲げて鉤状にし、それを使って餌をとった。それがまぐれ当たりに違いないと思ったカセルニックらは、ベティにまっすぐの針金だけを与えて、実験を10回

図14　カラスのベティ

図15　鉤状の道具を用いて井戸から餌の入ったバケツを釣り上げるベティ

繰り返した。10回中9回で、ベティは即座に自分で鉤を作った。

カセルニックのチームは、ベティ（とアベル）が鉤の素朴物理学をどの程度まで理解しているかをさらに調べた。彼らは、これまでに研究されているなかで、あらかじめ決まった正確な形をもつ道具を製作するのはヒトとカラスだけだと主張している。チンパンジーの道具製作はそうではない。技法は確かに繰り返されるものの、最終産物の細部は、作り手によって決まるのではなく、もともとの素材の性質がそのまま残されている。これに対して、カラスの場合、鉤状にした枝、鋸歯状にしたタコノキの葉、曲げられた針金の棒には、新たな形状と機能が素材に付与されている。

カセルニックのチームが考え出した実験は、とくに8章で紹介したポヴィネリの実験——まっすぐか曲がったパイプをチンパンジーに与えて、それを変形させて穴に挿し入れてリンゴをとることができるかどうかを調べた実験——と比較ができるよう意図されていた。チンパンジーの成績が惨憺たるものだったことを思い出してほしい。ベティに対して行なわれた3つの実験では、別の素材――アルミ――が用いられ、食物をとるためにはアルミの棒を曲げたりまっすぐにしたりしなければならなかった。ベティは、5回中4回の割合で正しく棒をまっすぐにし、素材を曲げるのに新しい複数の技法を用いた。しかし、チームは、ベティがほんとうに因果を理解しているとまでは考えなかった。ベティは時に、道具を変形させずに釣ろうとして失敗し、それから変形させることがあったし、たまに、変形させても、正しくない側から釣ろうとしたこともあった。とはいえ、ベティの成績には目を見張るものがあった。チームは以下のように結論している。

ニューカレドニアガラスの理解のレベルを測るのは、いまのところ不可能だ。しかし、観察された行動からすると、彼らは、類人猿を含めヒト以外の動物においてこれまで達成されたレベルを超える物理的課題を、部分的に理解しているように見える。

残念なことに、輝かしい成績をあげていたベティは、この時点で亡くなってしまった。しかし亡くなる前に、ベティは、真のスターにふさわしく、その最後を飾った。ベティの最後の舞台は、内部の奥深くに餌がおかれた水平の筒と、その脇に短い棒――短すぎて食物には届かない――からなる複雑なテストだった。ほかに4つの同じ筒が近くに扇状に並べられており、そのうちひとつの筒の内部には餌に届くほどの長さの棒が入っていたが、この棒の端は筒のなかまで入っており、そのためこの棒をとるには、中程度の長さの棒を用いて押し出さなくてはならなかった。短い棒では、この長い棒を押し出すことはできなかった。ほかの3つの筒のなかには、中程度の長さの棒が入っていた。実験の目的は、ベティが短い棒を使って中程度の長さの棒をとり、今度はその中程度の長さの棒を使って長い棒をとり、そしてその長い棒を使って食物をとることができるかどうかをテストすることであった。もしベティが強化――正しい道具を選ぶとすぐ報酬が得られる――のみを通して学習していたのなら、このテストに合格しないはずである。というのは、餌が得られるのは最後の最後になってで、その時になってしか正の強化が得られないからである。途中のステップには、直接的な報酬はない。課題に直面したベティは、束の間短い棒で餌をとろうとしたが、すぐに向きを変え、長い棒を短い棒で軽く押してみて、それがうまくいかないことがわかると、中程度の長さの棒の入った筒のひとつに飛び、短い棒でそれを外に押し出し、短い棒は投げ捨て、中程度の長さの棒で長い棒をとり、中程度の長さの棒は投げ捨て、餌のところに行って、長い棒で簡単に餌をとってしまった！　これが、ほんの数秒で、しかも1回目の試行で起こったのだ！

ニュージーランドの研究グループは、カラスでこのメタ道具の使用（特定のことに使う目的である道具を別の道具で作り変えること）についても調べている。彼らは、類人猿でそれまで用いられた実験デザインをカラス用に手直しすることから始めた。肉片が、木の幹に開けられた、15センチの深さの水平の穴のなかにおかれ、そこから2メートル離れたところに2つのまったく同じ「道具箱」がおかれていた。それぞれの道具箱の前面は、垂直の格子で覆われ、この覆いはカラスがくちばしを入れることができたが、頭は入らないようになっていた。彼らは、18センチの棒の道具を、一方の道具箱の内側4センチの距離においた。これは、くちばしを使ってとるには遠すぎたが、しかしいったんその棒をとり出せば、肉をとるのに絶好の道具になった。もう一方の道具箱の内側には、同じ場所に、石がおかれていた。これらの道具箱の前には、5センチの棒がおかれていた。3羽のカラス、イカルス、ルイージ、ルビーは自発的に、長い棒をとるために短い棒を使い、長い棒を使って肉片をとるのに成功し続けた。ほかのカラスも、十分な時間を与えると、このメタ道具課題を解いたり、メタ道具課題は解いたものの、そのあと短い道具を穴へもっていって不正解になったりした。ルビー、ジョーカー、ルイージ、コリンは、時には短くて役に立たない棒を試すこともあったが、それは短い棒を用いて長い棒をとることができなかった時に限られていた（とはいえ、課題全体を通してみると、この失敗はのちの成功につながった）。これらの結果は、類人猿で得られた結果と等しかった。

カラスは、奥深くにある餌をとるためには長い道具が必要で、長い道具をとるためにはまず短い道具をとる必要がある――なぜなら、棒で餌を動かすためには、そうすることによってしか、両者の間の物理的接触を達成できないから――ということをほんとうに理解していたのだろうか？　第2実験では、道具の位置が逆にされた。長い棒を外側に、短い棒を内側においたのである（短い棒は今回は明らかに不要）。カラスは、これに引っかかっただろうか？　6羽のカラスすべてが最初は長い棒を使って短い道具をとろうとした。しかし、これをしたのは、最初の試行ブロックだけで、ほとんどのカラスはすぐにこれを止め、長い棒をとって直接穴に挿し込んだ。

ハントとグレイは、自分たちがある種のきわめて高度な認知の存在を示したと信じている。餌をとる道具を作るために別の道具を作ったり手に入れたりすることは、カラスにとって、餌に直行したいというはやる気持ちを抑える必要がある。それはまた、カラスが、新たな行動（道具→道具）を道具→食物という最終目標の下位目標として組み込んで、行動を階層的に組織する必要がある。一般に考えられているように、ヒトの祖先が石器の製作において、単純に衝撃を与える技法から、フリント石を別の石で叩き割る技法へと前進することができたのは、この決定的なメタステップであった。なかでも、ポヴィネリのグループとライプツィヒのグループの研究は、チンパンジーが、短い棒を用いて長い棒をとり、その長い棒で食物をとることができるかどうかを調べているが、明らかに、これらの特殊な認知課題については、カラスはチンパンジーと互角である。

ところ変わって、ケンブリッジ大学で、アマンダ・シードも、ポヴィネリの挑戦状に応え、ミヤマガラスを用いて次の問いに答えようとした。「カラスは、道具使用の根底にある物理法則や因果法則についてなにかがわかっているのだろうか？　言い換えると、私たちのもっているような素朴物理学をもっているのだろうか？」これを調べるために、彼女は、サルや類人猿ですでによく用いられている落とし穴‐筒テストのさまざまな変型版を用いた。装置は透明なアクリルの筒で、餌が2つの落とし穴――一方は穴の役目をはたし、もう一方ははたさない――の間におかれていた。ミヤマガラスは、餌を確実にとる――穴に落としてとれないということがないようにする――ためには、2つを区別して、餌を適切な側から押さなければならない。スターの座に輝いたのは、ギレムという名のミヤマガラスだった。ギレムは、もっとも難しいテストを、10回の試行からなる最初のブロックで解いてしまった。最初のブロックでは10回中9回、次のブロックでは10回中10回正解した。ミヤマガラスの大部分は、ギレムの超一流の成績にはおよばなかったものの、シード、クレイトンとエムリーによると、霊長類がこれまで合格したもっとも難しいタイプの課題とほぼ同様の課題でもよくできた。

ニュージーランドの研究グループは、このパラダイムをもう一歩進めた。6羽のカラスのうち、落とし穴-筒課題を100試行をかけてなんとか解けるようになった3羽が、ポヴィネリらが類人猿で用いた落とし穴-テーブル課題をカラス用にした課題でテストされた。彼らは、最初の試行で正解してしまった。この研究グループによれば、この結果は、カラスが偶然解いたり、視覚的な手がかりの学習によっていたり、この課題の触覚的性質を一般化したりしていたのではなく、あるレベルの因果的推理――弱い推理だとしても――を新しい問題にあてはめていたということを示している。ほかの研究者は、カラスがもとの落とし穴-筒テストでできるようになるのに時間がかかりすぎているという理由から、これに納得していない！　しかし、ニュージーランドの研究グループが指摘しているように、この結果は、落とし穴-筒課題から落とし穴-テーブル課題へと切り替えられると、4種類の類人猿がみなできなくなってしまったという最近の研究結果と際立った対照を見せている。

ニコラ・クレイトンはすでに、アメリカカケスがある程度の心的時間旅行――すなわちエピソード記憶――が可能だということを示している。カケスは、いつ餌を隠したか、その時に自分が見られていたかどうか、そしてその時見ていたのはだれかをちゃんと覚えている。「いつ・なにを・どこで」隠したりくすねたりしたのかがわかっている。ミールワームとコオロギ（それぞれ腐敗の速さが異なる）、そしてそれらに加えて、とくに好きだというわけではないピーナッツ（ただし長持ちする）を用いてテストしたところ、すぐに時間経過による質の悪化がわかるようになり、4時間を過ぎるあたりから、ミールワームを掘り出すのから、しだいにピーナッツを掘り出すほうに切り換わっていった。隠すものとして2種類の昆虫を用いることでテストをもっと複雑にすると――ミールワームが新鮮なのは約4時間後まで、コオロギが新鮮なのは約28時間後までで、ピーナッツはかなり長持ちした――、彼らは、それぞれの種類の餌を地中に埋めてから経過した時間の長さを覚えているらしく、それに応じてどれを回収するかを変え、賞味期限を過ぎた餌を回収することはなかった。クレイトンは最近巧妙な実験を考案し、アメリカカケスの時間旅行についても調べている。カケスは現在の知識を未来の計画のために利用すること――ヒトにしかないとされてきた心の特性――ができるだろうか？

カケスは、餌が自由に手に入る大きな檻のなかに入れられた。ただ、餌は粉状で、食べることはできるが、隠すことはできなかった。夜になると、カケスは、自由なエリアを挟んで向かい合った2つの寝室のどちらかに――ある夜は一方の部屋に、またある夜はもう一方の部屋に――閉じ込められた。6晩にわたって、寝室はランダムに割り当てられた。毎朝目が覚めると、お腹が空いていたが、一方の部屋には朝食がおかれていて、もう一方の部屋にはおかれていなかった――運が悪い場合には、食事にありつけなかった。本試行の前の夕方、彼らは、それまでとは違って、粉状にしたものではなく丸ごとの餌をたくさん与えられた。90％以上のカケスが、経験から翌朝には朝食がおかれていないと推測されるほうの部屋に、その餌を隠した！　彼らは、未来について計画しているように見える。というのは、共通のエリアで自由に手に入るたくさんの餌があって、お腹一杯食べた時に、これをしたからである。それは、あたかもカラスが、食事にありつけないかもしれない翌日のことを想像し、守銭奴の経営する宿屋で目が覚める可能性が高いと思っているかのようだった！　クレイトンは、さらに、前日の夕方には2種類の餌がおいてあるが、次の日の朝には一方しかないような実験場面を設定した。カケスは、経験からそれが朝食のメニューにないとわかったほうの餌だけを隠したのだ！

カラス科の鳥が私たちヒトと同じような真のエピソード記憶、あるいは真の因果的推論を示すかどうか、そしてこれらの特別な認知領域において類人猿と同等か、あるいはそれよりもすぐれているかどうかについては、つねに議論になるだろう。では、カラスは「羽の生えた類人猿」なのだろうか？　アレックス・カセルニックは、ネイサン・エムリーが用いたこの名称を気に入っていない。というのは、それが両者が認知的に全面的に対等だという印象を与えるからで、彼は、そうだとは思っていないし、少なくともそのことが証明されたとは思っていない。しかし彼は、ケンブリッジのグループが、3つの認知的側面について霊長類の優位に挑むような驚くべき研究をしたことは認めている。その3つとは、カケスが盗んだという自分の過去経験を、見ていた相手に投影することができ、それによって食物を隠し直すかどうかを決めることができるということ、カケスが未来の計画を立てることができ、隠すのを決定する時の状態（満腹）とは異なる状態（空腹）にある時のことを見越して、特定の寝室に特定の食物を貯える（隠す）ということ、そしてミヤマガラスが落とし穴‐筒課題において食物をとる時に物理的因果について、なにがしかのことを実際に理解しているということである。さらにこれに、カセルニックの研究の落とし穴‐筒課題で、アルミの棒を曲げたり伸ばしたりして新しい道具を作るということや、食物をとるための道具をとるために別の道具を使うこと（これは、ニュージーランドのグループの「メタ道具」研究によっても確認されている）もつけ加えておこう。

これは、カラス科の鳥が「心の理論」をもち、したがって認知の点で言うと、チンパンジーより私たちに近いということを証明しているのだろうか？　もちろん、証明はしていない。私がここで紹介した実験のどれも、カラスがヒトのような認知をしている――ほかの個体の観察不能な心の内がわかったり、物理世界のはたらき方を支配している観察不能な現象がわかったりする――と私たちを納得させるには十分ではない。同様にそれらは、カラスがそのようなことがわかっていないということを示しているわけでもない。ダニエル・ポヴィネリは最近、チンパンジーの認知についての彼の偏屈に見えるアプローチをカラスに広げている（私はフェアな態度だと思う）。すべての比較認知の研究は、問題が決着したとみなを納得させることのできる新しい実験パラダイムが現われないかぎり、どちらとも決められない状態にあるということなのかもしれない。

とはいえ、私の議論は、有難いことに、カラス科の鳥がヒトのように考えるかどうかを証明することによっているのではなく、2億8000年前に分岐した現存する2つの種において、成績がよく似ていること、あるいはカラス科の鳥のほうがすぐれている場合があることを示すことによっている。彼らの脳は、見方によっては、チンパンジーの脳に匹敵する。鳥は、最近まで単純なロボットのように思われてきたが、カラスは、私たちにもっとも近縁であるとされる霊長類の種に引けをとらないどころか、それ以上かもしれない。そして本書では、イヌとカラスだけを例にとったほうがいいと考えたので、ヤギ、ゾウ、アシカ、イルカでの研究成果については触れなかった。しようと思えば、それらのデータを用いて、この過度にチンパンジー中心の認知の見方——類人猿は、遺伝的にも分類学的にも私たちと近縁なので、ほかの動物たちに欠けている認知構造を私たちと共有しているとみなす考え方——をさらに突き崩すこともできただろう。

ここで重要なことは、認知が適応的な仕事をするための道具だということ、そして社会的・生態学的問題が似ている時には、種が異なっても、似たような解決法が予想されるということである。チンパンジーの道具使用、だまし、他者への操作、洞察についての主張は、もはや彼らが進化的・遺伝的に私たちに近いからだという主張を強めるものではなく、大きい脳をもつカラス科の鳥と同様、彼らが私たちと同じ社会的・生態学的問題のいくつかを共有しているということだけを示している。そのように問題を共有している動物種は、それらの問題に対処するのに必要な機能的に相似した認知構造を進化させるだろう。すなわち、近縁だから似ているという議論は成り立たない。

長年にわたるボノボのカンジの研究で有名な心理学者、スー・サヴェージ＝ランボーは、自らの研究についての手記『カンジ――ヒトに近い心をもった類人猿』を著した。しかし、私から見ると、カンジも、この話題について一般雑誌を飾っているほかの「天才的」大型類人猿も、ヒトの心という山の麓（ふもと）にある丘をうろつくだけのことしかしていないように思う。しかし、もしあなたがサヴェージ＝ランボーの本のこの異論の多いタイトルに満足しているなら、もう数年して、本屋の通俗科学の棚の新刊書コーナーに『カラス――ヒトの認知の下の枝にとまって』、『イヌ――ヒトの知性に向かって吠える』といった本が並んでいても、驚いてはいけない。

10章 脳のなか――秘密は細部に宿る

想像してみよう。あなたは立って、左右の腕を少し開いて前に伸ばし、手のひらを上に向けている。ちょうどロンドンのオールド・ベイリーの中央刑事裁判所の屋根に見える正義を計る両天秤のようにだ。左の手のひらに、ヒトの脳を載せたとしよう。気をつけてもってほしい。ずしりと重いはずだ。１３００グラムちょっと。１リットルのワインの入ったボトルほどの重さだ。一方、右の手のひらには、チンパンジーの脳が載っている。４００グラムちょっと。ヒトの脳の3分の1の重さしかない。解剖学者が、右の手のひらに、チンパンジーの脳の代わりにその舌を載せてくれたとしよう。なんと舌のほうが脳より重いのだ！

ここでは、これらの脳の持ち主について考えてみることにしよう。左の手のひらに載っている脳をもつヒトは、私がいま、その格好をまねてほしいと言った正義を計る両天秤を作り、そしてそれが屋根に載ったロンドンの有名な裁判所を建て、正義の概念、道徳的判断、人権、そして裁判所のなかで行なわれる裁判手続きを生み出した。右の手のひらに載っている脳をもつチンパンジーは、その先祖の時代から６００

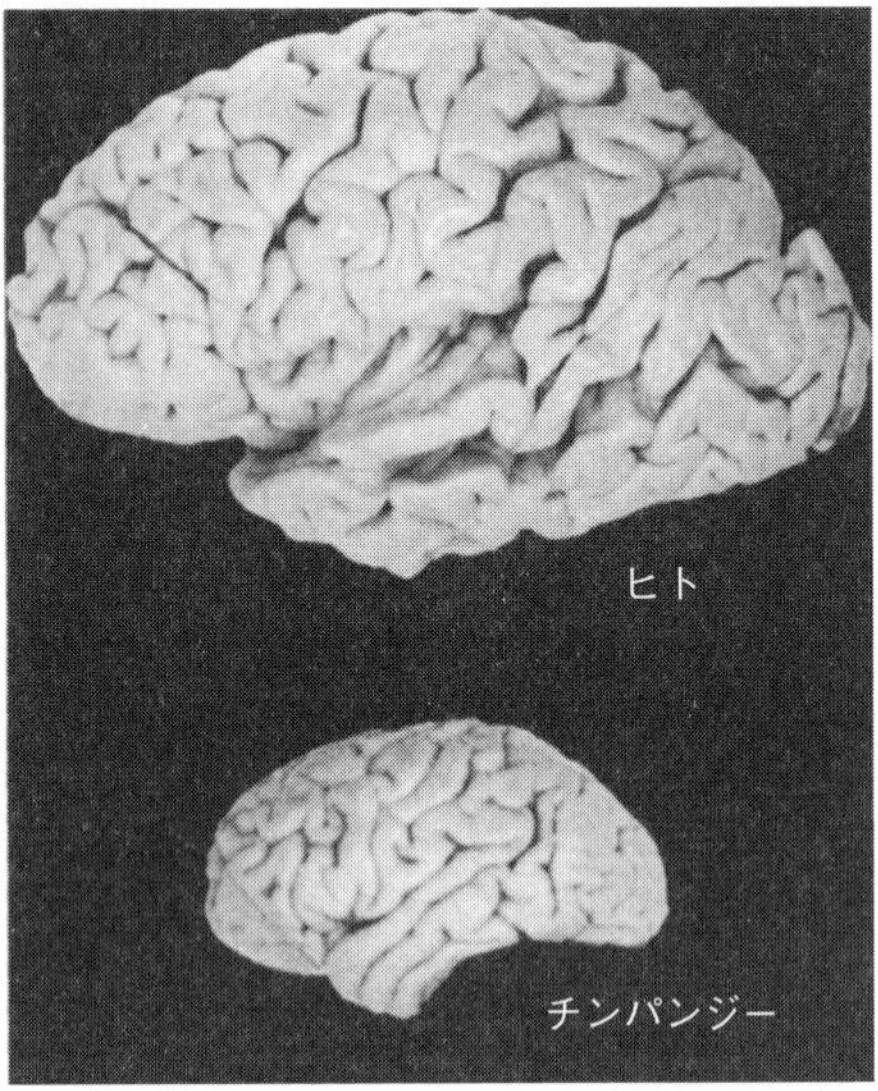

図16　ヒトとチンパンジーの脳の比較

万年もの間、アフリカの数箇所のごく限られた熱帯林から外に出ることはなかった。その脳は、正義を計る両天秤の格好のまねができない。なぜなら、メタファーがわからないからだ。私たちの知るかぎりでは、その脳は、信念や願望といった心の状態について理解しないし、社会的寛容や正義のもっとも粗雑な基盤以上のものももっていない。

この2つの脳を実験室に持ち込み、もう少し仔細に見ることにしよう（図16参照）。ヒトの脳の外の面は、襞（ひだ）、すなわち脳回の部分で複雑に畳み込まれていて、裂溝で隔てられている。これが大脳皮質（大部分が新皮質と呼ばれる）であり、哺乳類特有の脳構造である。チンパンジーの脳はどうか？　ヒトの脳よりはるかに小さいが、これも高度に畳み込まれている（とはいえ、ヒトの脳ほどではない）。

さて、次は解剖だ。解剖台に2つの脳をおき、刃先の鋭いナイフで、横断面がわかるように、脳を左から右へ水平に切ってみよう。素人目には、ヒトとチンパンジーの脳の大きな形態的違いを示しているのは、唯一大きさだけのように見える。チンパンジーの脳は、ヒトの脳の、言うならば「ミニチュア版」のように見える。しかし、ヒトとチンパンジーの間の明白な認知的差異のいくつかは、大きさの増大以外のなにかによって生み出されたと考える人もいるかもしれない。大きさだけですべてが決まるわけではない。だが、150年以上にわたって、生物学は、私たちと霊長類のこのいとことの認知的差異が、脳の増大という現象以上のものによっているという示唆に耳を貸さずにきた。こうした脳の増大現象は、アロメトリーとして知られている。スケールの一方の端の小さな原猿からもう一方の端の私たちヒトへと進むにつれて、脳はどんどん大きくなる。アロメトリーの専門家は、発生の制約ゆえに、脳は、脳のさまざまな部分——前頭皮質、側頭皮質、頭頂皮質、小脳など——が同じ比率を保ったまま大きくなる、すなわち脳のある部分だけがほかの部分を犠牲にして大きくなることはない、と主張する。したがって、ヒトの脳は、類人猿の脳を大きくしたものであって、もし認知に差があるのなら、それらは、アロメトリーからの逸脱ではなく、その脳のなにかの増加——たとえば皮質のニューロンの増加——によっている。2人の筋金入りのアロメトリーの専門家、バーバラ・フィンレーとリチャード・ダーリントンは、1995年に、第一の主要な特徴、脳の大きさが、小脳や新皮質を含む11の主要な脳組織の変動の96%以上を説明する、と主張した。ヤーキズ霊長類センターのジム・リリングによると、「これから導かれた結論は、否応のない発生プログラムが、哺乳類の脳の成長を、予測可能なアロメトリー的傾向に従わせており、個々の脳の構造はおもに脳全体の増大と歩調を合わせて大きくなる、ということであった。つまり、すべての哺乳類の脳は、同じ設計図を基本的に縮小したものか、拡大したものということになる」。進化学者たちは、脳のアロメトリーのこの考え方がまったく見当違いだと感じている。彼らは、変異で商売をしており、それが彼らの飯の種であり、つねに探しているのは、類似性よりも、差異——特殊化と適応——である。ヤーキズ霊長類センターのジム・リリングの同僚、神経科学者のトッド・プレウスも、この「アロメトリー的な身体設計」がまったくおかしいと語る。

プレウスによれば、彼らが最近発見したのは、ヒトとほかの霊長類の脳の間には数百の遺伝的差異があるが、それらの差異に対応するはずの解剖学的・機能的差異がほとんど見当たらないということである。その理由は、神経科学の研究がどのようになされているかという、その歴史のなかにある。神経科学者は、1970年代以降、サルの脳でニューロンの詳細な経路を追跡できるようになったが、それを可能にしたのは、脳を直接露出して、蛍光染料を注入し、脳に電極を挿し入れること（通常このプロセスではそのサルを犠牲にすることになる）ができるようになったからである。このようにして、マカクザルなどの脳については、複雑な配線図が作成されてきた。しかし、このような研究はヒトではできない。そのため、神経科学の大多数の研究は、動物モデル――サルとラット――にもとづいてなされている。ヒトの脳の構造と機能は、これらの動物モデルから外挿される。プレウスがはっきり述べているように、したがってそれは、ヒトの性質についての神経生物学的理論を与えない。

人類学者には、ヒトの奇妙さはあたりまえのことかもしれないが、神経科学者がヒトを理解しようとすると、一筋縄ではいかない。こうしたモデル動物を用いてヒトの本性に迫ろうとするアプローチには、大きな限界があるのだ。そのアプローチは、ヒトも、ヒトを理解するための代用品として用いられる動物も、ある意味で典型的であり、動物がお互いにどのように似ているかについての研究だけを正統とする見方を助長する。現代の神経科学があつかうべき問題のなかで、ヒトの脳の進化的特殊化は、脚註にも値しないように思われている。しかし、もし私たちがヒトの脳の特殊化をたんなる変異として退けるなら、私たちを（サルでもなく、マウスでもなく、ショウジョウバエでもなく）ヒトたらしめる脳のまさにその特徴を矮小化することになる。進化的特殊化は、些細なことなどではない。それこそがヒトの性質の核心部分なのだ。

アロメトリーは、ヒトの認知のメコン理論だ。この名前は、１９５０年代のＳＦコミック、ダン・デアの敵で、すぐれた頭脳をもつメコンタのメロン頭のメコンにちなむ。しかし、プレウスと進化の点からものを考えるほかの神経科学者たちは、脳の進化についてのこの「大きくて優れているが、似ている」という考え方を捨てて、ヒトの、高度でおそらく独特な認知が、ヒトの脳に特有の解剖学的特殊化から生じるのかどうかを解くという作業に集中すべき時に来ていると主張している。神経科学はやっと、この気の遠くなるぐらいに困難な仕事にとりかかり始めたところだ。トッド・プレウスは次のように言う。「なんというスズメの涙！　私たちをヒトにする脳がどんなものかというもっとも基本的な問題について、神経科学がこれほどわずかなことしか言えないというのは、驚くべきことのように思える」。トッド・プレウスの言う「スズメの涙」を得るのも、容易なことではなかった。現在まで、ヒトの脳で見つかったほんとうに新しい構造はと言えば、ひとつしかなく、私たちがプレウスに感謝しなければならないのは、一次視覚皮質の特定の細胞層がヒトではマカクザルやチンパンジーよりも複雑だという発見である。これらの細胞層は、網膜に映る像を3次元的に解釈するという私たちのすぐれた能力に寄与し、おそらく私たちの手先の並外れた器用さを可能にしたのかもしれない。全般的に、ヒトとチンパンジーは、すべての主要な脳領域を共有しており、違いと言えば、相対的な大きさの違いと、旧来の組織が新たな機能を担っていること

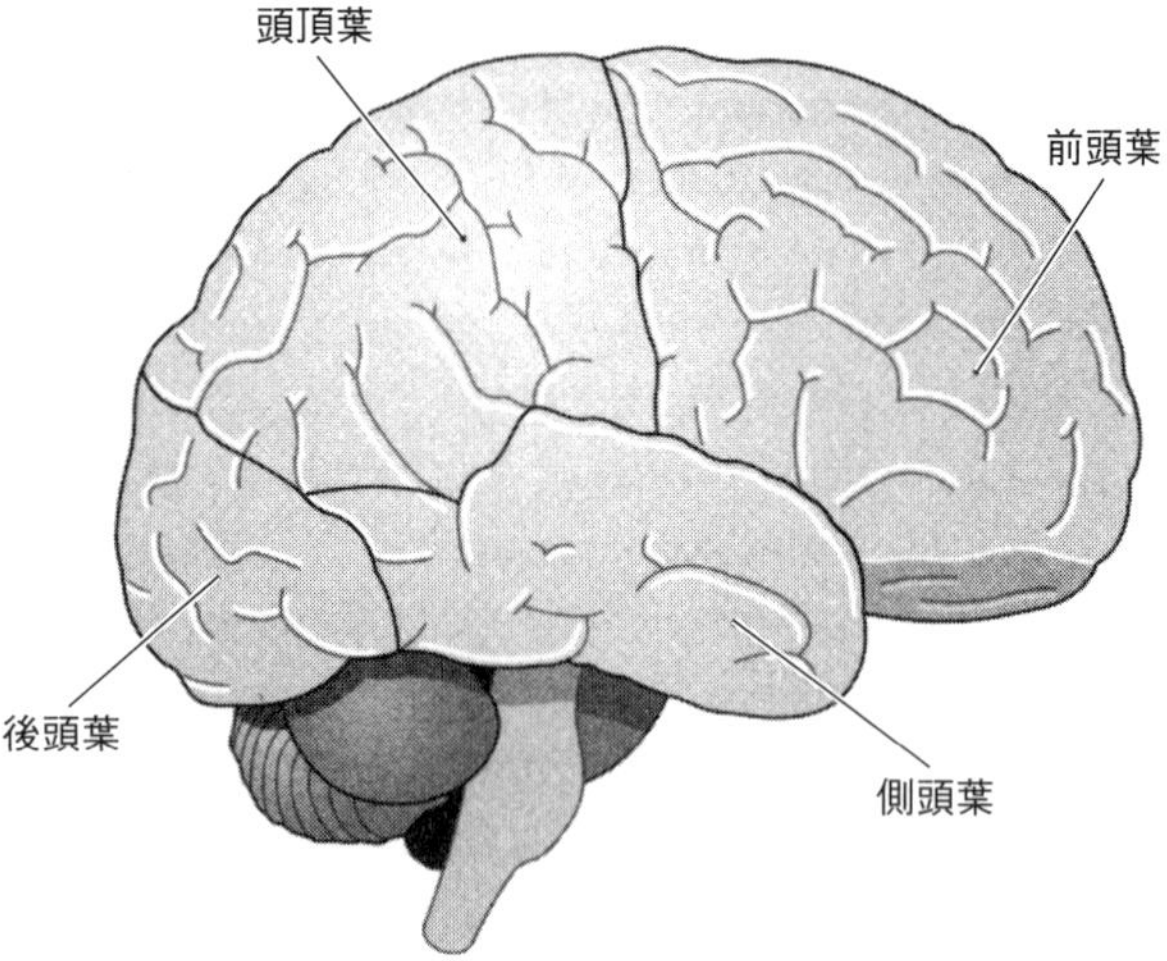

図17　ヒトの大脳皮質の４つの葉（右半球）

ぐらいしか考えられない。多くの世の常の通り、秘密は細部に宿る。ヒトとチンパンジーの脳の比較は、深みに入ってゆくほど、興味深いものになる。

ヒトとチンパンジーの脳のもっとも明白な違いから始めてみよう。それは大きさだ。ヒトの脳が、ヒトと同程度の体の大きさの類人猿の場合に予想される脳の4倍の大きさだということは、だれもが認めるところである。しかし、脳に進化の過程でごく最近に加わったもの――大脳皮質とそれを構成する4つの皮質、すなわち前頭葉、側頭葉、頭頂葉、後頭葉――についてはどうだろうか？（図17参照）この解剖学的に大雑把なレベルにおいてさえも、ヒトでは、実際の相対比に違いがあるのかどうかについては、科学的見解はさまざまである。

たとえば前頭葉。ヒトの前頭葉は、ヒトの脳のほかの部分に比べて、そしてすべての大型類人猿の前頭葉に比べても、並外れて大きくなったと長い間考えられてきた。確かに、前頭葉は、理性的思考と未来の詳細なプランを立てる能力を備えており、ヒトらしさを考える時にもっとも重要であるように見える。しかし、1990年代末に、カテリーナ・セメンデフェーリとハンナ・ダマジオがヒトとチンパンジーのfMRIの脳画像のデータを比較した結果、ヒトの前頭葉はチンパンジーのそれより絶対的な大きさは大きいけれども、相対的には大きいわけではないと結論した。すなわち、ヒトは、ヒトほどの大きさの体をもった類人猿で予想されるよりも大きな前頭葉をもっているわけではなかった。言い換えると、もしチンパンジーの脳を4倍の大きさにしたとすると、前頭葉は、皮質の残りの部分に対してヒトと同じ比率——3分の1ちょっと——になる。

しかし、ジム・リリングは、セメンデフェーリが分析に用いたのと同じfMRI画像を用いて、彼女とは異なる解釈をしている。リリングは、全体としての大脳皮質（もちろんいま問題にしている前頭葉も含まれる）が、予想されるよりも格段に大きい、すなわち大脳皮質が不釣り合いなほどに大きくなった、と主張している。「つまり」と彼は言う。「ヒトの脳は、霊長類の脳をたんに大きくしたものではない。大脳皮質に支配された、それとは違うものなのだ」。リリングは、死後脳を用いて、このことを裏づけている。ヒトの新皮質は、脳のほかの部分に比べて不釣り合いなほど大きいのだ。では、実際にはなにが起こっているのだろうか？　リリングは、ヒトの皮質における不釣り合いなほどの増大のほとんどが側頭葉の拡大によると主張する。そしてその多くは、側頭皮質と前頭皮質とをつなぐ軸索——脳の長距離の「ケーブル」——からなる白質の増加によっている。リリングは、このうちの大部分が言語の出現と関係していると考えている。というのも、よく知られた言語野——ブローカ野とウェルニッケ野——に加えて、左の前頭葉と側頭葉の外側面の大部分が言語に関与していることが、この数年で明らかになってきているからである。

ウェルニッケ野は、左脳の後方、側頭皮質と頭頂皮質の接合部付近に位置する。それは、側頭平面と呼ばれる両側の組織の一部であり、耳から入ってくる音声を処理してその情報を脳のほかの部分へと伝達する聴覚連合野の一部である。ウェルニッケ野は、言語理解——とくに話されたことばの意味——に関わっていることが知られている。言語は、もっぱら左側の脳に側性化しているので、ほとんどの研究が示しているように、大部分の人間の側頭平面は右よりも左のほうがかなり大きいが、これはそれほど驚くようなことではない。この特徴は長い間、ヒトだけに見られると考えられていたが、1990年代末に、パトリック・ギャノンとラルフ・ホロウェイが、ヒトとチンパンジーの死後脳を用いて側頭平面を調べたところ、驚いたことに、チンパンジーの脳も非対称だということが明らかになった。しかし、チンパンジーは、私たちのような複雑な言語をもたないのだから、このことはなにを意味するのだろうか？　その答えの一部は、ジム・リリングが手にしているかもしれない。彼は、ヒトとチンパンジーで言語処理の脳画像研究を行なった。彼が用いた2頭のチンパンジーは、それまで類人猿言語プロジェクトに参加していたチンパンジーで、したがって多少ではあるが、記号を用いたコミュニケーション能力を有していた。リリングは、チンパンジーに聞かせた単語やモノを示す記号の解釈を必要とする課題を行なわせ、その時に彼らの脳をスキャンした。ヒトの被験者も同じ課題を行なった。リリングは、ヒトと「ことばのわかる」チンパンジーとでは、これらの刺激の処理に違う脳領域を使うことを見出した。ヒトでは、古くから言語野のひとつとして知られている左半球のウェルニッケ野が活動的になったが、チンパンジーではそうではなく、前頭皮質、小脳、視床のさまざまな部分が活動的になった。彼は、この結果を、必ずしもチンパンジーがウェルニッケ野を欠いていることを意味するものとはとらず、チンパンジーがウェルニッケ野をヒトとは違うように――たとえばしぐさ、コール、表情などを解釈するために――使っていると考えている。彼の結論によれば、それは、ヒトが言語だけを処理する脳領域を進化させてきたことを意味する。

引き続いて、リリングとプレウスらのチームは、ヒトの脳でウェルニッケ野とブローカ野の間の連絡を可能にしている構造を詳しく調べた。それは、弓状束と呼ばれる白質線維の太い束である（図18参照）。ヒト、チンパンジー、マカクザルの間で弓状束の伸び方を比較したところ、次のようなことが明らかになった。弓状束は、ヒトの前頭葉のブローカ野に、そしてチンパンジーとマカクザルの脳でも、それに対応するところに伸びていたが、その伸び方はヒトの前頭葉ではるかに広範囲におよび、その端はヒトの側頭葉の深いところにも、しかもかなり複雑に広がっていた。実際、側頭葉へのこうした神経投射はチンパンジーでは極端に弱く、マカクザルでは存在すらしなかった。ヒトだけに見られるこの特殊化は、文の単語の意味に深く関与する2つの領野に広くわたっていた。つまり、弓状束は、側頭葉と前頭葉の両方において言語に関係する領域の広汎なネットワークを束ねていたのである。リリングは、それらがヒトの系統とチンパンジーの系統の分岐後に起こり、ヒトの系統で不釣り合いなほど大きくなった側頭葉の領野だと考えている。

そのほかにも、「細部に宿る秘密」がある。ジョージア医科大学のマニュエル・カザノヴァとダニエル・バックスホーヴェデンは、側頭平面とウェルニッケ野を解像度を上げて調べた。彼らが調べたのは、個々のニューロンではなく、これらのニューロンが集まったミニコラムの形成パターンである。それらは、

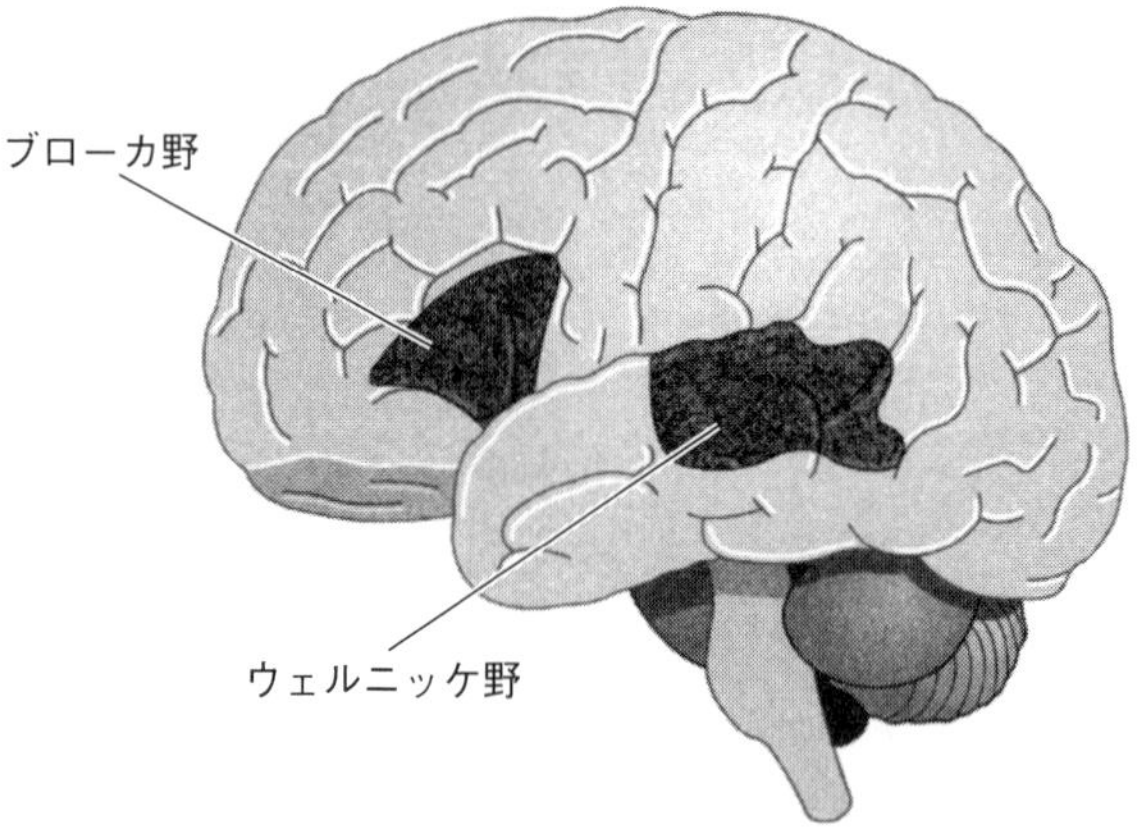

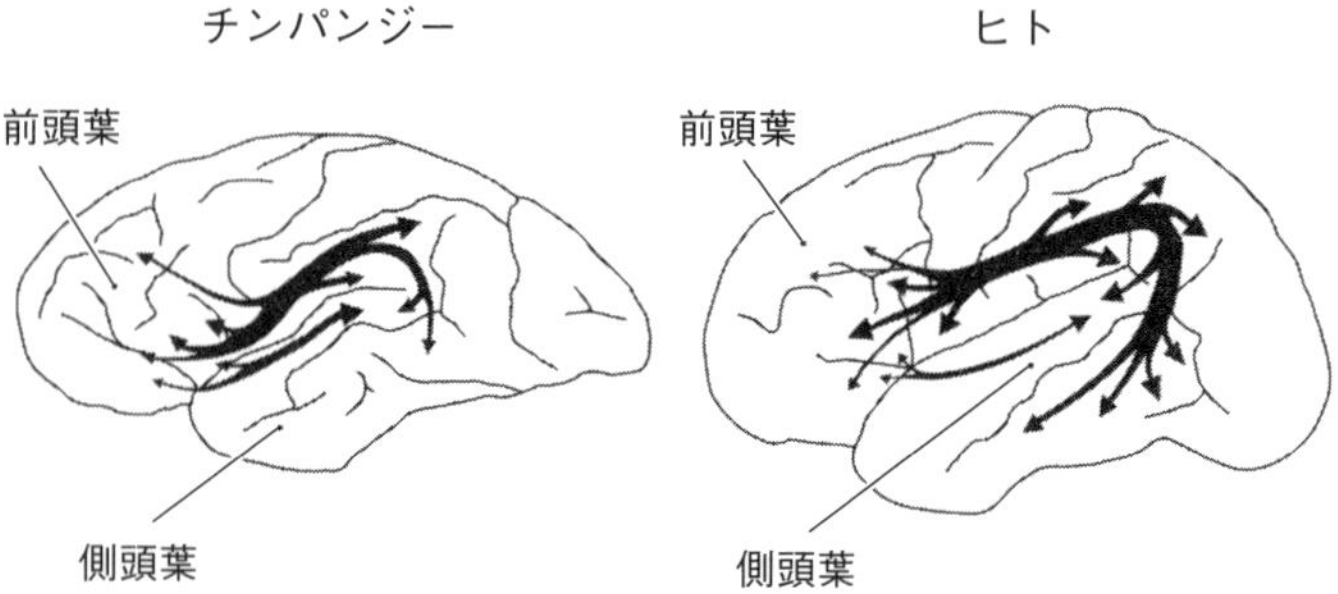

図18　ヒトとチンパンジーの弓状束

80から１００の細胞の集合とそれらの間の連絡である。彼らは、チンパンジーやほかの霊長類に比べ、ヒトではこれらのコラムが大きく、神経線維網の空間（ニューロンの細胞体の外側にあって、細胞体から出た樹状突起が複雑に交錯している空間）も広く、コラムの中心により多くの細胞が集まっていることを発見した。彼らはまた、ヒトのコラムが右脳よりも左脳のほうが大きいのに対し、ヒト以外の霊長類ではそうした違いが見られないことも見出した。このように、言語に特殊化した脳の側には、ヒトだけに見られる再編成（あるいは再配線）がある。これがどのようにして認知的差異を生じさせるのかはまだ不明だが、このミニコラムのより大きくより豊かな構造は、脳のこの部分には大量の相互連絡があることを意味していると考えられる。

ジム・リリングは、相互に連絡のある小脳と新皮質の両方が、体の大きさとの比率の点で、ヒトでもっとも大きいことを見出した。おそらく、両者は、協調し合うシステムとして手をたずさえて進化してきたのではないだろうか？　リリングによれば、証拠が示すように、小脳は動きと認知の両方を精密にする。小脳は、「それが連絡する脳領域のスキルをともなう機能を高める。運動領野との連絡は、動きの速さとスキルを増加させ、一方、認知領野との連絡は、思考の速さとスキルを増加させる」。たとえば小脳は、記憶の検索、言語的流暢さ、そして注意の制御に関係することが示されてきた。小脳は、前頭葉から体が動こうとしていることを示す情報を受けとると、運動皮質への出力を通してそれらの動きを調整する。小脳を損傷すると、ぎくしゃくした、風変わりな動きになる。小脳の異常は、自閉症、ＡＤＨＤ、統合失調症、失読症とも関係している。２章で紹介したように、言語と調音の重度の障害をもったＫＥ家の家族には、小脳に異常があった。

小脳と大脳皮質の間には密な相互連絡があり、その神経線維は４０００万本にもなる。これは、（片方の眼からの）視神経線維の40倍ほどの数だ。小脳は、厖大な連絡をもった巨大なコンピュータであり、効率よく機能するために、脳のほかの部分がどのような内部状態にならなければならないかを予測していると考えられている。これによって、小脳は行為を自動化できる。これが、なぜ、私たちが多少の練習をしただけで、考えなくてもきわめて複雑なことができるようになるかの理由である。言語は、運動の活動と心的べきことを組み立て、単語から文を構成し、記憶から単語を呼び出し、単語を入れ替えて有意味な文を作り上げる。

活動の両方を必要とする。運動の活動は、発話、すなわち言語音の産出であり、一方、心的活動は、言う

リリングによれば、考えられるのは、小脳が前頭前皮質の性能を高め、それによって類人猿やヒトの自己意識、心の理論の構成要素、そして象徴的思考の能力が高められてきたという可能性である。しかし、ヒトの小脳は、たんに類人猿の小脳がスケールアップしたものではない。それは、体重を考慮して修正した場合でも、著しく大きい。そして小脳の一部分である腹側歯状核は、大型類人猿よりもヒトでとくに際立っていることが示されている。小脳のこれらの発達は、私たちの祖先にどのような明らかな利点を与えたのだろうか？　リリングは、例として、振りかぶってものを正確に投げることができることや、器用に道具を製作し使用できることをあげている。これらも、言語にとって明らかな利点をもっていたはずである。というのは、小脳はブローカ野に連絡しているからである。私は、ここではある一般原則がはたらいていると思う。正確な投擲も、手と指の器用な動きも、速く流暢な発話と言語も、きわめて精密な動きの調整という点で共通している。

前頭葉を仔細に見てゆくと、大きく変化してきたいくつもの構造が見え始める。ヒトに至る系統では、大規模な再編成が起こったが、その大部分は、脳の最前部、前頭前皮質で起こった（図19参照）。前頭前皮質の一部である眼窩前頭皮質は、眼窩（眼球が入る頭蓋骨のくぼみ）の上に位置する。それは、判断、洞察、動機づけ、気分と情動反応に関して決定的に重要であり、適切なプランニングや社会行動に関係する感情プロセスに欠かせない。それは、「感じる」脳と「考える」脳を結ぶ重要なリンクだ。

眼窩前頭皮質の重要性を示すもっとも劇的な例は、フィニアス・ゲイジの例である。フィニアスに——彼の遺したものに——会いたければ、ハーヴァード大学の医学部博物館に行くとよい。そこには、彼の損傷した頭蓋が常設展示されている。１８４８年、彼は、アメリカのヴァーモント州で、新たな鉄道線路の敷設工事の現場監督として働いていた。ある日、彼は岩に穴を開けて、そのなかに火薬を詰める作業をしていた。穴を火薬で満たし、それを突き固めていた時だった。突然、火薬が爆発した。鉄製の突き棒——長さが１１０センチで、直径が３センチ——が、彼の顎から入り、左眼の眼窩を通って、頭蓋のてっぺんを突き抜け、30メートル離れたところに落ちた！　驚いたことに、彼は一命をとりとめた（おそらく鉄の棒の先が尖っていて、それが一直線に貫通したからだろう）。しかし、その後の数か月、そしてさらにその後の何年にもわたって、彼の行動は、おかしくなっていった。事故に遭うまでは、陽気で、好感のもてる指導者だったのに、気まぐれで、粗暴で、がさつな人間へと変貌し、気まぐれにバカげた計画を立ててはするものの、すぐにそれを放棄した。数年前、神経科学者のハンナ・ダマジオとアントニオ・ダマジオは、フィニアスの損傷した頭蓋を入念に写真に撮って３Ｄ画像を作成し、その画像を用いて事故を再現した（図20参照）。鉄棒は、彼の左の眼窩前頭皮質をほぼ完全に破壊していた。

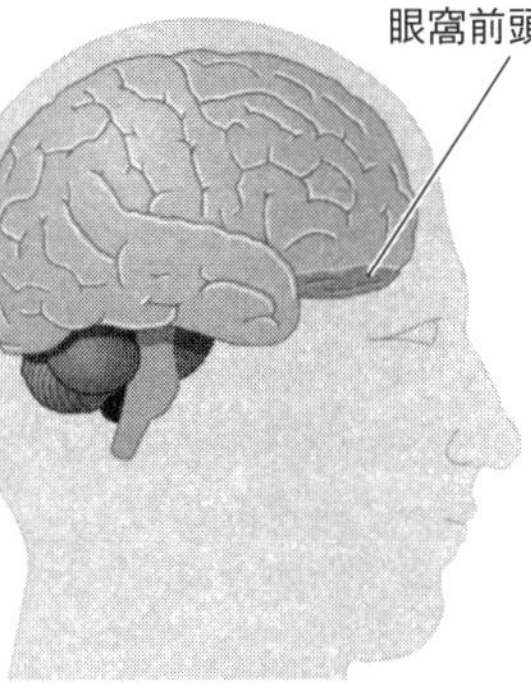

図19　眼窩前頭皮質

　現代のフィニアスたちは、バイク事故で生じることが多い。サドルから猛スピードで投げ出され、硬く不動のものに衝突したと

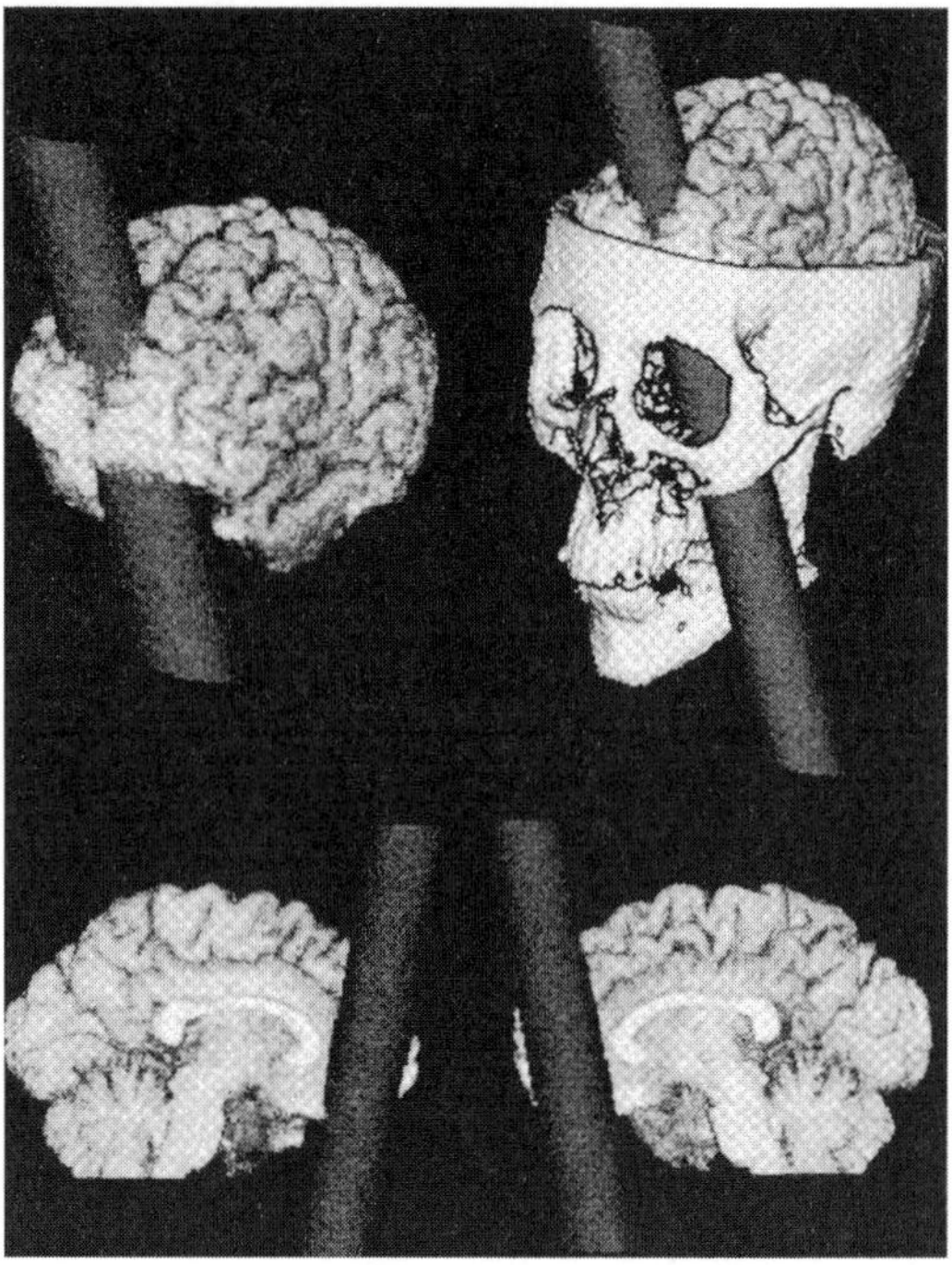

図20　フィニアス・ゲイジの脳の損傷部分の再現

すると、脳は、バケツのなかの湿ったスポンジのように、頭蓋のなかで揺れ動く。眼窩前頭皮質は、前後方向に跳飛することによって、頭蓋の内側の尖った骨突起にあたってひどく傷ついた状態になる。私は、そうした事故の生存者にインタヴューしたことがある。彼は、自分が女性に対して不適切な行動をとったり、結婚相手を選ぶにあたって愚かで破滅的な選択をしたことなどを認めた。届出結婚の式のあと、戸籍登記所の階段のところで、彼の2度目の妻は、彼に向かってこう言ったという。「もう言っちゃうけど、あんたと寝たいなんて思ってもいないわ。ほんとうは、一緒に暮らすなんて考えたこともないのよ。私があんたと結婚したのは、身体障害者証のため。じゃあね！」これは彼を完全に打ちのめした。

カテリーナ・セメンデフェーリは、ヒトとすべての大型類人猿の眼窩前頭皮質を比較した。彼女の目を

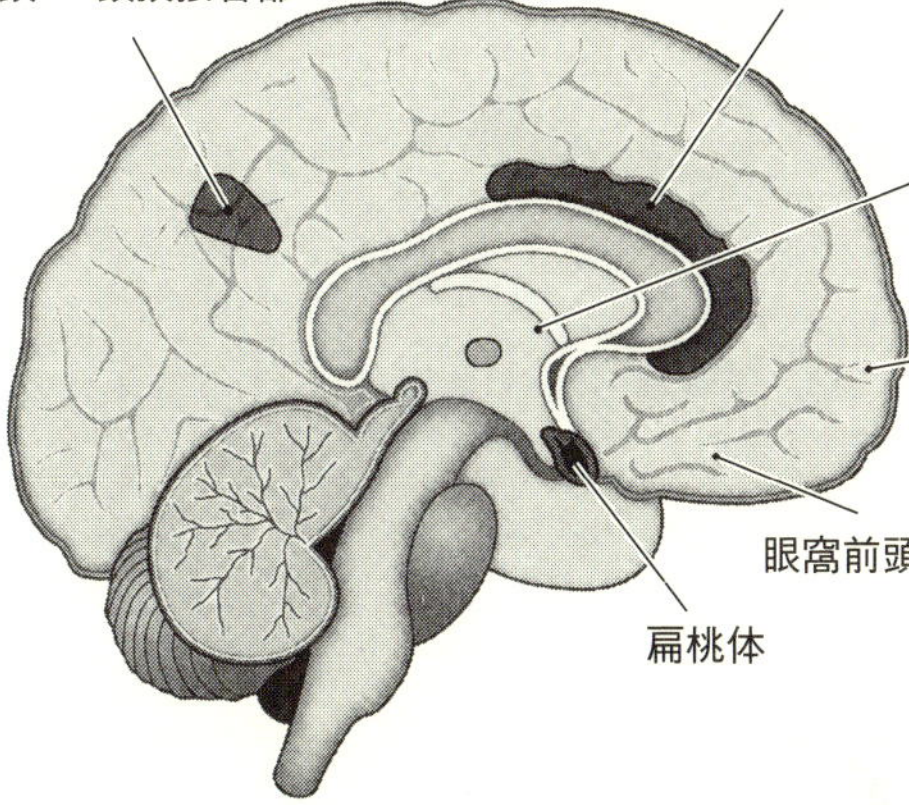

図21　社会脳のおもな構成部分

引いたのは、13野と呼ばれる、眼窩前頭皮質の後ろの小領域だった。この領域は、オランウータンではひじょうに大きく、ゴリラとチンパンジーではそれより小さく、ボノボとヒトではもっとも小さかった。また、眼窩前頭皮質の残りの部分は、ボノボとヒトではかなり複雑な構造をしていた。こうした眼窩前頭皮質の構造の複雑さの程度は、単独性の行動をとり、相対的に社会的でないオランウータンから、複雑な社会性をもつボノボやヒトまで、霊長類における社会性の程度を反映しているように見える。

眼窩前頭皮質は、社会的認知に深く関わっている。それは、互いに連絡のある3つの重要な脳領域——前帯状皮質、島皮質、扁桃体——に投射していると同時に、前頭前皮質の新しい高次の部位にも投射している。密な相互連絡のあるこれらの脳部位は、まとめて「社会脳」と呼ばれている（図21参照）。これまではサル、類人猿、ヒトで広く研究が行なわれてきたが、最近、ヒトとほかの霊長類の間には全体的な形態、内部組織、細胞の構造レベルで重要な進化的差異がいくつもあることが発見された。多くの研究者は、これらの差異が社会的認知におけるヒトに特有な重要な特性を反映していると考えている。

扁桃体は、脳の情動の中枢であり、とりわけ情動に関係した表情に反応する。ヒトでは、扁桃体を損傷すると、恐怖の表情をした顔を見ても、その情動がわからず、大きく見開かれて釘づけになった目――私たちの大部分にとっては、その人が恐怖心にかられているというサインだが――に注意が向かなくなる。

最近、カリフォルニア大学サンディエゴ校のセメンデフェーリのグループは、ヒトも含む霊長類の多数の種で扁桃体を詳しく調べている。ヒトの扁桃体は、絶対的な大きさでは、類人猿の扁桃体よりもはるかに大きかったが、ヒトの増大した脳のなかの比率で見れば、逆に類人猿よりも小さかった。しかしここでも、秘密は細部に宿る。扁桃体の、鍵を握る部分のひとつ、外側核は、類人猿に比べてヒトでは、扁桃体に占める割合がかなり大きかったのである。この外側核は、側頭葉と眼窩前頭皮質に連絡をもっている。

マサチューセッツ工科大学のレベッカ・サックスは、社会的認知のいくつかの側面――「心の理論」――がヒトに特有であり、脳の構造の違いに反映されていると考えている。たとえば、認知の比較研究が示すように、ヒトの子どもも類人猿も、相手の顔、身体、動作に注意を向け、目標や知覚といったごく基本的な心的状態がわかる。しかし、ヒトだけが、心の表象的理論と呼ばれる高次の心の理論を発達させる。これは、心的状態の内容（なにについての正しい信念（あるいは誤った信念）か）を理解し、相手がなにをほんとうだと感じたり思ったりしているかを理解する能力である。つまり、ほかの人間の頭のなかにある信念を表象する能力である。サックスは、側頭葉と頭頂葉の境界にある側頭‐頭頂接合部と呼ばれる領域が、信念の理解の座だと考えている。

側頭‐頭頂接合部は、物語の登場人物についてのより一般的な記述（たとえば、彼女はお腹が空いているとか、疲れているとか）には反応せず、信念や誤信念を含む物語に強く反応する。それは、表象的内容をもっていなければならない。それは、自分以外の人間の視点――ある対象がほかの人間にはどう（自分とは異なって）見えるか――、すなわちほかの人間の身になって考えることとも関係する。この意味で興味深いのは、側頭‐頭頂接合部が、身体離脱体験――自分の体から抜け出て、体を冷静に見下ろすという体験――に関係しているということである。

側頭‐頭頂接合部近くの頭頂葉の領野は、楔前部（けつぜんぶ）と呼ばれている。ここは、fMRIによって最近計測が行なわれるまでは目立たない部位だったが、いまはスターの座に着きつつある。というのは、一部の神経科学者がこの部位こそヒトの意識にとってもっとも重要な部分だと主張しているからである。ここは、きわめて複雑な内部構造をしていて、代謝率もひじょうに高い（ほかの大脳皮質領域よりもグルコースを3分の1余計に消費する）。さらにここは、チンパンジーと比べて、ヒトではかなり大きく、内側前頭前皮質――脳のなかではもっとも最近に進化した領野のひとつで、こめかみのちょうど後ろに位置する――との間に強い連絡がある。ここは、ヨガをしている時や黙想している時に極度に活動するが、このことが、なぜこの部位がヒトの自己意識にとって不可欠と考えられているかの理由である。

しばしこの本を脇において、静かに椅子に座ったまま、前頭前皮質でなにも考えないようにしてみよう！　数分するうちに、あなたの心は漂い始めるだろう。白昼夢と呼べるような状態かもしれないが、いずれにしても、しばらくすると、最近の出来事――たとえば、朝食の時に子どもたちになにが起こったか、なぜ先日取引先の相手の振る舞いが変だったのか――が心に浮かぶようになるだろう。もちろん、このように心を自由に漂わせると、視覚イメージが浮かび、あなた自身に向けて過去や未来の出来事について語るのが「聞こえる」。ジム・リリングとトッド・プレウスらのグループは最近、チンパンジーとヒトで、ある問題を解くことに集中している時ではなくて、脳が「休息状態」にあって心が漂っている時の脳活動を比較する実験を行ない、驚くべき結果を報告している。彼らが発見したのは、ヒトがそうした休息状態にある時には、内側前頭前皮質（ＭＰＦＣ）と内側側頭皮質が高い活動レベルを示すということだった。どちらの領域も、自分や他者の心の状態について考える時、過去の出来事や場所を回想する時、未来について考えたり過去を思い出したりする（心のなかで時間旅行をする）時、そして他者の視点に立ってみる時に関係している。彼らは、左の側頭葉後部や頭頂葉下部など、外側皮質の活動レベルが高いことも発見した。これらの領域は、世界についての理解の記憶に関与している。彼らは、ブローカ野とウェルニッケ野の間の連絡における活動も記録した。心が漂っている時には、私たちは、ことば――内言――を使っているのだ。

チンパンジーも、ＭＰＦＣ、内側頭頂皮質、そして前頭皮質のほかの部分が高い活動性を示したという点で、ヒトに似ていた。しかし両者には、違いがいくつか見られた。ＭＰＦＣでは、ヒトは背側領域でもっとも高い活動性を示したのに対し、チンパンジーでは腹側領域の活動性のほうが高かった。背側のＭＰＦＣは、自分の考えだけでなく、他者の考えについて考える時にも関与しており、一方、腹側のＭＰＦＣは、より感情の処理に関わっている。リリングによれば、チンパンジーの脳の休息状態は、ヒトの脳の休息状態よりも高い情動的内容をともなっており、思考に対して情動状態の内容が大きな割合を占めているのかもしれない。ここで重要なのは、ＭＰＦＣがヒトで並外れて大きくなったもうひとつの脳領域だということである。

結果のなかでとくに際立っているのは、チンパンジーでは、ヒトでの言語の生成と処理に関係しているすべての領野――左の前頭葉、頭頂葉、側頭葉の領域――で活動が見られなかったことである。これらの領野は、概念的処理、知識を構造化するための操作、問題解決、プランニングに関与しており、これらは、脳が休息状態にある時の認知に関してヒトとチンパンジーを明確に分けるきわめて重要な側面である。このように、類人猿の場合、夢想するにしても、そのやり方はヒトとはかなり違っているように見える。彼らの夢想は、情動で満たされたスナップショットであり、一方、私たちの夢想は、筋書きが複雑で、対話が豊富にあり、未来の計画や過去の思い出も詰まっており、詳細に描かれた人物たちも登場する、心のなかで上映される映画のようだ。

1999年、紡錘細胞という、ヒトと大型類人猿だけに特有の新しい種類の神経細胞が初めて報告された。発見したのは、ジョン・オールマン率いるカリフォルニア工科大学の研究グループである。紡錘細胞は初め、前帯状皮質と呼ばれる脳領域で見つかった。帯状と呼ばれるのは、それが、左右の脳半球をつなぐ神経線維の大きな束である脳梁のまわりをとり囲む組織をなしているからである。前帯状皮質は、一方は、血圧、心拍数、内臓感覚（いわゆる自律神経系）、表情のような情動刺激や痛覚などの基本的情報、もう一方は、注意、（とりわけ矛盾する情報に直面した場合の）意思決定、報酬の期待、発声と言語、共感などのより複雑な高次の認知機能、この両者を統合する驚くべき合流点だ。実際、前帯状皮質は、怒りであれ、愛情であれ、欲望であれ、強い情動を感じている時に、活動的になる。痛み、飢え、渇きや息切れといった強烈な感覚のどれも、この前帯状皮質を活動させる。さらに前帯状皮質は、扁桃体や島皮質（「社会脳」のもうひとつの部分)、それに前頭皮質や頭頂皮質の数多くの領域とも強く結びついている。

オールマンのグループは、前帯状皮質にある紡錘細胞の数を大型類人猿間で比較してみたところ、それが高等霊長類の社会の複雑さを反映していることを見出した。紡錘細胞はオランウータンではまれだった(全錐体細胞中の0・6%以下)。ゴリラで多少見られるようになり(2・3%)、チンパンジーはそれよりも多く(3・8%)、もっともよく見られたのはボノボとヒトだった(それぞれ4・8%と5・6%)。ヒトでは、それらは、典型的には3つから6つの細胞のまとまりをなしているように見えるが、チンパンジーでは単独か、まとまっていても2つである。2006年までには、オールマンらは、紡錘細胞をもつ動物種のリストに鯨類——ザトウクジラ、ナガスクジラ、シャチ、マッコウクジラ——も加えた。類人猿とクジラの共通祖先は9500万年前にさかのぼるので、紡錘細胞は明らかに収斂進化の例だと言える。この細胞は、脳の大きな動物において皮質に散らばったさまざまの部位において、複雑な社会的・感情的反応を処理し拡大する上で、とりわけ重要な役割をはたしているのかもしれない。それらは、脳の長距離の伝達役だ。オランウータンからヒトまでの間で、紡錘細胞の数が増えるだけでなく、個々の細胞体も大きくなり、細胞体が大きくなるほど、細胞間の軸索のネットワークも密で豊かになる。それゆえ、それらの紡錘細胞が脳のほかの部分への広汎で長距離の連絡をもっていることが考えられる。

オールマンは、これらの連絡のうちひとつにとりわけ関心を寄せている。その連絡によって、前帯状皮質は、紡錘細胞を介して、情報を脳の前頭葉の最前部——内側前頭前皮質(MPFC)——に出力する。オールマンによれば、社会的知能の核心はこのつながりにある。MPFCは、過去経験から記憶を引き出し、「次の手」を考えるためにこの記憶を使う。MPFCはとりわけ、人々を、自分の決定がほかの人たちに直接影響をおよぼすような道徳的ジレンマ状況におくと、活動的になる。彼によれば、前帯状皮質との連絡は、行為の動機づけ──とりわけ過去に誤りをおかしたという認識──を伝達し、過去の過ちから学ぶことを可能にする。オールマンは、この能力こそが、人間が成熟するにつれて社会的洞察と社会的経験を重ねて自制心が発達することと関係している、と言う。実際、子どもからおとなへと成長してゆくにつれて、前帯状皮質は、代謝活性の着実な増加を示す。社会的知能のもっとも複雑な力はここで処理されているのだから、MPFCが大型類人猿よりもヒトで、絶対的にも相対的にも大きく、それが、オランウータンからヒトへと、前帯状皮質における紡錘細胞の数と同じ順序で大きくなるのが明らかになったとしても、驚くようなことではない。

2003年、ジョン・オールマンは、脳の紡錘細胞の領土を、島皮質を含むように拡張した。この領野は、眼窩前頭皮質──まえに述べたように、これからの計画や適切な社会行動といった複雑な社会的認知の処理を行なっている──に隣接している。ヒトの島には8万2855個の紡錘細胞があり、ゴリラの1万6710個、ボノボの2159個、チンパンジーの1808個に比べ、群を抜いている。

島皮質については、最近までほんのわずかのことしかわかっていなかった。というのは、それが脳の中心にあって、側頭葉と頭頂葉の脳葉に隠され、調べるのが難しかったからである。fMRIの脳画像技術の到来によって初めて、その正体が明らかになり始めた。島皮質は、扁桃体や辺縁系のほかの部分と豊富な連絡をもっていて、前帯状皮質へ、そして前頭前皮質へも連絡している。前帯状皮質と同じく、島皮質は現在、皮膚上のひじょうにさまざまな受容体からの、また内臓からの情報、そして呼吸器系と心臓血管系のきわめて基本的な情報を処理し、それらを主観的な気分に変換するところだと考えられている。ここでは、たとえば口にひどい味の食べ物を入れた時や、不快なものを見た時に、それが嫌悪感へと変換される。島皮質の前部は、前帯状皮質とともに、他者に対する共感に関係している。というのは、どちらも、痛みによる悲鳴を聞いた時や、痛がったり苦しんだりしている他者を見た時に、とりわけ反応するからである。島皮質は、タバコやお酒が欲しくてたまらない時や、麻薬常習者が薬が欲しくていてもたってもいられない時にも、活動的になる。島皮質は、社会場面で冷たくあしらわれたことを記録し、拒絶や当惑の感覚をもたらす。神経科学者アントニオ・ダマジオによれば、そこは心と身体が出会う場所であり、内臓からの情報が内臓的反応（ヴィセラル・リアクション）——文字通りのガット・フィーリング（直観）——になる場所である。これらの感覚は、右の島皮質の前部に表象されている。ここは類人猿では大幅に拡張されており、ヒトでも同様である。

前帯状皮質、島皮質、前頭前皮質のヒトに特有のこれらの違いはどれも、実際的な重要性をもっている。ジョン・オールマンによれば、それらは道徳的直観の神経基盤である。彼の主張によると、道徳的直観は、複雑で、不確実きわまりない、急速に変化する社会的状況のなかで私たちをガイドする広い範囲におよぶ社会的直観の一部であり、生きてゆくなかで経験を積むにつれて調整されてゆくのだという。「社会脳」のこれらの重要な構成要素のひとつが障害されただけでも、道徳的直観と社会的判断がどれほど損なわれてしまうのかは、フィニアス・ゲイジの社会的能力に起きた劇的変化を例にあげるだけで十分だろう。

オールマンは、道徳的直観への主要な入力が島皮質にあると考えている。彼によれば、すべての哺乳類では、島皮質は、摂食と消化に関わる運動系と感覚系の神経的表象を含んでいる。それは、飢えや渇きや特定の食べ物に対する渇望を記録することによって摂食を調節したり、まずい、あるいは苦い味や匂いを記録してそれを嫌悪感（多くの場合むかつきや吐き気をともなう）へと変換することによって、毒物を拒否したりすることに関わっている。（彼によると、霊長類、とりわけヒトには、身体から来る付加的な一連の入力信号——鋭い痛み、鈍い痛み、冷たさ、温かさ、痒みや官能的な触感の信号——、すなわち多くの体表面の身体的自覚がある。）こうした摂食の調節は、渇望と嫌悪（まずい味）の対立する極として表現される。オールマンの考えでは、この渇望‐嫌悪という2極が、さまざまな複雑な社会的感情の進化的鋳型としてはたらき、それらの社会的感情も、たとえば愛‐憎しみ、信頼‐不信、誠実‐ごまかし、思いやり‐軽蔑といった2極として表わされる。これらの対の前者は一般に社会的絆を促進し、後者はそれを破壊する。つまり、向社会性と反社会性の極である。

オールマンによれば、幼い子どもには、内臓的反応（ヴィセラル・リアクション）と道徳的直観とが並行して発達するのを見ることができるという。子どもの味覚は、甘みや辛みといった単純な味覚であるのに対し、おとなの味覚は、苦みや渋みなどのように、より複雑である。道徳的直観も、白か黒かのような2極の単純な「善悪」の感情から出発し、成長するにつれて、さまざまな色合いの感情を発達させる。これは、社会脳の代謝活性に反映されるだけでなく、島皮質と前帯状皮質の両方での紡錘細胞の集団の出現にも発達的側面をもつ。ヒトでは、紡錘細胞は妊娠35週まで出現せず、出生時にはその数が成熟時の15%しかない。このことから、出生直前の胎児の発達期における医療的傷害や幼少期の恵まれない環境によって、紡錘細胞の発生が損なわれ、それがのちの反社会病質につながっている、という推測も成り立つ。同様に、紡錘細胞は、社会的情動に専門化している右半球に多い。道徳的直観と自己意識の障害や奇妙なユーモアに特徴づけられる前頭側頭型認知症では、紡錘細胞が選択的に壊れている。

この神経生物学的システム全体はすべて進化的に最近出現した、とオールマンは主張する。第一に、霊長類では島皮質への入力がある。島皮質は、ヒトでは大きくなり、痛み、冷たさ、温かさ、触感をあつかっている。第二は、新たな回路の構成要素である紡錘細胞が出現したこと、そしてとくにヒトでそれが精密化したことである。第三は、ヒトでの内側前頭前皮質――とりわけ情動場面での道徳的意思決定に関与している――の不釣り合いなほどの拡張である。これには、ヒトに特有の扁桃体の特殊化を加えることもできる。要するに、そのシステムは脳内の驚くべきエンジンであり、内臓的感覚、他者の痛みや表情の知覚を感情へと、最終的には複雑な社会的プランニングや適切な行為――気まずい会話を避けるために「唇を噛む」ことから、相手を傷つける可能性に配慮しながら、プランを練ったり、どのように行動したらよいかを決めることまで――へと変える。内臓的感覚は、道徳的直観へと変換されるのだ。

私たちがだれかと相互作用する時、その相手がなぜそのことをしているのか、どう感じているかを、難なく即座に把握できるのは、私たちが相手の心を読めるからである。私たちは、相手の顔に浮かんだ複雑な感情を即座に読みとって解釈し、相手の行為を自動的に、信念、欲求、意図の点から説明する。私たちは、相手がなにをしてどう感じているかを直観的に把握するように見える――実際、数学の難問を解く場合のように真剣に考える必要などない。あなたも、だれかと会話をしていて、その人が足を組んだ時にあなたも足を組んだり、あなたが首の後ろに両手をまわして組んだ時に、鏡に映したかのように相手も同じような動作をしたことに突然気がついたことがあったかもしれない。心理学者はそれをカメレオン効果と呼ぶ。このような身体動作の点でもっともよいカメレオンになれる人は、他者に対してもっとも敏感で、共感的であるということがわかっている。これらの社会的現象すべてにおいて、私たちが他者の行為と感情がわかるのは、私たち自身が同じ行為と感情を体験できるからである。おそらくなにかが、自分と相手とを結びつけている。私たちがほかのだれかの行為を即座にパントマイム――滑稽さを強調したパントマイムであれ、真剣なパントマイムであれ――でまねすることができるのは、他者が私たちに、木片を精巧に彫って彫像に仕上げるには鑿(のみ)をどう使えばいいかを示してくれるからであり、私たちは、自分でそれをするために、彼らの行為を正確に模倣する必要があるからである。世界中の神経科学者は、自分たちが、人々の間のこのリンクした潜在的理解を担当する脳内の神経構造を発見した、と考えるようになっている。彼らは、前頭葉、側頭葉、頭頂葉に、彼らが「ミラーニューロン」と呼ぶニューロン集団があることを突き止めた。そう呼ぶのは、それらが、私たちがだれかのする特定の動作を見る時にも、私たち自身がその動作をする時にも、あるいは私たちがだれかに特定の感情を見る時にも、自分でその感情を感じる時にも、活動するからである。同じ神経細胞が、観察と実行という二重の機能をはたしているように見える。私たちがこうした社会的認知ができるのは、視覚皮質と脳の概念化を担当する無数の部分とが複雑で高次の相互作用をして全体をひとつにまとめるからではなく、視覚情報を観察者の一人称的な動きの知識へと(彼らの表現を借りると)直接貫通させる――経済的な一群のニューロンにおいて「彼がすること、感じること」を「私がすること、感じること」に直接結びつける――ことによっているからである。これらの神経科学者たちは、ヒトのミラーニューロンシステムが他者の行為や感情の理解をするだけでなく、さらにそれ以上のことをしていると考えている。彼らは、それが、私たちが他者のすることを模倣する際のそのきわめて正確な忠実さ――これによって師匠が自分の技を、それを見習う弟子に伝えてゆける――の基礎であり、これがヒトの文化の指数関数的増大を説明すると考えている。彼らは、ヒトの言語がどのように進化したのかを説明できるかもしれないとも思っている。とはいえ、ここで公平を期しておくと、研究者のなかには少数ながら、ヒトでの高度なミラーニューロンシステムはもとより、ヒトにそうしたシステムがあること自体を真剣に疑っている人たちがいる。しかし私は、ここでは多数意見のほうをとった。

ミラーニューロンは、イタリアのパルマ大学のジャコモ・リツォラッティのグループによって、最初にサルの脳で発見された。彼らは単一ニューロンの活動を記録するために、サルの脳に電極を埋め込み、サルが物体や食物をつかむ時に発火するニューロンから記録をとることに成功した。しかし、彼らも驚いたことに、これらの同じニューロンが、ほかの個体（あるいは実験者）がその同じ物体をつかむのを見た時にも発火したのである。実際、報告によると、電極を記録装置につないであった1頭のサルが、たまたまソフトクリームを幸せそうにほおばりながら実験室に入ってきた実験助手を驚かせることになった。記録装置が勢いよく動き出し、ニューロンが発火していることを示したのだ！　これらのニューロンは、前頭葉のF5と呼ばれる領野にあった。この領野は、ヒトではブローカの言語野にあたると考えられている。

ミラーニューロンの一部は、音にも反応した。それらは、ピーナッツが割れるのを見た時や、紙を裂くのを見た時に発火したが、暗いなかでピーナッツが割れる音を聞いた時も、発火した。したがって、これらの「聴視覚」ミラーニューロンは、行為をしているか、その行為を見ているか聞いているかに関係なく、その行為を表象できるのだ。さらに別の研究から、ミラーニューロンが、サルが摂食とコミュニケーションのどちらかに関係する口の動きを観察するか、その動きを自分がするかした時に発火するということもわかった。とりわけ、この種類のミラーニューロンのおよそ80％は、食べ物をつかんで口に入れたり、食べ物を砕いたり吸ったりというような、食物を摂取することに結びついた行為に反応するという点で、

「摂食」ニューロンである。残りの20％は、コミュニケーションをする時に必要な口の動き（口を鳴らすことも含む）に対してだけ反応する。

サルのミラーニューロンシステムは、まわりにいる他者の行為の理解を可能にする。なぜなら、彼らがある行為を見ると、彼らの前運動野（F5）のニューロンが活動的になり、その行為の運動表象を生じさせるからである。この運動表象は、自分が同じ行為――すでに「自分のレパートリー」に入っている行為――をする時にそのニューロンに生じる信号に対応する。リッォラッティによれば、このようにして、視覚情報は知識へと変換される。ミラーニューロンは、サルが自分の頭のなかで外の世界の行為をシミュレーションすることを可能にする。見ることは理解することになるのだ。

サルの脳内での外的世界の「仮想現実」のシミュレーションは、模倣と同義であるように見える。しかし、これまでの長年の観察からわかっているのは、サルはほとんどまねないということである。彼らのミラーシステムは、他者の行為の理解に限られ、その行為を正確にまねすることが必ずしもできないように見える。だとすると、もしヒトにもミラーシステムがあるのなら、私たちにははるかに強力な社会的認知を与えるヒトのミラーシステムとサルのそれとの間には、どのような違いがあるのだろうか？

パーキンソン病などの病気の治療のために頭蓋を開いて電極を埋め込むような場合を除けば、ヒトでの単一細胞の記録は不可能である。しかし、ｆＭＲＩと経頭蓋磁気刺激法を用いた一連の巧妙な実験によって、これらの研究者は、ヒトで活動しているミラーニューロンシステムの特定が十分可能だと考えている。彼らは、運動皮質のちょうど前方にあって、直接的にはサルのＦ５野に相当するブローカの言語野を含む前頭葉の部分にミラーニューロンを発見したと主張している。さらに、ミラーニューロンを下頭頂皮質にも、また側頭葉の一部にも発見したという。すなわち、ヒトとサルでは、直接的な対応が見られるのだ。では、ヒトのミラーシステムはサルのそれよりも高い認知レベルで、どのようにはたらいている可能性があるのだろうか？　答えの一部は、その大きさにあるのかもしれない。これら3つの脳領域はどれも、シルヴィウス裂――大脳の側面を前から後ろへと上がるように走る深い裂溝――の縁上にある。それゆえ、それらは傍シルヴィウス裂領域と呼ばれる。ヒトのこの領域とチンパンジーのそれとを比べてみると、両者の間で大きさの違いがもっとも増したのは、ここだということがわかる。ヒトでは、この領域が大きく膨らんでいるのだ。答えのもうひとつの部分は、ヒトのミラーシステムが連絡している脳のもうひとつの部分――とりわけ、すべての高次の認知を司る部分である前頭前皮質――にもあるに違いない。いずれにしても、これは、ある行為のたんなる潜在的理解ではなく、その行為の目標のはるかに豊かで深い理解をヒトのシステムにもたらしている可能性が高い。

この点で、ミラーニューロンの研究者は、ヒトのミラーシステムがサルのそれよりもはるかに抽象的なやり方で――大きな自由度をもって――はたらくと主張してきた。たとえば、ヒトのミラーシステムは、観察された行為の文脈をよく理解しており、中身を飲むために手がマグカップをつかんでいる場面と、片づけるために手がマグカップをつかんでいる場面とを区別しており、手が目的をもって（なにかをつかむために）伸ばされる時だけでなく、なにもないところで手がその動作をパントマイム風にまねても発火する。簡単な言い方をすれば、「ボールを蹴っても、ボールが蹴られるのを見ても、ボールが蹴られる音を聞いても、『蹴る』ということばを聞いても、それらは反応する」。最後に、サルのミラーシステムは行為全体（手がマグカップをつかむ）をひとつのものとして表象できるだけだが、一方、ヒトのミラーシステムは行為を時間的に細かな部分へと分解する――行為をはるかに詳細に分ける――ことができ、その結果、観察された行為の細部をはるかに正確に反映するようになる。このような忠実さは、正確な模倣にとって欠かせない。

言語についてはどうだろうか？　ミラーシステムのシミュレーションがやはりその基礎にあるのだろうか？　ブローカ野の内側の奥深くは、ひじょうに複雑である。私たちは、そこを、発話と言語の理解や生成だけを担当していると考えているが、しかしそうではない。そこは、信じられないほど複雑な内部構造をしており、音韻（言語音）、意味（言語の意味）、統語（文を作るための単語の並べ方の規則）、手の動き、口の動きがすべて表象されている。このことは、手や口の動きと言語との間には進化的関係があることを物語っている。セント・アンドリュース大学のデイヴィッド・ペレットと共同研究者のクリスチャン・ケイザーズは、私たちの側頭葉の聴視覚ニューロンは、他者が発話の口の動きをしているのが「見え」――あるいは赤ちゃんが発話に先立つ「喃語」を発しているのが見え――、同時に自分が赤ちゃんのように話すのが「聞こえる」と示唆している。もしこれらがブローカ野の適切なミラーニューロンへと連絡しているなら、私たちは、他者が言語音を発するのを見て、それと同じ音を生み出すように口の動きを訓練することができるだろう。実際、これが言語進化の運動理論だ。リツォラッティ自身も、南カリフォルニア大学のマイケル・アービブとともに、身振りが言語への重要な足掛かりだったということを強調している。彼らによれば、ヒトのミラーシステムは、きわめて複雑な身振りの連続――パントマイム――をすぐに模倣することを可能にし、このパントマイムが原初的発話につながり、そしてこの原初的発話が原初的言語を形作るのだ（ちょうどらせん階段をどんどんのぼってゆくように）という。ミラーニューロンは、言語のきわめて重要なひとつの要件を満たしている。言語も煎じつめれば、双方向のコミュニケーションという形式に「すぎない」。

口の動きも、身振りも、ブローカ野に表象されているので、言語の生成においてミラーニューロンのはたす役割を支持する確かな証拠がある。では、言語の意味――意味論――についてはなにが言えるだろうか？　身振りによるコミュニケーションのレベルでは、意味は、身振りのなかで表現されているが、話されることばの場合には、単語の意味と、それを発音する口、唇や喉の動きとは、無関係である。どのようにして私たちは抽象的な意味へと飛躍するのだろうか？　手や腕の動作と発話の動作とが同一の神経基盤を共有していることが示されれば、助けになるかもしれない。実際、そうだということを示す証拠が、わずかながら出されている。実験は、手の動きの運動皮質の活動が、ものを読む時にも、話す時にも、左半球で増加することを示している。別の実験では、被験者が大小どちらかのモノをつかみ、同時に口を開くように言われた。口の開きは、つかむモノが大きくなるにつれて、大きくなった。口を開く代わりに、音節を発音するように言われた場合には、声量は、つかむモノが大きくなるにつれて大きくなった。ほかの人が同じ大小のモノをつかむのを観察する時にも、口の開き方も、音節の発音もそれに応じて変化した。

もう一方で、単語の理解は、私たちが食べる時にする口の動きをモニターすることに関係したミラーシステムの活動から発展してきたのかもしれない。ある実験では、被験者が舌の筋肉の電気的活動を記録するため電極をつけ、さまざまな単語、偽単語や複調音を聞いた。このうち、単語と偽単語には、摩擦子音のff（舌をわずかに動かさなければならない）かrr（強めに舌を巻かなければならない）かが含まれていた。rrの単語を聴いた時には、ffの単語を聴いた時よりも、舌の筋肉にはるかに大きな反応が引き起こされ、舌は、偽単語よりも単語により強く反応した。別の実験では、被験者が連続的に文章を聴くか、非言語音を聞くか、発話に関係した唇の動きを見るか、あるいは目や眉毛の動きを見るかしている時に、唇と手の筋肉の動きの信号が記録された。発話を聞く時がもっとも大きな信号を記録したが、それは、舌だけにおいて、しかも脳の左半球が刺激された時だけであった。これらの実験を行なった研究者は、これが、実際の単語を聞く時に、その単語の生成を可能にする運動中枢も活動する証拠だとみなしている。

多くの認知科学者は、自己認識を他者の心の理解につながる基本的な序曲と考えているが、こうした自己認識も、ミラーニューロンのもつ特性なのだろうか？　神経科学者のヴィラヤナー・ラマチャンドランは、そうだと言う。彼は、エリック・アルトシューラーらとの共同研究のなかで、間接的ながら、頭皮表面から脳波を記録することによって、自閉症児がミラーニューロンのシステムを欠いていることを示した。このことは、自閉症児が共感、心の理論、言語スキル、模倣などの能力が欠如していることを説明する。この結果は、fMRIによる脳画像研究によって確認されている。私たちの大部分は、ブローカ野で、他者を模倣することによってその意図を知るが、自閉症児は、ブローカ野でミラーニューロンの活動を示さなかったのだ。

ラマチャンドランは、ミラーニューロンが下頭頂小葉――大型類人猿と、のちにヒトで拡張が加速した組織――にもたくさんあると主張している。彼によると、脳がさらに進化するにつれて、この小葉は2つの回に分かれた。ひとつは、自分自身の予想される行為について考えることを可能にする縁上回(えんじょうかい)であり、もうひとつは、自分自身の身体について、そしておそらくは自分自身のより社会的・言語的側面について考えることを可能にする角回(かくかい)である。ラマチャンドランのグループは、霊長類のなかではヒトの角回がもっとも発達しているということを発見した。彼は、ここをヒトの脳の「メタファー中枢」と呼んだ。角回を損傷した患者の場合、ほかの知的機能は損なわれず頭脳は明晰であるのに、メタファーを理解できず、すべてのものごとを字句通りに解釈した。「これらすべてはどのように自己意識につながるのか?」、とラマチャンドランは問う。「自己意識とは、ミラーニューロンを使って『あたかもだれかほかの人が私を見るように、私自身を見る』ことなのだろう。他者の視点をとるのを助けるために初めは進化したミラーニューロンのメカニズムは、自分自身を見るために内側へと向くようになった。すなわち、内観である」。

クリスチャン・ケイザースは、罪、恥、プライド、困惑、軽蔑、渇望といった複雑な感情が、ヒトに特有の島皮質のミラーニューロンシステムによっている、と主張している。これが、そっけない拒絶の場面を見ただけでも、拒絶の痛みや屈辱を生じさせるのだ。しかし、ジョン・オールマンらは、ヒトの社会的認知における島皮質の役割が、紡錘細胞の集団を反映していると主張している。いまのところ、島皮質のミラーニューロンと紡錘細胞とが同じものなのかどうかについての説明はない。2つの研究グループは、話し合うことはしていない。というのも、紡錘細胞の研究は解剖学にもとづいており、一方、ミラーニューロン研究は生理学的測定にもとづいているからである。いまのところ、ミラーニューロンは「目に見える形で示され」てはいないし、リアルタイムでの紡錘細胞の発火も観察されてはいない。私は、紡錘細胞が特殊なタイプのミラーニューロンだとわかっても驚かないだろう。紡錘細胞とミラーニューロンが同一ではないとしても、少なくとも、2つのシステムが機能的に重なり合っていると考えて間違いはないだろう。

レベッカ・サックスは、ハーヴァード大学の認知心理学の教授マーク・ハウザーらと共同で、道徳的判断をする際に感情がどのような役割をはたすのかを調べてきた。前述のように、フィニアス・ゲイジは、火薬を詰める鉄の棒が頭を貫通するという悲劇的な事故のあと、社会的判断が大きく損なわれた。アイオワ大学のアントニオ・ダマジオは、ゲイジと同じく眼窩前頭皮質を損傷した多数の患者を調べているが、ハウザーとサックスは、これらの患者に路面電車問題と呼ばれる古典的な道徳的ジレンマ問題を課した。あなたが路面電車のポイントの切り替え地点に立っているとしよう。本線では、5人の作業員が線路の補修の作業をしているが、近づいてくる電車にまったく気づいていない。分岐線では、ひとりが作業中だ。もしあなたが即座にポイントを切り替えたら、電車を分岐線へと逸らすことができる。ひとりは死ぬが、5人は助かるだろう。ほとんどの人は、この実利的なほうをとってポイントを切り替え、眼窩前頭皮質損傷の患者もそうする。では、今度は、あなたが線路にかかった橋の上にいるとしよう。5人がその下で作業中だが、近づいてくる電車に気づいていない。切り替えポイントはない。ところが、橋の上のあなたの隣にはちょうど、太った大きな男がいる。彼を電車がくる線路へと突き落としたなら、彼は死ぬだろうが、電車はそれで速度が緩まって、5人は助かるだろう。あなたなら、どうするだろうか？　大部分の人は、手をこまねきながらなにもしない――能動的に人の命を奪う行為の感情的内容が、冷徹な理性を圧倒するのだ。しかし、眼窩前頭皮質損傷の患者は、橋の上から太った男を突き落とす。彼らは、実利主義の非情な論理に厳格に従っていた。

マーク・ハウザーとジョン・ミカイルは、ウェブサイトに「路面電車問題」を掲載して世界中の人々に回答してもらった結果、圧倒的多数――どの民族集団も、男性も女性も、若者も老人も、黒人も白人も、カトリック教徒もプロテスタントも――が同じように答えたという。ハウザーとミカイルは、道徳的判断がヒトの普遍的な認知特性だと考えている。ハウザーは、『道徳的な心』という著書のなかで、チョムスキーの言う普遍文法がヒトの脳に組み込まれている——これによって幼い子どもは努力を要さずに言語を習得できる——のと同様に、道徳の普遍文法も組み込まれていると主張する。もしそれがほんとうなら、内臓的反応を処理して情動的感情を生み出す脳領域——扁桃体、島皮質、眼窩前頭皮質、前帯状皮質——と他者の信念や意図についての私たちの理解（心を読むこと）を処理する脳領域——側頭 - 頭頂接合部、楔前部、前頭前皮質——が、こうした組み込みの一部をなしているのだろう。

多くの研究者は、島皮質に記録される痛みや嫌悪といった感覚が私たちの道徳的判断に大きく関係することを示している。ジョン・オールマンが示唆しているように、私たちは直観的に道徳的判断をする。ほとんどの人は、他者の行為を即座に判断するが、なぜそう判断するに至ったのかを尋ねられると、その理由を言うのが信じられないぐらいに難しい。ただ、そうだとわかるのである。このことが示唆するのは、正常な心では、道徳的判断をする際には情動と理性の両方が関わっている——これらの道徳的ジレンマを解決しようとする時には、脳のなかで両者が闘いを繰り広げている——ということである。この「こちらを立てると、あちらが立たぬ」風のジレンマの解決の際にとりわけ活動的になる領域が、前帯状皮質と島皮質である。実際、最近の研究は、私たちがどちらの側にも公平・公正になるように道徳的ジレンマを解決しようとする時には、島皮質が激しく活動するということを示している。これらの領野はすべて、ヒトとチンパンジーの間では、大きさと内部構造において相当な違いがある。

ここで、私たちは、オールド・ベイリーのまわりを1周して、この章の冒頭であなたに正義の天秤のまねをしてほしいと頼んだ場所に戻ってきた。あなたがそのまねを造作なくできるのは、それがなにを意味するのかを知っているからだし、どうすればそれを伝えられるのかを知っているからだ。いまオールド・ベイリーのなかでは、陪審員たちが、自分の道徳的判断に導かれながら決定を下しつつある。そこでは被告人の運命は、弁護人と証人の提示した証拠についての論理的推論だけではなく、複雑な直観的計算（大きな役割をはたすのは心を読むことと感情だ）によっても決まる。犯罪の詳細に対する嫌悪感によって、あるいは犠牲者が受けたに違いない苦しみの記述によって、あるいは離婚訴訟の場合には相手からこうむったと想定される拒絶の痛みや屈辱によって、陪審員団の決定は容易に左右される。陪審員団はまた、裁判官、弁護団や専門家の証人といった権威者の影響も大きく受ける。けれども、陪審員団は、人間の文化の驚くべき特性──法と正義の原則──の根幹をなしている。脳がこれらの決定を行なう時には、明らかにヒトでのみ大きな進化的変化をとげた多数の領域が関与している。2つの脳、ヒトの脳とその「ミニチュア版」のチンパンジーの脳について、私たちは、トッド・プレウスの言う「スズメの涙」──これまでに見つかった私たちをヒトにする脳のほんのいくつかの違い──を見つけるために、深いところまで掘り進めなければならなかった。それは、わかっていることよりもわからないことのほうがはるかに多いフロンティアに位置する科学だ。しかし、これから数年のうちに、神経科学、認知科学、遺伝学が結集することで、プレウスを喜ばせる成果が得られるかもしれない。次の章では、チンパンジーと共通の祖先から分かれて以後のヒトの系統に見られるだけでなく、この4万年にのみ見られる、脳の構造、行動、脳細胞、遺伝子、神経伝達物質におけるさまざまな変化を結び合わせるひとつの進化的探偵物語を紹介することにしよう。それは、私たちヒト自身が進化の作用因であり、自らを家畜化した類人猿であるというストーリーだ。

11章　自己家畜化したヒト

この数年で、ヒトのゲノムの進化速度について、そしていつその進化が起こったか、どのようなプロセスによってもたらされたかについて、これまでの考えを一新する証拠が一挙に集まり出した。これらの展開の重要性は、いくら強調しても、しすぎることはない。それらは、ヒトとチンパンジーの間の遺伝的差異の多くが、この4万～5万年間で起こったことを示しているだけでなく、どのように私たちヒトが自分たちに強力で新たな淘汰圧をかけ、これらの遺伝的変化を生じさせてきたかも示しているからである。私たち自身が進化の主要な道具なのだ。

実際にはなにが起こりつつあるのだろうか？　その最初の明確な手がかりは、2006年に、カリフォルニア大学アーヴァイン校の4人の研究者グループ、エリック・ワン、グレッグ・コダマ、ピエール・バルディとロバート・モイジスによって見つけられた。ゲノムにおける正の淘汰の手がかりを探すことは、精密な科学捜査のようなものだ。彼らは、自分たちを、ヒトゲノムのなかに「ダーウィンの指紋」を探す科学捜査官にたとえている。法医学の最新技術が、微量なDNAのなかに手がかりを見つけ出して容疑者の起訴を可能にするように、最新鋭の統計的手法の綿密な応用によってヒトゲノムの可変性を解明する作業は、ダーウィンの「指紋」がいたるところに残されており、しかもそれらがごく最近に残されたということを明らかにしてきた。

ここで問いをひとつ。ヒトとトウモロコシには共通点があるが、それはなんだろうか？　この問いに答えたのは、ロバート・モイジスらである。彼らは最初に、人為淘汰によって選ばれつつある対立遺伝子（ある遺伝子の変異体）は集団内の頻度が増すという単純な観察をもとにしたモデルを考え出した。この頻度の増加が速いと、選択された遺伝子の上流と下流のDNA配列もその遺伝子と一緒に伝えられ、それ以降の何回もの減数分裂を通じての染色体間の組み換えを生き残る。この「ヒッチハイカー」効果によって、遺伝子どうしが一緒にまとまっている区画が形成される。というのは、染色体が遺伝物質を交換するカット・アンド・ペーストのエンドレスなサイクルには、それらの区画をばらばらにするだけの時間がまだないからである。これは連鎖不平衡と呼ばれる。淘汰されつつある遺伝子をとり囲んでいる近隣の領域は、初めは連鎖不平衡の程度が相対的に高く、時間とともに減少してゆく。彼らは、160万の一塩基多型（SNP）の大きなデータベースを用いて、連鎖不平衡について強弱のサインを探した。もしそのサインが強ければ（すなわち、2つのSNPとその間にあるコードとが変化せずに保たれていたなら）、それが最近のものだということを示していた。

彼らは、計算から、SNPのおよそ1・6％が「淘汰の遺伝的基盤」を示しているとした。これは、ヒトのゲノム全体のうちの1800ほどの遺伝子に相当し、もっとも最近の推定値を用いると、遺伝子の総数の7％を占める。彼らは、これらの出来事がいつ起こったのかおおよその年代を特定できたが、これは、ヒトゲノムの少なくとも7%がこの5万年の間に進化したことを意味していた。

この最近の淘汰を経たもっとも重要な遺伝子の種類は、食物、病気、寿命と行動に関係していた。タンパク質代謝遺伝子が大きな割合を占めていたため、彼らは、それが穀物や野菜の多い食事への移行にともなう大きな変化と関係があるのかもしれないと結論した。彼らの考えでは、DNA代謝遺伝子における変化は、5万年前から2000年前までの間に寿命が伸びたことと関係している。免疫系の改善、腫瘍抑制の増加、そしてDNA修復も、「私たちヒトの長寿の考えられる要因」であった。

食物、寿命と病気への抵抗力についてはこれぐらいにしておこう。行動と中枢神経系のはたらきについてはどうか？　セロトニン輸送体遺伝子であるSLC6A4は、淘汰を受けた。この遺伝子は、神経細胞間のシナプスのセロトニン濃度を制御する。セロトニンは気分や気性に大きく関与している（この遺伝子についてはすぐあとで詳述する）。グルタミン酸とグリシン受容体遺伝子もまた進化してきた。これらは、神経インパルスの伝達速度に関与している。前述のように論争を呼んでいる、脳を作る遺伝子ASPM――大脳皮質の成長と大きさの増加にとって決定的に重要だと考えられている遺伝子――も、正の淘汰を示していた。さらにドーパミン受容体遺伝子DRD4やマラリアへの抵抗力に関係する遺伝子G6PDの最近の淘汰の証拠も見つかった。

以下に示すのは、先ほどのヒトとトウモロコシの類似性の問いに対する答えの一部である。

ホモ・サピエンスは、明らかに、この研究のなかであげた一般的なカテゴリーを含む（けれどこれらに限定されない）多くのさまざまな表現型について最近強い淘汰を受けた。こうした淘汰の出来事は珍しいものではない。しかし、得られた数は、トウモロコシのゲノムに対して人間が行なった人為淘汰で得られる推定値に近い。これらの淘汰の出来事のほとんどがこの4万年から1万年で――ヒトがアフリカを出てほかの地域に広がり増えてゆき、その後地域によっては、狩猟採集社会から農業社会に移行した時代に――起こった出来事だとするなら、遺伝子と文化の相互作用が、直接あるいは間接に私たちのゲノムの構造を形成したのだと考えてみたい誘惑にかられる。

モイジスらの主張をひとことで言えば、私たちは、主要穀物を栽培化したのとほぼ同程度に私たち自身を家畜化した！　およそ6万から5万年前、ホモ・サピエンスは、アフリカを出て、地球のさまざまな地域への移住を開始した。1万4000年ほど前、最初に肥沃な三日月地帯で、狩猟採集の生活から初期の農耕の定住生活への移行が起こった。穀物やほかの植物の栽培化と、偶蹄類の家畜化も、この頃に起こった。農耕の出現は食物の種類に変化をもたらし、その変化は私たちの消化器系への要求を劇的に変え、新たな野営地、定住地、そして村落のなかの人口密度が増えることによって、新たな病原体にさらされることになり、物質文化もその時に変化をとげた。これらすべてが、一連の新たな淘汰圧を課し、私たちのゲノムにダーウィンの指紋を残してきた。

ロバート・モイジスらに引き続き、ヒトゲノムにおける最近の正の淘汰についての報告がもうひとつ現われた。シカゴ大学のベンジャミン・ヴォイト、スリダール・クダラヴァリ、シャオカン・ウェンとジョナサン・プリチャードの研究である。彼らは、モイジスらと同じアプローチを採用し、ハップマップのデータベースで3つの人間集団、ヨルバ族、東アジア人、ヨーロッパ人を比較した。彼らは、これら3つの集団が分かれて以後に起こったに違いない最近の選択的一掃［用語解説参照］を示す証拠を集めた。問題にされたのは、この1万年——ヒトが世界中に広がってゆき、農業が発展していった完新世——で起こった遺伝的出来事である。

彼らは、味や匂いの検出、卵子や精子の生産、受精に関係した遺伝子の最近の進化を記録した。炭水化物、脂質やリン酸塩の代謝とビタミン輸送に関与する遺伝子も突き止めた。皮膚の色素に関係する4つの遺伝子、OCA2、MYO5A、DTNBP1、TYRP1は、ヨーロッパ人で淘汰が起こったという明らかな証拠を示していた。これら4つの遺伝子はどれも、薄い色素や色素欠乏症を引き起こすメンデル型遺伝病（単一遺伝子疾患）に関係している。これらの遺伝子は、高緯度地域に移り住んだ人間集団ではより白い肌になるように進化の点で淘汰されてきたのだろう。この淘汰は、最近に、しかもきわめて強力に起こった。

私は青い眼なので、OCA2についてのこれらの結果はとても興味深い。というのは、コペンハーゲン大学の研究者グループがつい最近、1万年前から6000年前の間にOCA2に起きた突然変異が青い眼の色を生じさせたということを報告しているからである。それ以前は、私たちの眼の色はみな茶色だった。OCA2は、メラニン生成に関わるPタンパク質をコードしている。突然変異は、OCA2遺伝子のコード領域それ自体に影響するのではなく、すぐ隣にある調節用の「減光スイッチ」に影響したのである。これが、虹彩に入るメラニンの量を薄める。「茶色の眼をブルーにしないでほしいのに！」［訳註　カントリーウエスタンの歌手、クリスタル・ゲイルのヒット曲のタイトル］

ヴォイトのグループは、調べた3つの主要な集団に共通する遺伝子（すなわち、先史時代のかなり昔に起源をもつと考えられる遺伝子）だけでなく、それぞれの集団に特有の淘汰パターンを——そしてヒトの歴史のなかでごく最近に起こったということも——発見した。この発見は、コーネル大学を拠点にした研究者のグループ——スコット・ウィリアムソン、メリッサ・ヒュービス、アンドリュー・クラーク、ブレット・ペイサー、カルロス・バスタメンテ、ラスムス・ニールソン——によって支持された。ゲノム全体を調べるためにほかの研究とは異なる統計手法を用いて、彼らは、アフリカ系アメリカ人、ヨーロッパ系アメリカ人、そして中国人のサンプルで120万のSNPを分析し、ヒトゲノムにおいて選択的一掃が最近起こったことを強力に示す101の領域を突き止めた。全般的に言うと、アフリカ人の集団よりも、アジア人、ヨーロッパ人の集団のほうに選択的一掃の証拠がかなり多く見られた。これは、解剖学的に現代のヒトがアフリカを出て各地域に広がってゆき、新たな環境に出会ったという事実と合致する。彼らは、次に示すように、ヒトの系統における最近の進化の規模についてきわめて重要な数字も出している。「ヒトゲノムには最近の適応が顕著なほど広汎に見られ、選択的一掃に関係して影響を受けているのはゲノムの10％ほどになる」。これは、モイジスの推定値をも超えている。

2005年、フランスの研究グループは、いまここで問題にしている最近の進化のとりわけ興味深い例を提示している。彼らは、NAT2という遺伝子を調べた。NAT2は、アセチル化——肝臓において特定のタンパク質を変化させて解毒する生化学的プロセス——に関与している。彼らは、この6500年の間に西ユーラシアと中央ユーラシアで正の淘汰を受けてきたNAT2のひとつの対立遺伝子を発見した。これは、その遺伝子の活動を調節することによってアセチル化を遅くする。彼らの報告によると、遅いアセチル化の頻度がもっとも高かったのは、農耕の起源の地、中東だった。農業の出現は、ヒトが食べる食物のタンパク質のタイプを突然劇的に変化させ、侵入してくる抗原として解釈されるあらゆる新たなタンパク質に身体をさらすことになった。NAT2は、身体がこれらの新しいタンパク質をより容易に受け入れることができるように発現の速度が遅くなった。興味深いことに、今日この遺伝子の遅いアセチル化の遺伝子型をもつ人は、膀胱がんを含むさまざまながんやアレルギー症にかかるリスクが高い。完新世の農耕民にとって適応的であったものが、現代ではマイナスにはたらいている。

ウィスコンシン大学の人類学者、ジョン・ホークスは、ヒトの最近の進化についてのこの関心の高まりを脇から見守っていた。およそ4万年前にヨーロッパでの現在のホモ・サピエンスの出現と物質文化の出現をもって、私たちヒトは遺伝的な意味では進化を止め、身長、生理や行動におけるそれ以後の違いはどれも環境（文化）要因に帰されるという考えは、ヒトの進化についてのよく知られた説のなかでも有名なものだが、ホークスは、この考えをつねにおかしいと思っていた。ホークスにとって、モイジス、ヴォイト、ウィリアムソンによって得られた結果は、意外なものではなかった。現在に近い先史時代のヒトが進化を弱め、それをゆっくりと停止させた要因として、2つがよく知られている。約4万年前以降の人口の爆発的増加と、移住と急速に花開いたヒトの文化によって引き起こされたヒトの生息地と生態の爆発的変化と多様化である。彼は、これら2つの要因が合わさると、それらはヒトの進化を抑えるのではなく、加速させるはずだと推論した。2007年末、ホークスは、エリック・ウォンとロバート・モイジス、そして2人の旧友、ただお互いはそれまでは知り合いではなかった生物学者のグレッグ・コクランと自然人類学者のヘンリー・ハーペンディングとチームを組んで、ヒトの進化が最近に加速化したことを明確かつ詳細に示す作業にとりかかった。

この考えは、もとをたどると、家畜の人為淘汰についてのダーウィンの考え方に行き着く。家畜を品種改良するには、つねにできるだけ大きな群れから選んでくるようにと言ったのは、ダーウィンその人である。現在では、これがそうなのは、集団が大きければ大きいほど、どんな淘汰圧に対してもそれへの反応として新たな突然変異をもつゲノムの流通が多くなるからだと説明できる。しかし、ダーウィンの家畜の群れのように、固定された大集団では、その集団全体がその環境によく適応したものになるので、新しい突然変異は、時間につれて少なくなってゆくはずである。しかし私たちヒトは例外的な種である。人口はこれまで、争いや天災による一時的な減少は幾度となくあったものの、全体で見れば増加の一途をたどってきた。私たちは長く一箇所にじっとしていることなどなく、新たな居住地と新たな生活をつねに見つけてきた。そして新たな環境、新たな食材、新たな病気、そして物質文化の大きな変化をたえず経験し続けてきた。これが、なぜ、最近のすべての推定値によると、私たちのゲノムの7%から10%が、この1万年内で変化を蓄積してきたのかの理由である。しかし、これを引き起こしたのが進化のスピードアップだったということを証明するためには、ホークスらは、現在の私たちのゲノムと、もし進化速度が過去600万年にわたって一定だったとするなら、それから予想されるゲノムとを比較しなければならなかった。

彼らは、もし共通の祖先からの分岐以来、進化が最近のようなきわめて速いスピードで起こってきたとするなら、ヒトとチンパンジーの間に、アミノ酸を変化させる総計でおよそ600万もの置換が見られるはずであり、数百万年の間に、それらが淘汰によって固定状態になっているはずだと計算した。これは、現在のどの人間も淘汰によって選ばれた遺伝子の変異体をもっており、私たちとチンパンジーの間にはきわめて大きな分岐があるということを意味する。しかし、ヒトとチンパンジーは、これよりもはるかに近縁だ。4万のアミノ酸置換しか報告されておらず、淘汰によって固定状態になっているのは、そのうちのほんの一部しかない。これは、私たちの進化が、600万年近くも凍りついたようにゆっくりしたままであって、その後突然、しかも劇的に加速し、その速度は100倍ほどになった、ということを意味する。彼らによると、その典型例は乳酸耐性遺伝子の進化だという。わかっているのは、この乳酸耐性遺伝子の決定的な突然変異が1万年前から6000年前の間に起こったということである。しかし、研究者たちがほんの5000年前の新石器時代の人骨にそれを探したが、見つけることはできなかった。というのは、この好ましい突然変異は確かに生じて、淘汰はされていたのだが、その頻度はかなり長い間低いままだったからである。しかし現在、北欧の人々では、この遺伝子が90%以上の頻度で見られる。劇的な増加だ。

進化速度が最近になって速まったということにもとづく、ヒトが自らを家畜化したというこの驚くべき考えは、興味深い説ではあるが、問題は、ヒトはもとより、植物や動物が実際にどのように栽培化・家畜化されたかについてそれほどわかっているわけではないということである。いつブタ、ウマ、ウシ、ヤギ、イヌがヒトに飼われるようになったのか、どのようにして旧石器時代の人間が最初に野生の動物種を家畜にしようとしたのか（そうしたのならの話だが）、そしてそれらの動物を手なずけるにはどれだけの時間がかかったか、はっきりとはわからない。これらの野生種にどういった変化が起きる必要があったのかについては、さらによくわからない。しかし、ヒトがなんらかのしかたで自らを家畜化して、きわめて結束力の強い社会的な種になり、その結果生息地を拡大してすべての大陸に住みついてしまうようになったという考えは、新しいものではない。その考えは、以前にも何度か検討されたことがあった。いまがその考えを見直すべき絶好の時だということを私に示唆してくれたのは、自然人類学者のリチャード・ランガムである。

ランガムの疑問は、この自己家畜化の原理が、この4万年にあてはまるだけでなく、過去600万年間の変化の鍵を握るいくつもの重要点にまたがるヒトの進化の原動力でもあったのかどうか、である。私たちヒトは、家畜化された類人猿なのだろうか？　フランツ・ボアズやアシュレー・モンタギューなど、何人かの有名な人類学者は、かつてこの疑問について思索をめぐらし、いまは亡きスティーヴン・J・グールドも、画期的な著書『個体発生と系統発生』の最終章をこの路線に沿って書き、彼がヒトのネオテニーの特徴とみなすものを列挙した。彼らは、ネオテニー、すなわち幼形化こそが家畜動物の進化における主要な要因であったと考えた。アシュレー・モンタギューは、ネオテニーを次のように定義した。

子どもや胎児に結びついた特徴、さらに言えば原始的な先祖の子ども期や胎児期の特徴に結びついたヒトの特徴が、おとなになっても保持されることをいう。それは、発達の速度が遅くなり、発達の段階が誕生時から老年期まで拡張したということでもある。

ネオテニーには、発生・発達の時計の時間的遅れが関係しており、胎児からおとなまでの発達の主要段階が通常とは異なる時に起こって、異なる長さの時間続くようになる。発達のタイミングのこうした変化は、この発達スケジュールをガイドする神経化学物質やホルモンの大量放出の時期の変化を通して起こる。動物行動学者のコンラート・ローレンツは、行動の点から見ると、ヒトに特有の際立った特徴は、発達が完了せずに続くことだと言った。ヒトの特徴は、非特殊化、すなわち多様な能力である。多くの先史人類学者は、アウストラロピテクス、ホモ・エレクトゥス、ネアンデルタール人といった先史時代のホミニッドの子どもの頭の形が、そのおとなよりも、現代人によく似た多くの特徴をもっていることに注目してきた。現代人は、これらの子どもの形の特徴をたんに保持すること――ネオテニー――によって進化したのだろうか？

現代の神経科学の基礎を築いたひとり、ラモン・イ・カハールは、ヒトの新生児の脳の微細構造が成人の脳よりも胎児の脳により近いということに気づいた。ミエリン化（髄鞘化）――神経線維が脂肪質の鞘にくるまれること――は、生後15か月になるまで完了しないし、筋運動を制御する脊髄へと脳から伸びる錐体路もそうだ。免疫系が始動するのには約1年を要し、骨の発達も、類人猿の新生児と同程度の状態になるのに、少なくとも1年かかる。したがってヒトは、骨盤の制約によって未熟の状態で生まれるのであって、本来なら、子宮のなかにもう1年ほど留まっているべきなのだ。その結果、幼児期と子ども期の初期が、類人猿では3年なのに対し、ヒトでは6年続く。そして子ども期は、類人猿が3年なのに対し、ヒトは6年であり、青年期も、類人猿が4年未満なのに対し、ヒトは9年である。

これは、ネオテニーと社会行動の間の重要な関係へとつながる。いまリチャード・ランガムが気づいたのは、この点である。この考えを最初にとりあげたのは、動物学者のJ・Z・ヤングだった。彼はこう示唆した。

思春期のまえに延長された長い子どもの時期があることによって、若者は、年上の者によって抑止され教わるのがより容易になる――その集団にとっては利益が累積する結果になる――が、それだけでなく、攻撃性や非協力性の物理的決定因子のいくつかも、ネオテニーによって集団から完全に消え去るかもしれない。人類の進化において非攻撃的行動がもっとも高い選択的価値をもっていたのは間違いない。ヒトの進化の歴史のほとんどを通じて、なぜ攻撃行動が抑えられてきたのかを理解するのは難しくない。こうした行動は、家族や集団内で、そして集団間で社会に対して破壊的にはたらくからだ。

ヤングは正しいのかもしれないが、それは厳密な科学と言うにはほど遠い。ヒトの自己家畜化についてのこれらの理論は興味深いものなのに、過去にことごとく失敗したのは、科学的な証拠を欠いていたからだった。ヒトの自己家畜化は、身体、免疫系、消化器系で止まったのだろうか？　それとも、野生動物が時間をかけて家畜動物に変わっていったプロセスに見られるように、私たちの脳や行動にも変化をおよぼしたのだろうか？　もしそうなら、それはどんな変化だったのだろう？　大きな問題は、家畜化のおかげでその動物にどんな大規模な変化が起こったのかについて、これまでは説得力のある具体的モデルがなかったということである。しかし、それは最近までの話だ。

想像してみよう。あなたはシベリアのノヴォシビルスクの郊外に足を運び、壊れかけた針金の網のフェンスと荒れ放題のいくつかの小屋に囲まれた、荒廃した農場の真ん中にいる。突然、1頭のホッキョクギツネが角を曲がり、興奮して吠えながら激しく尻尾を振り、撫でてもらおうと飛びついてきて、あなたの顔をなめ回す。まるでイヌだ。大胆な動物実験の場にようこそ、というわけだ。その大胆さのゆえに、この実験について多少のことを知っているひと握りの西洋の科学者たちは、それが20世紀でおそらくもっとも重要な生物学的実験だったと考えている。

このキツネ――野生なら、ヒトには通常1マイル以内に近づくことはない――は、1957年以来続けられてきている驚くべき交配実験の産物である。それは、先見の明があったロシアの遺伝学者、ドミトリ・ベリャーエフの発案であった。ベリャーエフは、たくさんの野生の動物種がどのようにして、数千年以上の年月をかけて、ヒトに飼われるようになったのかという、この一見一筋縄でいかない問題のとりこになった。彼は、野生の先祖から、選択的交配によって、馴れやすく、おとなしく、ヒトが飼える動物を生み出せるかどうかを試してみることにした。彼がとった方法とは、ヒトが近づいたりヒトの手で触られたりしても嫌がらない個体を選抜してゆくというものであった。ヒトの先史時代の数千年を数十年へと圧縮することを試みたのだ。ベリャーエフはこの実験を26年間続け、1985年に亡くなったが、現在の研究は、彼の同僚だったリュドミラ・トルートに引き継がれている。

トルートの説明によると、ベリャーエフは実験を開始するまえにすでに、家畜化についていくつかの基本的事実に熟知していた。家畜化のもとでは、ほとんどの動物種は、体の大きさが変化し、小型化するか、あるいは逆に大型化する。野生では保護色として進化した毛並みも、その特性が変化する。家畜化した種は、まだら色で、部分によっては色素がなくなる。体毛も、ヒツジ、プードル、ロバ、ウマ、ブタ、ヤギがそうであるように、波状になり、カールする。尾も変化することが多く、イヌやブタの多くの品種のように、巻いて円状になる。耳は先が垂れるようになる。このことは、すでにダーウィンの『種の起源』に記されている。野生で垂れ下がった耳をもっている種は、唯一ゾウだけだ。ベリャーエフの実験が大胆なのは、こうした形態学的変化と馴れやすさ――ヒトに耐える力――の間には因果関係があると推測したことである。

図22　ベリャーエフと家畜化されたキツネ

ベリャーエフが選んだ動物は、ホッキョクギツネだった（図22参照）。これは、彼が以前に毛皮用動物のブリーダーをしていたことがあり、ホッキョクギツネについてある程度の知識をもっていたからである。彼は、エストニアの農場から、30頭のオスと100頭のメスを入手した。彼の選択の基準は、初めからひじょうに厳しいものだった。長年にわたり、ふつうはオスの5％以下、メスの20％以下しか交配させなかった。生まれてきた子ギツネは、およそ7か月で性的に成熟するまで、毎月テストされた。実験者は、短時間檻のなかに入り、個々の子ギツネに片方の手から餌をやりながら、同時にもう一方の手で子ギツネを撫でたりつかんだりした。生後7か月目に、子ギツネは、馴れやすさの点数をつけられ、3つの群に分けられた。もっとも慣れない群のキツネは、つねに実験者から逃げ、手で触れようとすると、噛みついた。中程度の群のキツネは、自分の体に触らせはしたが、ほとんどそれに耐えられず、友好的な反応を示さなかった。もっとも慣れやすい群のキツネは、触られたり撫でられたりするのを許し、人間の手から食べ物をもらうだけでなく、実験者が近づくと、尻尾を振り、甘えるように鳴いた。交配させたのは、この最後の群のキツネだけだった。

急速に家畜化が進んだため、第6世代には、さらに厳しい基準を追加しなければならなかった。その結果、キツネは、実験者に近づきたがり、彼の気を引こうとクンクン鳴き、興奮して飛びつき、ペットのイヌのように彼を嗅ぎまわりなめたりするまでになった。現在、これらの「優秀な」キツネは、実験的に選択交配された集団の80%を占める。ベリャーエフの最初の実験から40年間で4万5000頭のキツネが調べられ、研究所には、ここならではの100頭ほどのキツネがいる。これは、およそ35世代の選択交配の産物である。

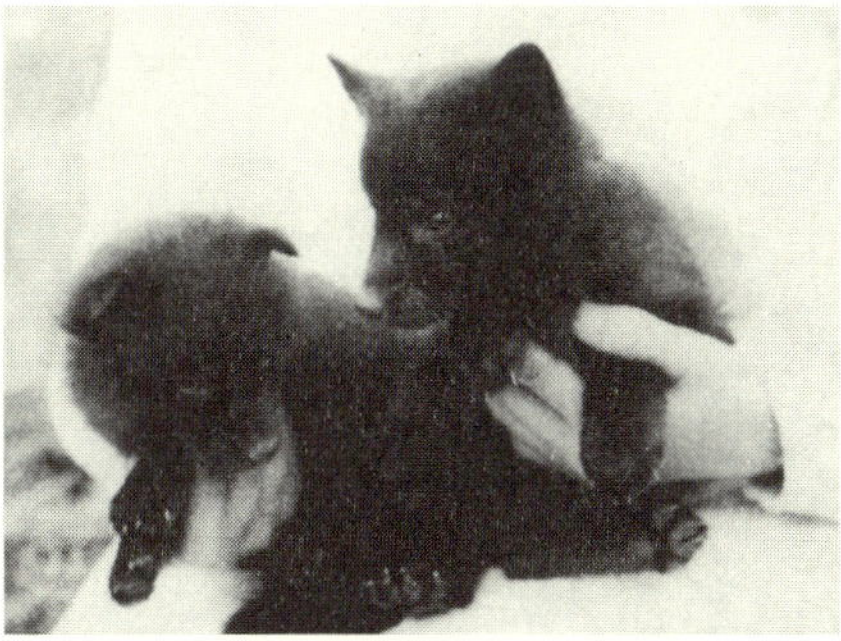

図23　家畜化されたキツネの子ども

ベリャーエフらは、家畜化されたキツネと野生のキツネとの間にはいくつもの顕著な違いがあることに気づいた。野生のキツネの子どもは、音に対する反応を生後16日目から始め、18日目になるまでは目が開かない。家畜化されたキツネ（図23参照）では、音に対する反応の最初の出現は、それより2日早く、目が見えるようになるのも1日早かった。野生のキツネは、恐怖反応が最初に出現するのが6週齢であるのに対し、家畜化されたキツネでは、9週齢かそれ以降でないと出現しなかった。つまり、家畜化されたキツネの子どものほうが、人間と相互作用する上で、そして人間の社会環境に適応する上で、時間的に有利な立場にいることになる。

トルートは言う。恐怖反応のこうした発達の遅延はさらに、副腎皮質ホルモン――ストレスへの適応に関係するホルモン――の血中濃度における違いに反映されている。彼女によれば、キツネでは、副腎皮質ホルモンの濃度は、2か月から4か月の間に急速に上昇し、8か月までにおとなの濃度になる。しかし、家畜化されたキツネでは、恐怖反応の遅延が長くなるほど、副腎皮質ホルモンの急増の時期が遅れる。彼らの社会行動は、体内の生理的メカニズムやホルモンのメカニズムの全体的な変化の結果として変化していたのだ。

ベリャーエフは、彼が淘汰していた遺伝子がキツネの発達スケジュールにおける変化を介して行動に影響をおよぼし、正常な発達におけるこの時間的なずれが一見無関係に見える広範囲にわたる特性の発現を引き起こした、と結論した。彼は、神経伝達物質や神経ホルモンの決定的なメカニズムに影響を与える遺伝子を利用することで、「相関」(もしくは「多面発現」)遺伝効果として知られるものを生じさせつつあった。研究が進むにつれて、さらに多くのことが明らかになった。家畜化されたキツネは、副腎の活動――ストレスに対する反応としての副腎皮質ホルモンの分泌――の一様な低下を示した。副腎皮質ホルモンの濃度は、馴れやすさの点からの淘汰を12世代続けると半分になり、30世代ではさらにその半分になった。キツネの脳の神経化学的状態も変化していた。攻撃行動の重要な仲介役と考えられているセロトニンの濃度は、家畜化されたキツネではかなり高かった[訳註 濃度が高いほど、攻撃性は低い傾向がある]。

キツネの頭蓋も変化しつつあった。家畜化されたキツネでは、オスもメスも、頭蓋の高さと幅が小さくなり、鼻は短く、かつ広くなった。トルートによると、オスの頭蓋は「メス化」した。その頭蓋は、容積がメスより多少大きいということがなくなり、頭蓋をさまざまに計測した結果、性的二型が減少したことがわかった。研究者のなかには、それらがネオテニーの特徴であり、キツネも、オオカミからイヌが進化した時にたどったのと同じ道筋をたどっていると考えている者もいる。

ロシアの田舎にあるこの研究所は、イヌのように振る舞う人なつっこいキツネを生み出すのに成功しただけでなく、人なつっこいラットやカワウソやミンクも作り出した。その過程で、これらのロシアの科学者たちは、多くの動物種がどのようにしてヒトと一緒に生活するように進化したのかについて魅力的ですぐれた洞察を私たちに与えてくれただけでなく、実は、私たち自身の進化についても信じられないほど重要なことを示唆しているかもしれない。私たちは、彼らがキツネを馴らしてきたのとほとんど同じように、攻撃性の相対的な欠如と従順さについて自らを淘汰してきたのではないだろうか？

数年前、リチャード・ランガムは、ヒトの家畜化というこの概念を提案した。彼は、家畜化の概念がいまや検討に値するものであり、ベリャーエフが築いた確固たる科学的基礎にもとづいて、それをヒトの進化にも適用できると考えた。彼は、その時はハーヴァードの同僚だったブライアン・ヘアに話をもちかけた。ヘアは、隠された食べ物を人間の出す手がかりを用いて見つける能力をイヌ、オオカミとチンパンジーで比較しており、ランガムはその研究に目を留めたのである。彼らは、ノヴォシビルスクの研究所で育てられた、家畜化されたキツネと人間に馴れていないキツネも含めるようにテストを拡張することにした。イヌの鋭い社会的知能と、ヒトに対するイヌの揺るぎない共感的な注意とを説明する次のような2つの対立する説の違いを明確にしようとしたのである。更新世の時代に、ヒトは社会的知能の点からオオカミを淘汰したのだろうか？　それとも、それらの認知能力がヒトに対する恐怖や攻撃性の欠如と相関するようになったのだろうか？

予想されるように、家畜化されたキツネは、実験者の指差しや視線の向きの手がかりに従って食物を見つける課題できわめてよい成績を示した。これらのキツネはイヌや幼児と同程度の成績を示し、チンパンジンジーよりずっとよく、オオカミや馴らされていないキツネよりはるかによかった。その行動は即座に生じ、実験の期間中に学習されたものではなかった。また、馴らされていないキツネに比べ、家畜化されたキツネは、彼らに向けたしぐさを人間がすると、興味を示して近づいてきて、オモチャで遊んだりした。これらの結果は、イヌもこれらのキツネと同じようなやり方で家畜化された――ヒトが近くにいても、また近づいてきても平気であるという能力が自然に淘汰された――という可能性を強く支持する。出現した特性は、ヒトに対する高いレベルの社交性と社会的コミュニケーションであり、それらはいま私たちが最良の友に結びつけている特性になっている。

このロシアの研究は、ヒトがオオカミの子どもをつかまえてペットにすることによって意識的にオオカミを淘汰したという、ジョン・オールマンとダーシー・モレイが採用しているよく知られた説を否定する。彼らは、人間にとって御しにくく、獰猛で野生的な個体は殺され、その結果、子イヌのような従順な行動を保持したより御しやすい個体だけが選ばれることになったと示唆した。この行動によって、ほかの多数の幼形的な特徴がおとなになっても保持されるようになり、幼形の家畜化されたオオカミ、すなわち私たちがイヌと呼ぶものが誕生した。

生物学者で、動物行動の専門家、レイ・コッピンジャーは、この考えがまったくの誤りだと主張する。彼は、オオカミが自ら家畜化した、すなわち起こったのは人為淘汰ではなく、自然淘汰だと考えている。野生のオオカミにとって環境における重大な変化は、ヒトの野営地だった。もし、長期にわたってひじょうに多くのオオカミが個々に人間の野営地が資源として魅力的だということを発見し始めたなら、ヒトのために進化の歩みをし始めたことになる。野営地では、食べ物に定常的にありつけた。コッピンジャーの推定によると、平均的なメスが一生のうちに産む子どもの数は25頭ほどになるが、そのうちおとなまで生き延びるのは2頭ほどにすぎない。残りの92％は自然減である。人間の野営地には、骨、皮、残飯、腐った果実、野菜、穀類、糞尿が捨てられていた。これらすべてが、繁殖中のオオカミにとっては計り知れないほど有益だった。しかし、オオカミは、今日に至るまで、ゴミ捨て場に近づく際には臆病なことで有名である。ここで実際に問題になるのが「闘争 - 逃走」反応であり、ノヴォシビルスクで行なわれている神経ホルモンの研究が再度関係してくる。コッピンジャーによれば、重要な変数は「逃走距離」だ。オオカミは、ヒトが近寄ると、一目散に遠くまで逃げ、しばらくは戻って来ない。これに要するエネルギーは馬鹿にならない――カロリー収支の点でマイナスになることが多い。ここに、淘汰の決定的な基盤がある。ヒトの集団をあまり恐れず、遠くまで逃げない個体は、淘汰の点で重要な利点をもつだろう。淘汰は、直接的に、神経伝達物質と神経ホルモンに、そして視床下部と副腎――ストレス反応だけでなく、発生や発達のカスケードの生起と制御においても重要な役割をはたす――に作用する。オオカミは自らを馴れさせて、イヌになっていった。最終的にこのプロセスは、オオカミあるいはイヌが自分たちの役に立つことをヒトの側が認識し始めたことで、強められたのだろう。イヌは、最良の警報ベルだったし、狩りをする際には、槍や棍棒やほかの武器に加えて、彼らの感覚が頼りになるということもしだいに明らかになっていっただろう。

イヌがどのように家畜化されるようになったかについてのベリャーエフの研究にもとづくコッピンジャーの説明は、おおむね受け入れられてはいるものの、ハイイロオオカミからイヌができたという彼の出発点については異論もある。ハイイロオオカミとイヌの隔たりは、多くの点であまりにも大きく、別の説では、もっとも可能性の高い先祖が小型のオオカミ *Canis lupus familiaris*（ジャッカルに多少似ている）であることが示唆されている。しかし、ベリャーエフの実験が示しているように、この家畜化が自然淘汰の過程だったことについては、広く合意されている。

ライプツィヒのマックス・プランク進化人類学研究所は、知的な社会行動の点から遺伝子をもとに、共通の祖先からチンパンジーと分かれて以降のヒトの進化をとらえようとしている。このゲノム学部門を精力的に率いているのがスヴァンテ・ペーボだ。2章では、彼がオックスフォードで言語に関係する遺伝子を釣り上げ、FOXP2をカバンに入れて、ライプツィヒに持ち帰ったことを紹介した。今回は、リチャード・ランガムが、ベリャーエフの実験的知見がヒトの社会的認知の進化を理解する上で近道になりうるということを、ペーボにそっと教えた。もちろん、いいアイデアを逃したことなどないペーボは、即座にコンタクトをとった。そのアイデアは、家畜動物の脳における神経化学的変化を支える遺伝子を探し出して、ヒトでのそれらと同じ遺伝子がほかの哺乳類（とりわけチンパンジー）と比べて進化しているのかどうかを調べてみるというものだった。なによりも速さが肝心だった。そこでペーボは、リュドミラ・トルートを説得して、馴れやすさについて淘汰されたラットのコロニーと、それとは逆の性質、攻撃性について淘汰されたラットのコロニーとを提供してもらった。彼は次に、このプロジェクトを、彼のところの若手研究者、フランク・アルバートに託した。2つのコロニーの行動の違いは劇的だった。人間に馴れたラットは、実験者が近づくと檻の格子まで走り寄って、撫でてもらおうと格子から鼻を突き出したのに対し、攻撃的なラットは、格子に体当たりして、怒りの叫びをあげた。2007年、フランク・アルバートは、凶暴なラットと従順なラットの間の遺伝的掛け合わせの複雑なシリーズを開始した。最終目的は、彼が「馴れやすさの遺伝的構造」と呼ぶものを突き止めることだ。ラットでの馴れやすさを引き起こすのと同じ遺伝子が、ほかの動物種の家畜化にも――チンパンジーとヒトの間の違いにまでも――関与しているのだろうか？

リチャード・ランガムは、ブライアン・ヘアとチームを組んで、ウガンダのキバレ国立公園にいるボノボとチンパンジーをテストした。彼の仮説では、ボノボは、いわば幼形化したチンパンジーで、家畜化がある程度進んだものであり、これら2種の近縁種の間の生態学的差異の点から、その社会構造や社会的力学の進化の違いが説明できるという。

ランガムは、かつてゴンベでジェイン・グドールのもとで研究を始め、彼の記憶にはチンパンジーの暗い面の発見が刻まれている。デイル・ピーターソンとの共著『男の凶暴性はどこからきたか』のなかで、彼は、カセケラのコロニーのチンパンジーが徒党を組んで隣のカハナのコロニーのチンパンジーを襲撃することを記している。攻撃は、信じられないほど激しかった。オスたちは、お互いに叫び声をあげ、噛みつき、うなり、吠え立てることで刺激し合って、暴力の熱狂状態に突入し、犠牲者を死に至らしめるまで叩き、噛み、踏みつけた。最初、ランガムらは、この激しく残忍きわまりない行為と、チンパンジーの社会のそれとは対照的な特徴――陽気で友好的な姿――とをどう矛盾なく説明すればいいかわからなかった。

これまでの出来事とは相反する新たな暴力的出来事は、通常は隠れている情動の嵐――驚くほどそして不快なほどがらりと変わる社会的態度――を示していた。オスの暴力は、チンパンジーの集団を取り巻いて、それを脅かすものだった。その暴力は、あまりに激しかったため、運悪くよからぬ集団に遭遇して、時も場所も悪かった場合には、それは死を意味した。

チンパンジーの暴力は、ほかの集団に対する襲撃に限られるわけではない。コロニー内でも、オスの階層的な優位をめぐって継続的かつ散発的に暴力行為が起こるし、突進する、蹴る、打つ、咬む、はねつける、レイプするなど、メスに対する暴力的強制が頻繁に見られる。

チンパンジーとボノボでは、集団の情動傾向も劇的に違う。チンパンジーの集団は恐怖と攻撃で行動し、見るからに緊張している。凶暴なオスが蛮行をはたらく。カーレース場にガソリン臭がしているように、空気中には、アドレナリンの臭気が漂っていそうだ。ボノボの集団は、これとは正反対で、はるかに温厚である。こうした温厚さの多くは、メスどうしの協力関係が重要な役割をはたしている。チンパンジーでは、若いメスたちが結束でき*た*としても、オスの攻撃性が弱められることはほとんどない。ところがボノボでは、オスの攻撃性がつねに弱められている。もちろん彼らは闘うこともあるし、集団間で小競り合いすることもあるが、ほかの集団が入り込んでいないかを殺意をもって見回ったりはしない。それゆえ、集団内でも、集団間でも、攻撃行動ははるかに少ない。ランガムによると、ボノボは幼形化したチンパンジーなのだという。

彼らの体重は、平均すると、もっとも小柄なチンパンジーほどだ。頭は小さく、手足が長い。口と歯は小さい。肩甲骨も、チンパンジーやゴリラと比べると細長い。

2つの種間の行動の違いは、さらに際立っている。

ボノボの叫び声の穏やかさは、2つの種を分ける顕著な行動的差異の最初のものにすぎない。ボノボは、悪魔性を克服した存在として語ることができる。ボノボの社会のなかに入ってみると、彼らは、平和に至る三重の手段をもったチンパンジーのように見える。彼らは、オスとメスの間、オスどうしの間、そして集団間の関係のいずれにおいても、暴力の程度を減少させてきたのである。

ランガムは、チンパンジーとボノボの間のこれらすべての差異にもっとも大きな役割をはたしている要因が集団の大きさだと考えている。食料が不足した時でも、ボノボの集団は、16頭より小さくなることはめったになく、ふつうはこれよりもずっと多い。一方、チンパンジーでは、2頭から7頭の間を不安定に変動する。ボノボのパーティ〔訳註　移動集団のこと〕にはつねにメスが入っており、これに対して、チンパンジーでは、メスと赤ん坊は、オスとは別のパーティで移動する。社会理論は、集団の大きさが食料供給に依存するとしているが、チンパンジーとボノボは、ザイール川の同じような森のなかで、ザイール川を挟んでこちら側とあちら側で暮らしている。しかし、微妙な違いは、ボノボが、果実に富む食事（チンパンジーに似ている）と葉や新芽の食事（ゴリラに似ている）を組み合わせていることである。そのため、移動中には、林床に生えた草や新芽を食べることで、食料の大部分をまかなうことができ、かなり大きな集団での移動のコストも減る。チンパンジーは、効率よく葉を食べるゴリラと森を共有しているのに対し、ボノボの住む森にはゴリラはいない。このパーティの安定性が、ボノボではメスの権力を生み出し、明らかに、攻撃性の減少を支える神経内分泌のバランスを保つように作用した。ランガムのことばを借りると、ボノボは、チンパンジーほど情動反応が激しくない（闘争‐逃走反応はさほど強くは起こらない）。ボノボとイヌや家畜化されたキツネとの類似性は明らかである。

ランガムとハーヴァード大学の同僚、デイヴィッド・ピルビームは、ボノボがチンパンジーに似た先祖から攻撃性が弱まるように淘汰されて進化し、それが社会的寛容が強まる道を開いたという可能性を示唆した。ヘア、ランガム、トマセロは、これと似たようなプロセスがヒトの進化でも起こったと示唆している。すなわち、ヒトはこの4万年間の持続的自己家畜化よりはるか以前から、家畜化のプロセスにあったという。もしヒトがチンパンジーとボノボ間の違いを大規模に示しているのなら、そしてヒトが自己家畜化したチンパンジーなら、いつ、そしてなぜ、家畜化というこれらの決定的な出来事が起こったのだろうか？　ランガムによると、1回目はおよそ200万年前のホモ・エレクトゥスの出現の時で、2回目はホモ・サピエンスの登場の時だという。彼は、1回目の出来事は、火の使用、とりわけ調理と大きく関係しているに違いないと考えている。ランガムの主張では、調理がすべてを変える。それは、植物の硬い細胞膜を壊すことによって、そして複雑な炭水化物とタンパク質をより小さな糖とペプチドに分解することによって、食物を消化しやすいものへと変える。それは、食物を滅菌し、植物毒素を分解し、ホミニッドが食物からより多くのカロリーを摂取することを可能にする。予想されるのは、これらすべてが、小さな歯、大きな脳、さほど強くない顎筋、小さな消化管の進化を促進したというものだ。同時にそれは、ホミニッドの採食活動を一変させることになった。人々はもはやたえず移動している必要がなくなり、食料を集め、火をおこして、食べ物が調理される間そこに座っていればよかった。それはまた、調理用の食材やできたてのおいしそうな料理を横取りされることに頭を悩ますといったように、ホミニッドの社会の力学が変化することにもなった。ランガムによると、女性は、好意を寄せる男性と保護的な絆を結ぶことによって、調理の仕事を安心して行なえるようになったのだという。ここに安定した男女関係が始まったと考える理由がある。

ランガムが示唆するように、ヒトは、火を囲んで、そして火によって調理された食物を囲んで親密な集団を形成したのだろう。あからさまな敵意や攻撃性は、淘汰の対象となっただろう。後者は、言語の進化とも関係する。結果として生じ始めた社会的コミュニケーションは、集団内での共同の社会的行為と、個人としてではなく社会としてすべきことについての合意をもたらしただろう。欲張りすぎたり攻撃的すぎたりして、許容される行動や手段に違反した集団のメンバーは、究極の代価を支払わされた。死刑は、複雑でない人間社会では、暴力による死（おもに男性）全体の20％を占める。これは、より従順な性質を残す大きな淘汰圧だ。これらの死は、怒りに特徴づけられるのではなく、社会的に許されない行動への代価という冷静な必要性——制度化された殺人——である。

攻撃性の淘汰は、これらのホミニッドの発達と攻撃行動の開始のタイミングに影響を与えただろうし、このことが、まえに述べたネオテニーの特性を強めたかもしれない。ジョン・ホークスらによれば、この進化は、始まりがいつだったにせよ（200万年前かもしれないが）、現在も進行中であり、ランガムもそうだと言う。

私は、この3万年、4万年、あるいは5万年の間にヒトが家畜化してきたという考えについて検討を始める必要があると思う。もし私たちがボノボやイヌと同じパターンをたどっているなら、より若年的な行動を備えた型へと向かいつつあることになる。そしてこの観点でものを考え始めて気がつくのは、驚くべきことに、私たちがいまも急速に動きつつあるということだ。最新の証拠は、私たちの歯と顎も、そして脳も小さくなりつつあるといった進化的出来事の真只中にいるということを示している。私たちが自分たちを家畜化し続けていると考えるのは、筋が通っている。それは、2万～3万年かそれ以上前に、私たちが定住して村を作るようになって以降に起こってきたことなのかもしれない。

みながみな、ランガムの調理仮説を受け入れているわけではない。30万年前以前には、調理は言うまでもなく、火の使用の確たる証拠もほとんどない。とはいえ、これから証拠が出てくる可能性もないわけではない。しかしランガムの仮説の魅力は、火がギアを高速に入れるということにある。200万年前頃に、ホモ・エレクトゥスにおいてランガムの概観している社会的プロセスと社会的淘汰がどのように始まったかというシナリオは、容易に想像できる。そしてヒトの進化が過去5万年にわたって急激に加速してきたのと同じように、むきだしの貪欲さと攻撃性に対する制度化された調節のこうしたプロセスも加速されてきた。遺伝子と文化に対するラチェット効果［訳註　後戻りしないよう歯止めをかける効果］があり、両者は分かちがたく結びついている。ランガムが言うように、野生動物の家畜化において馴れやすさが淘汰を通して選ばれるように、そしてボノボでは、攻撃性を低める自然淘汰があったように、ホミニッドとホモ・サピエンスでは、過度に攻撃的な人々に対する社会的淘汰がある。社会的プロセスは、人間集団における多数のタイプの気質の間のバランスをとるように、遺伝と一緒になって作用する。過度に攻撃的で暴力的な人間は、法律によって罰せられる。最近まで、これは死――遺伝子プールからの排除――を意味した。この逆の人々、すなわちうつ状態に陥りやすかったりストレスに弱かったりする人々も、社会的将来性と配偶相手の獲得の点で不利になる。ネオテニーは文明と等価だと述べている研究者もいるが、その考えを支持するように、この地球上でネオテニーの性質を強くもっているのは中国、日本やほかのアジア社会の人々であり、そこには個人が集団に従うという社会的規範が見られる。このように、現代の人間社会は、一方では暴力と攻撃のダイナミックな緊張に、もう一方では社会的従順、好奇心、身体的・心的探求の欲求に特徴づけられる。

確かにこれはみな興味深い仮説ではあるが、ヒトの自己家畜化の概念がしっかり離陸をとげるためにはもっと厳密な科学を必要とする。家畜化説をキツネやイヌやボノボの進化からヒトの進化まで広げるには、遺伝子、神経化学物質、脳の構造、環境の変化への反応性、ヒトの気質との明確な関係、チンパンジーに見られる特性との明らかな相違などに関する精緻な生物社会理論が必要になる。私たちはいま、こうした生物社会科学へと踏み出しつつあるのだろうか？　私は踏み出しつつあると思うが、以下では、その理解のための基礎として、４つのきわめて重要な神経化学物質の進化生物学とそれらに関係した遺伝子の変異について述べることにしよう。その４つとは、ドーパミン、モノアミン酸化酵素（ＭＡＯ）、ヴァソプレッシン、セロトニンである。私は、この「ビッグ４」の多型に代表されるようなさまざまな遺伝子型の淘汰が、最近のヒトの先史と有史時代に意図せずして起こったと思っている。もしフランク・アルバートがラットとヒトを比べて、これらの神経化学物質を自分の研究の主役に据えることになったとしても、私は驚かないだろう。

ヒトの遺伝子のなかでもっとも多型であることが知られているひとつは、脳内ではたらくD4ドーパミン受容体の遺伝子、DRD4だ。それがとくに活性化するのは、前頭前皮質であり、この脳領域は、高次の認知や注意に関係する。この遺伝子のコード領域のひとつには、48のDNA塩基対からなる配列があり、この配列は反復回数がさまざまである。この配列が2回から11回繰り返される遺伝子の変異体（対立遺伝子）が発見されているが、DNA配列のこの変異は、これが生み出すタンパク質に多様性を生じさせる。その結果、このタンパク質は、この領域に32から126までのうち、どれかの数のアミノ酸を含んでいる。もっとも興味をかきたてる変異体は、反復が7回の7R対立遺伝子である。この変異体は、最初は新奇探索傾向と関係づけられていたが、注意欠陥多動性障害（ADHD）とも密接に関係していることがわかってきた。

2002年、ユアン＝チュン・ディン率いる研究チーム（ロバート・モイジスも加わっている）は、これらの変異体の進化を研究した。DRD4の祖先の対立遺伝子は、4回の反復（4R）をもつ。2Rと6Rの間のすべての変異体は、これがたんに組み換えや突然変異を起こすことで生み出されるが、7Rという変異体は別である。これは、ワンステップの変化では説明できない。そこでディンらが計算したところ、4Rから7R変異体を生み出すには、最低でも1回の組み換えと6回の突然変異――確率的にはきわめて起こりにくい出来事――が必要だということがわかった。彼らは最終的に、7R変異体が4R変異体と同様昔から存在する対立遺伝子であり、淘汰圧が突然かかるようになるまできわめて低い頻度で人間集団内に保持されていて、その後頻度が劇的に高まったと推測した。彼らは、7R対立遺伝子の頻度のこの急激な増加が起こったのがほんの3万～5万年前で、ことによるとそれよりも最近かもしれないと推定した。

では、もしDRD4-7R変異体がおよそ4万年前に強い淘汰圧のもとにあったのなら、なにがその淘汰圧だったのだろう？　その答えは、大規模な人口増加と植民、そして新たな劇的石器技術にあるのかもしれない。しかし、これら2つは、個人の衝動性、移り気、そして多動性をもたらす対立遺伝子と、どのように結びつくのだろうか？

彼らは、新奇探索傾向や多動性のような性格特性をもった人間が、おそらく、ヒトのこの地理的拡大を推し進める上で有用だったと推測する。ごく最近になって、現代の学校の教室が、これらの性質を適応的なものから破壊的なものへと変え、それにはADHD（注意欠陥多動性障害）の診断が下されるようになった。ADHDは、薬物治療を必要とする精神医学的状態をもつ子どもたちにあてられた診断名である。更新世にあっては、7R変異体をもつ、じっとしていられない人々が、人間社会を動かしていたのかもしれない。他方で、4Rと7Rの間のある種の平衡淘汰も、ヒトの社会が、攻撃的で多動な開拓者によって乗っ取られるのを防ぐために必要であったのかもしれない。

ヘンリー・ハーペンディングとグレッグ・コクランは、この推測を人類学的データを用いて進めている。彼らによれば、DRD4-7R変異体の作用は男性に顕著に現われるので、問わねばならないのは、人間社会において精力的で、衝動的で、予測不能で、従順でない男性のニッチ（生態学的地位）はどこにあるかである。彼らによると、7Rの世界的分布は、2つの仮説によって説明できるという。ひとつは、地球上の人間の分散の現象である。7Rを保有する人間の性格は、彼らがヒトの移住の波の先頭に立っていただろう――そして出発点からより遠くにいる集団ほど7Rの頻度が高いだろう――ことを示唆する。これは、7Rが南アメリカにおいて相対的に高い頻度で見られることや、東南アジアと太平洋の集団にもこの変異体が存在すること、一方これに対して、それらの人々の祖先が旅立った地である中国には7Rが見られないことを説明する。また、7Rの男性は、男性が競争し合う社会では――子どもの時により多くの食物をつかみとることによっても、おとなになってほかの男たちとの対決場面においても――繁殖の点で有利だったろう。

約4万年前から1万年前までの後期更新世に、現生人類は急速に地球上に広がっていった。多くは、狩猟採集の生活を営んでいたが、農耕への移行も始まった。それは、熱帯での時折の園芸や移動耕作から始まったり、あるいは（人口密度がもっとも高いところでは）より集約的な農耕になった。これらの生活形態の違いは、社会内の（とりわけ男女間の）力学の違いに反映されていた。ハーペンディングとコクランは、リチャード・ドーキンスの「厳しき父（キャド）」社会と「優しき父（ダッド）」社会という概念を実際の人間集団にあてはめている。彼らによれば、ほとんどの狩猟採集社会は、「優しき父」社会であり、食料の調達の仕事は男女が分かち合うという特徴がある。こうした社会では、男女が子どもたちと一緒に生活し、食事をし、眠り、夫婦の絆が持続し、男性は派手ではなく、武器製造、芸術や装飾に時間を費やさない。典型的な例はクン・ブッシュマンである。しかし、人口密度が低く、女性が園芸の仕事の大半をこなす社会では、男性は、家庭の仕事から解放され、身体装飾、男らしさ、気取った行動、隣接する集団に対する武装しての襲撃に時間を費やす。これらは「厳しき父」社会だ。例としてあげることができるのは、パプアニューギニアやアマゾン盆地の部族である。しかし時折、このような部族も、（リチャード・ランガムが仮定したように）集団内の個々の男性の暴力を弱め、集団間の戦争も抑えるような政治組織をもつことがある。

優しき父の狩猟採集民の代表例は、南アフリカのクン・ブッシュマンであり、労働集約的な農業を営む農民の代表例は東アジア人であり、そして地域的無政府状態の代表例は、ヤノマミ族のような南米の盆地のアメリカ先住民である。20世紀でもっともよく知られた2つの民族誌のうち、ひとつは「害なき民（ハームレス・ピープル）」と呼ばれたクンの人々についてのものだが、彼らは7R対立遺伝子をわずかしか、あるいはまったくもっていない。もうひとつは「荒々しき民」と呼ばれたヤノマミの人々のものだが、彼らは7Rの頻度が高い。おそらくこれは偶然ではない。ここで示唆したいのは、7Rが東アジアにないことが、強力な政治制度の確立の結果として最近に生じたものであり、これが人口の増加を可能にし、農業の集約化を強めたということである。

休むことなき新世界への植民、帝国の建設、絶え間ない技術革新、あるいは企業や軍隊での作戦会議の推進力がどれだけ7Rの遺伝子型に負っているのかは、（いまのところは）よくわからない。ほとんどの場合、私たちは、児童でのリタリン［訳註　ADHDの子どもに処方される薬］の処方率が示すように、淘汰上の有利性を病気に変えてきた。しかし、7R変異体をもつことがどのように私たちの祖先の一部に利点をもたらしたのかを知るためのさらなる手がかりが、ケニアの一部族、アリアールについてのダン・アイゼンバーグの研究から得られている。7R変異体をもつ人は、今日も遊牧生活を送るアリアールの集団では栄養状態がよいように見えるのに対し、定住して座りがちの生活を送るようになったアリアールの集団では、7R変異体をもつ人は逆に栄養状態が悪かった。アイゼンバーグは、7R変異体は食べ物や薬物に対する強い欲求と結びついてきたので、遊牧生活では大いに適応的であり、7R変異体をもつ少年や若者は、侵略者に対して家畜を守ることも、良質の食料や水源を見つけることもよくできたろう、と推測する。

数千年前、移住する人間集団の先頭に立つ者にとって、これらの特性はきわめて重要であったに違いない。

ヴァソプレッシンは、社会行動に強力な役割をはたすホルモンであり、オスとメスの間のつがいの絆を強め、オスでは、子を世話する行動——なめてやったり、毛づくろいをしてやったりする——を増加させる。プレーリーハタネズミでも、ヒトでも、配偶相手との絆を形成する時、そして子どもを抱く時には、ヴァソプレッシンが作用している。このストーリーは、まずはプレーリーハタネズミから始まる。

ヤーキズ国立霊長類研究センターのエリザベス・ハンモックとラリー・ヤングは、ハタネズミで、ヴァソプレッシンとさまざまな社会行動との関係を調べた。プレーリーハタネズミは、オスとメスが添い遂げ、オスは、赤ん坊が生まれるとつきっきりになり、嬉々として世話をする。ヒトで言えば、父親の鑑と言える。マウンテンハタネズミのオスは、これとはまるで違う。オスは、メスとつがいの絆は作らず、子どもを育てることにも無関心だ。交尾をする時以外は、メスから離れ、距離をおく。彼らがどれぐらい社会的かは、かなりの程度、脳内のヴァソプレッシン1a受容体分子の発現に依存している。実際に多型で、行動の差異につながるものは、受容体をコードしている遺伝子の調節領域にあるマイクロサテライトと呼ばれる単純反復のDNA配列である。この遺伝子はavpr1aと呼ばれている。きわめて社会性に富むプレーリーハタネズミやマツハタネズミでは、この配列が大きく広がっていくつかの反復がかたまりになっているのに対し、社会性に欠けるマウンテンハタネズミやアメリカハタネズミでは、この配列はそれよりもはるかに短い。

ハンモックとヤングは、この反復の数がavpr1aの発現と、そしてオスが子どもたちをなめ毛づくろいするのに費やす時間の長さと相関することを示した。それが「オスならではのこと」だというのは、ヴァソプレッシン・システムがオスではメスに対する関心を高め、オスをよい親にするが、メスの交尾行動と育児行動を決定するのは別のシステムだからである。受容体遺伝子の「長い」対立遺伝子をもつ個体では、頻繁になめ、毛づくろいし、社会的認知と配偶相手に対する好みが見られ、他方で、脳のなかの「恐怖」中枢である扁桃体の活動レベルは低かった。

ハンモックとヤングはその後、ヴァソプレッシン受容体の役割の分析を、ハタネズミからヒトの行動へと急転回させた。ヒトのａｖｐｒ１ａ遺伝子も、変異が大きい。この遺伝子の変異体のひとつは、社会的無関心と低い社会的知能に特徴づけられる自閉症とある程度の関係があることが示されている。ヴァソプレッシンは、私たちがヒトに結びつける高いレベルの社会行動や育児行動の進化において中心的な役割をはたしてきたのだろうか？　ハンモックとヤングは、ヒトとチンパンジーのａｖｐｒ１ａを比較し、チンパンジーでは、ヒトでの自閉症に関係する遺伝子の部分のまさにその場所で３６０のＤＮＡ塩基対が欠けていることを発見した。彼らは続いて、ボノボのＤＮＡ配列との比較も行ない、それがヒトにはるかによく似ていることを発見した。

これはきわめて興味深い研究だ。まえに紹介したように、リチャード・ランガムは、チンパンジーの社会とボノボの社会の間の食用の植物の入手しやすさの違いが社会構造の違いを生じさせており、ボノボをチンパンジーほどには優位や殺しやレイプや略奪に熱心でなくさせているという仮説を立てている。これらの生態学的差異が、ａｖｐｒ１ａのような遺伝子の進化を通して、社会行動に影響を与えるホルモンシステムの進化を促進したのだろうか？　フランス・ド・ヴァールは、ボノボに比べ、チンパンジーのマイクロサテライトのＤＮＡ配列の喪失が、ヒトと類人猿の共通の最後の祖先がチンパンジーよりはボノボのほうに近かったということを意味すると推測している。このことは、私たちの遠い祖先がこれまで考えられていた以上に家畜化しており、チンパンジーが自らを脱家畜化させたということを意味する。しかし、よりありえそうなのは、チンパンジーとボノボの間の社会行動やネオテニーの特徴における違いの証拠を考えると、起こったことは逆であって、食物と食性が脳の違いを引き起こし、そしてその違いが、私たちが今日見るような社会行動や社会構造に違いを生じさせる力になったように、私には思える。

エルサレムのヘブライ大学のリチャード・エブスタインは、２００名を超える学生に「独裁者」ゲームと呼ばれるマネーゲームをさせる実験を行なっている。その結果、非情な方略をとり続けて、お金をすべて自分のものにする参加者もいれば、より寛大な方略をとる参加者や、極度に寛大で、お金をすべてほかの参加者にあげてしまう者もいた。血液を採取してａｖｐｒ１ａのタイプについて分析してみたところ、非情な方略をとってお金を全額自分のものにした参加者は、この遺伝子の短い反復の変異体をもち、これに対して、利他行動傾向の強かった参加者は、長い反復の変異体をもつ傾向が見られた。エブスタインは、この遺伝子の短い反復の変異体は脳内のヴァソプレッシン受容体の分布に影響を与え、その結果その人間が利他的あるいは無私の行為をしても、喜ばしく感じないようにしているのかもしれないと考えている。

エブスタインとラッヘル・バックナー＝メルマンらは、ａｖｐｒ１ａ、ＳＬＣ６Ａ４遺伝子（神経伝達物質のセロトニンを調節している）と創造的舞踏の三者間の関係を調べた。彼らは、ａｖｐｒ１ａ変異体とセロトニン調節遺伝子の低活性の変異体との組み合わせが、彼らが調べた創造的舞踏家の集団ではごく一般的であることを見出した。セロトニンとヴァソプレッシンは、視床下部で相互作用してコミュニケーション行動を制御するので、またセロトニンは脳内のヴァソプレッシンの放出を増やすように作用するので、エブスタインらは、自分たちが見つけたのが、スポーツ選手とも共有する運動能力や筋肉の協働のためのエンジンではなく、神秘体験、聖なる儀式、社会的接触の欲求、表現の開放性に関係する創造的舞踏のための脳化学エンジンだと考えている。セロトニンは、意識の変容状態、神秘体験や「幻覚」剤と関係しているので、エブスタインらは、脳を一時的にセロトニンであふれさせる「エクスタシー（幻覚誘発剤）」の服用や、ナイトクラブで「狂ったように」踊りまくる時の多幸感の高まりに注目せずにはいられなかった。

バックナー＝メルマンが好む定義に従えば、舞踏は、創造的体験（超自然的な体験のこともある）をもたらしうる芸術形態であり、社会的絆とコミュニケーションの高められた形態でもある。彼女によると、舞踏はシャーマニズム、すなわち初期の宗教体験や、恍惚的なトランス状態の誘発にその起源をもち、これらの2つの変異体遺伝子も、おそらく先史時代にその起源をもち、その頃に神秘的な舞踏とシャーマニズムの実践が初期の人間社会における前宗教的信仰と儀礼に欠かせないものになったのかもしれない。エリザベス・ハンモックは、ヒト集団でのａｖｐｒ１ａのマイクロサテライトの多型について――それが社交的な性格から引っ込み思案までヒトの性格特性を支えているのかどうかを見るために――研究を継続中である。これとは別に、ストックホルムのカロリンスカ研究所のハッセ・ヴァルムは、対立遺伝子３３４と呼ばれるａｖｐｒ１ａの変異体遺伝子のコピーをひとつ、あるいは2つもつ人は、結婚生活の危機（離婚につながる）に陥ることが多く、パートナーとの関係の強さ、安定性、愛情を測定するテストでは低いスコアを示すことを見出した。このコピーを2つもつ人の場合は、未婚の割合がきわめて高かった。

セロトニンは、脳や中枢神経系に広く存在する強力な神経伝達物質、すなわち信号を伝える分子である。それは、感情、攻撃性、性行動、そして行動のほかの側面（とりわけ情動の調整）に影響をおよぼす。セロトニンは、脳の初期発達（発生）と、おとなの神経ネットワークの連絡やその強さを環境の変化に応じて変える能力も調節する。セロトニンは、発生（発達）の過程でさまざまな脳システムを形作るので、おとなになった時に、どのような気質になったり情動反応をするようになるか、どのようにストレスに反応するか、どの程度衝動的・攻撃的になるかという点できわめて重要である。ベリャーエフとトルートも、ホッキョクギツネで、たとえば馴れやすさについての淘汰が、野生のキツネに比べて、脳のセロトニンの生産を増加させたということを発見していた。セロトニン、社会行動、家畜化という三者間のこうしたつながりは、現在は霊長類やヒトにもあてはめることができる。これは、ドイツとアメリカの研究者と共同で研究している、ヴュルツブルク大学のクラウス＝ペーター・レッシュの先駆的な生物社会的研究のおかげである。

さまざまな社会行動や社会組織へのこうしたコントロールを理解する上で重要なのは、セロトニンとモノアミン酸化酵素（ＭＡＯ）――セロトニンとドーパミンの両方の分解酵素――の間の関係である。ＭＡＯの活性が異常になると、抑うつや注意欠陥障害など、さまざまな精神疾患が現われる。ＭＡＯの不足は、ヒトでは、攻撃性と暴力にも関係している。ＭＡＯ‐Ａ遺伝子が、セロトニン輸送体遺伝子と同様、ヒトではごく最近に進化したものだということを示す確かな証拠がある。このように、この拮抗的な神経化学システムにおける両パートナー、セロトニンとＭＡＯは、強い淘汰を受けてきた。

レッシュは、ヴュルツブルク大学に赴任すると、脳内のセロトニン系を広範囲に調べていた神経科学の研究チームに加わった。セロトニンは、ニューロン間での神経インパルスの伝達に欠かせない。ニューロン内では、メッセージは電気事象として伝わるが、ニューロン間のシナプス（すなわち連結部）は飛び越えることができない。シナプスを飛び越えるには、一方のニューロンからメッセージを運ぶ化学的信号として放出されたセロトニンが、他方のニューロンの受容体分子に受けとられなければならない。受容体分子に受けとられると、それは電気信号に再変換され、下流のニューロン内を伝わってゆく。これは、川を挟んで途切れている道があって、左右の川岸をカーフェリーが連絡してつないでいるようなものだ。もしセロトニンがシナプスに長く留まりすぎると、ニューロン間の信号伝達が過密になってしまう。そのため、セロトニン輸送体分子は、シナプスにあるセロトニンを回収して、再利用するために上流側の前シナプスニューロンに戻す（つまり、セロトニンのリサイクルをする）。このセロトニン輸送体をコードしているのは、まえのところで登場したSLC6A4遺伝子である。レッシュやほかの研究者は、この遺伝子の調節領域が、この遺伝子の活動——どれだけ多くのセロトニン輸送体を作ることができるか——に影響する反復の長短にあるということを発見した。「短い」対立遺伝子は、生産されるセロトニン輸送体の量を抑え、「長い」対立遺伝子は、輸送体の生産量を増やし、脳内のシナプスからより多くのセロトニンを回収する。おそらくこれが、なぜ「短い」対立遺伝子をもった創造的な舞踏家は「セロトニン陶酔感」を感じやすいのかの理由だ（レッシュが示しているように、セロトニンの調節異常のマイナス面には不安とうつの特徴もある）。

多型が存在するこの領域は、ヒトとヒトに近い霊長類に特有であり、新世界ザルには存在しない。ヒトと大型類人猿では、反復の長短の違いは、この遺伝子の同一の領域に由来するのに対し、アカゲザルでは、それとは別の領域に由来し、同じく2つのタイプ、長い反復と短い反復とがある。レッシュらは、この遺伝子が多型であることによって、どのような社会が生じるかが決まるという可能性を示唆した。彼らは、この仮説をマカクザルで検証した。マカクザルは少なくとも16種いるが、支配やそれに付随する攻撃の少ないきわめて寛容な社会から、きわめて攻撃的で、支配と階層性をともなった縁者びいきの社会まで、驚くほど多様な社会行動と社会構造を示す。もっとも穏やかなのは、トンケアン、バーバリー、チベットマカクの社会であり、一方、もっとも凶暴なのはアカゲザルである。

彼らは、セロトニン輸送体遺伝子における変異とモノアミン酸化酵素A（MAO-A）遺伝子の変異体――セロトニンの信号伝達において鍵となる調節役であり、これにも調節配列に短反復と長反復のタイプがある――について、7つの種のマカクザルの社会的程度――従順な性質から悪魔的な性質まで――を比較した。彼らは、寛容なマカクザルの種だけがセロトニン輸送体遺伝子の1種類の調節配列だけを、そしてモノアミン酸化酵素遺伝子の1種類の調節配列だけをもち、一方、悪魔的な種はいくつもの種類をもっていることを発見した。アカゲザルは、これらの調節領域においてもっとも大きな変異を示し、セロトニン輸送体については短反復、長反復、極端な長反復があり、MAO-A遺伝子については調節配列の3つの変異体（5、6、7回の反復）があった。このように、セロトニン輸送体遺伝子とMAO-A遺伝子両方の調節における遺伝子の変異が、霊長類の社会の力学に直接関係している。

社会が暴力的で悪魔的なものになるほど、これらの遺伝子もより多型になる。それはなぜだろう？レッシュは、この多型と「社会化の複雑さ」の間にはなんらかの関係があると考えている。地位の優劣の驚くような突然の変化によって特徴づけられるアカゲザルのような霊長類の社会では、さまざまな性格――個体によってストレスの閾値が異なる――がある種の安定性を維持させているのかもしれない。しかし、レッシュは、ほかの霊長類に比べて、アカゲザルが地理的にきわめて広く分布していることに注目している。彼は、ともかく、この「攻撃に関係した特性や行動の幅の広さ」が地理的分布において極度に成功した動物種――たえずその生息域を広げ、新たな領土を見つけ所有する種、すなわち植民する種――を生み出したと考えている。

これは、ヒトについても示唆的だ。これまでにわかっているところでは、チンパンジーとボノボはひとつのタイプのMAO-A遺伝子しかもたないのに対し、ヒトでは、MAO-A遺伝子もセロトニン輸送体遺伝子もきわめて多型である。つまり、地理的な生息範囲の広さの点で似ている霊長類の2つの種、ヒトとアカゲザルは、これら2つの遺伝子の変異体の種類が多いという点でも似ている。実際に、この遺伝子の変異は、現在の人間社会にどのような影響をおよぼしているのだろうか？

MAO-A酵素をもたない人には、暴力的で衝動的な行動傾向があることが知られており、短いMAO-Aをもつ人が、とくにアルコールを飲んだ時には攻撃的で粗暴になることも知られている。これらの遺伝子の変異体は、2500万年以上にわたって、いくつかの似たような形で、霊長類に広がってきた。過激な攻撃性は、初期のヒトや多くの霊長類の種の歴史のなかでは大いに適切で適応的であったのかもしれない（とはいえ、その時代でさえも、それは害悪になりえたが）。自然は、攻撃的な性質と温和な性質との間で釣り合いをとってきている。それゆえ、この遺伝子は「ウォリアー-ウァリアー（喧嘩好き-心配性）」遺伝子の名で呼ばれている。

この20年ほどの間に、セロトニン輸送体とMAO-Aの多型遺伝子と行動とを、そして特別な脳の部分——とくに扁桃体、前帯状皮質、前頭前野（10章で述べたように、これらはまとめて「社会脳」と呼ばれる）——とを関係づける上で、研究に大きな進展があった。

１９７０年代、アメリカの心理学者アヴシャロム・カスピは、現在はロンドンの精神医学研究所にいるテリー・モフィットと共同で、ニュージーランドのダニディンで生まれた１０００人の赤ちゃんについて縦断的研究を開始し、それ以来2年に一度調査を行なってきている。２００2年に彼らが行なった報告は、ダニディン研究で幼い時に虐待を受けた男性の何人かが、なぜ、成長すると反社会的行動をとるようになり、頻繁に警察の厄介になるようになった（そうならなかった男性もいたのに対し）のかに注目していた。彼らの研究は、ＭＡＯ‐Ａの関与を示唆していた。子どもの頃に虐待を受けた男性のうち、長い反復をもつＭＡＯ‐Ａ遺伝子——したがって、ＭＡＯ‐Ａの発現量が多い——をもつ男性は、反社会的な問題行動を起こすことが少なかった。短い反復をもつ男性は、犯罪をおかす傾向があった。カスピらは、セロトニン輸送体の遺伝子型も調べ、短い反復の変異体をひとつ、あるいは2つもつ人が、長い反復の変異体を2つもつ人よりも、生活の変化に対してうつの症状、うつ病、そして自殺傾向を示すことが多いということを見出した。

２００7年、アンドレアス・ライフ率いるレッシュのグループも、セロトニン輸送体とＭＡＯ‐Ａのさまざまな変異体どうしの間にはどのような関係があるか、それらが相対的にどの程度暴力に関係しているか、そして子どもの頃に経験した暴力が重要なのかどうかを調べた。暴力的な人の45％が短い反復のＭＡＯ‐Ａ遺伝子をもっていたが、暴力的でない人でこれをもっていたのは30％でしかなかった。有害で暴力的な子ども時代を経験した人は、セロトニン輸送体の短い反復の対立遺伝子をもっている場合にのみ、暴力的なおとなになった。

1992年、アーマド・ハリーリに率いられた研究者たちは、これらのセロトニン輸送体の変異体をヒトの情動性と直接関係づけた。彼らは、精神医学的に正常な多数の被験者にfMRIの脳スキャナーのなかに入ってもらい、彼らに一連の写真――そのなかには怯えた表情の顔が何枚か入っていた――を見せた。これらの映像が脳の「恐怖中枢」である扁桃体に与える効果を調べたのである。扁桃体は、恐怖の情動を示す顔の情報を受けとり、(すでに述べたように) その情報を前帯状皮質へと伝える。扁桃体の「正常な」活動を示した被験者もいれば、扁桃体の発火反応が高まった被験者もいたが、彼らの遺伝子を調べてみたところ、扁桃体が激しく活動した被験者は、短い型のセロトニン輸送体遺伝子をもっていた。

2005年、NIMHのアンドレアス・マイヤー＝リンデンバーグは、ハリーリによって最初に用いられた怯えた表情の顔写真を見た時の脳の活動状態をfMRIで測定するという方法を踏襲した。スキャンの結果は、短い反復のセロトニン輸送体遺伝子をもつ人では、扁桃体‐前帯状皮質の間の連絡が弱いということを示した (図24参照)。これが重要なのは、前帯状皮質が扁桃体の活動の調整役、あるいはそれを弱めるものとしてはたらくからである。これらの恐怖心の強い人々には、前帯状皮質からのフィードバックに障害があるため、火を消すものがなにもなかった。扁桃体と前帯状皮質の連絡がうまくいっていない人は、不安傾向が強く、危害がおよぶ可能性のある状況を極度に警戒している。たとえば、地面に太いロープが横たわっているのを見て、正常な人なら、「あれま！ヘビみたい！」と言うのに対し、扁桃体‐前帯状皮質の連絡の弱い人なら、「ひゃー！ヘビだ、逃げろ！」と言う、といったように。

マイヤー＝リンデンバーグはさらに研究を進め、今度はMAO‐Aを調べた。扁桃体‐前帯状皮質の

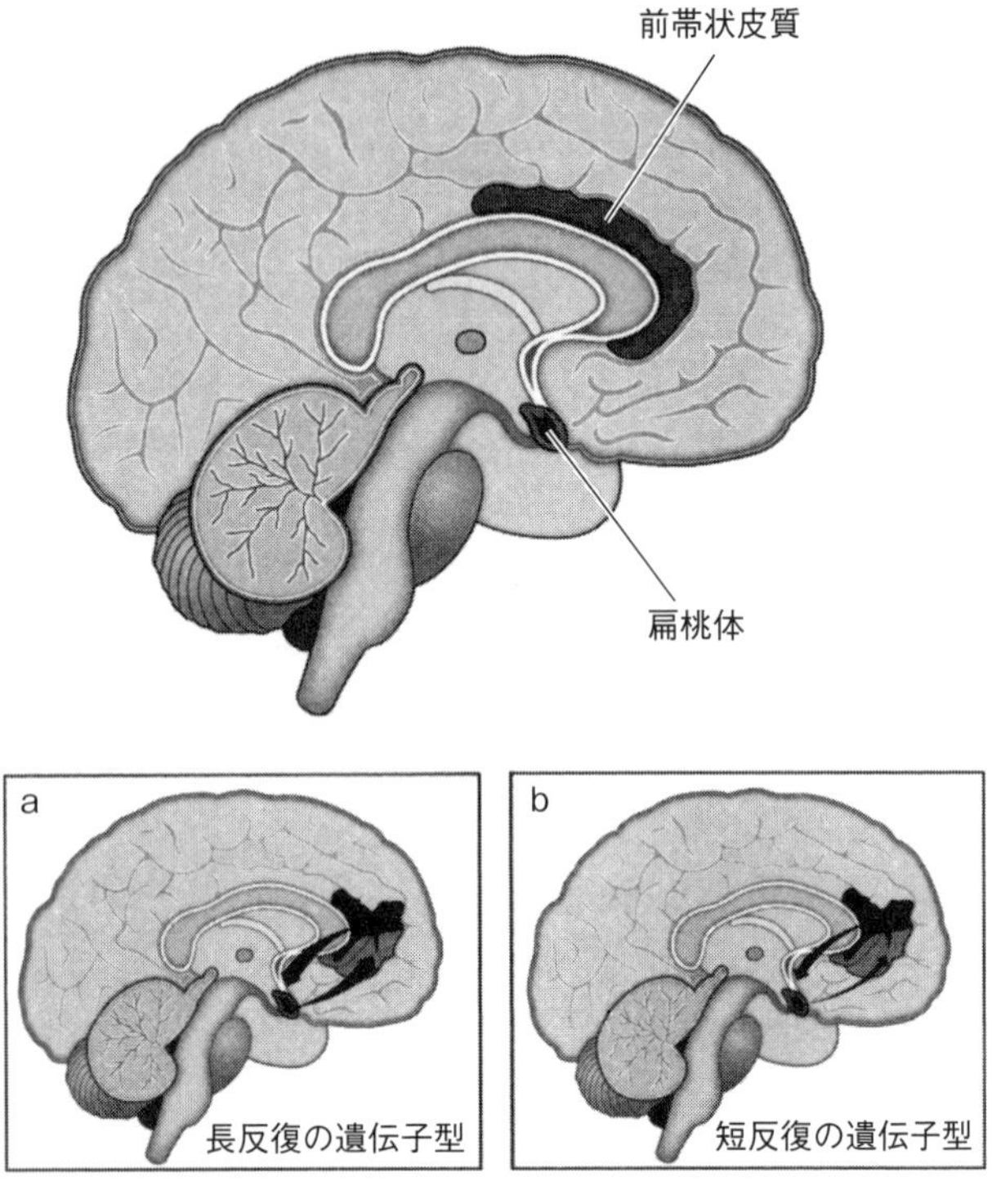

図24　セロトニン輸送体の短反復と長反復の遺伝子型と扁桃体 - 前帯状皮質の連絡の強さ

もっとも弱い連絡に関係した扁桃体のもっとも高い活動を示した人は、短い反復のＭＡＯ－Ａ遺伝子をもっていた。そこでマイヤー＝リンデンバーグは、まず前頭前皮質に、次に前帯状皮質を介して扁桃体とつながる前頭前皮質のフィードバック回路に注目した。すでに述べたように、前頭前皮質を損傷した人は、破滅的な社会的決定をする傾向をもつことが多い。前帯状皮質を介しての前頭前皮質と扁桃体の連絡は、負のフィードバック回路を形成している。つまり、活性の低いタイプのMAO-A遺伝子をもっている人は、脳の「考える」部分が脳の「情動の」部分に優越する――その勢いを殺ぐ――ことができないため、自分の感情をコントロールできない。

いまの段階で、セロトニンとMAO-Aの遺伝子型と社会脳については、ほかになにがわかっているだろうか？　レッシュによると、興味深いのは、両方の遺伝子の活性の低い対立遺伝子によって影響を受ける脳領域が模倣――社会的認知と社会行動は模倣から進化してきた――に関与しているということである。これらの領域の多くには、ミラーニューロン（私たちが特定の行為をする時も、他者がするその同じ行為を私たちが見る時にも活動する）と、紡錘細胞（社会的絆に役割をはたすと考えられている）がある。これらの驚くべき結論は、セロトニンとMAO-Aの遺伝子型を、社会行動やミラーニューロンと紡錘細胞の数に直接関係づける。これはまさに、ヒトの認知の進化を解明する上で必要となる遺伝学、心理学、神経科学、三者の組み合わせである。

もう一歩先に進んでみよう。ジョン・オールマンは、紡錘細胞をもっともよく知る研究者だ。彼は、ヒトでは紡錘細胞の数がボノボよりも格段に多く、そのボノボも、チンパンジー、ゴリラ、オランウータンに勝っていることを指摘している。言い換えると、その順位は、社会的認知や家畜化の程度に従っている。紡錘細胞は、とりわけ前帯状皮質で多く、すでに見たように、ここは、前頭皮質と情動の座である扁桃体を仲介している。紡錘細胞は、文字通り「虫の知らせ（直観）」（ガット・フィーリング）の源であり、オールマンの研究室のあるポスドク研究者のことばを借りると、「社会的文脈における不確かな状況で素早い決定を下すという役目」、すなわち即断するという役割を担っている。

オールマンは、紡錘細胞にはかなり多量の受容体があることを発見した。セロトニンとドーパミンの両方の受容体があり、最近の研究では、ヴァソプレッシンもそれらに結合することが示されている！ 紡錘細胞を、すべての社会的知能が集結する脳のなかの基盤として見ることもできそうだ。そして、紡錘細胞はヒトに特有ではないものの、その数においてヒトは群を抜いている。ヒトとチンパンジーの紡錘細胞の数の違いは、社会的知能の差を反映しているように見える。チンパンジーにも豊かな社会的知能があるとするもっとも楽観主義的な研究でさえ、ヒトの心の理論が、チンパンジーのもちうる社会的知能のどれをも大きく凌駕していることは認めるだろう。

おそらくこれから、新たな研究によって、ヒトの家畜化とさまざまな動物の家畜化に関与する神経化学物質や酵素のリストが増えるだろうが、現在でも、ヒトの住居、身長、共生関係、食事、農業についての考古学的証拠を、行動（人間集団内のさまざまなタイプの性格）に、さらには神経化学や私たちの脳の構造や発生・発達に関係づける高度な生物社会科学のための基礎が十分に築かれている、と私は思う。私たちは、自己家畜化してきたというだけでなく、それをもっとも徹底的に行なってきた動物種なのだ。その全体的プロセスの魔術は、（すべてではないにしても）多くが、イヌの家畜化で見たように、自覚せざるプロセスによっている。私たちとチンパンジーの間のすべての差異——神経伝達物質の調節遺伝子の変異から、紡錘細胞の数の違いまで、そして神経系、代謝や免疫に関係する多くの遺伝子の違いまで——が、程度の問題、すなわち質的差異ではなく、量的差異だという主張もあるかもしれない。しかし私は、この量的差異はあまりに大きすぎ、それらの効果が合わさることによって、認知的に独特な生き物、珍しい心をもった生き物、すなわち私たちを誕生させることになったのだと思う。

12章 チンパンジーはヒトにあらず

チンパンジーと私たちの関係は、根本的に見直してみる必要がある。というのは、その関係が、チンパンジーなど類人猿についての通俗科学の記事やテレビ番組の定番メニューのせいで、機能不全に陥っているからである。それらの記事や番組は、単純な科学の見方を提供し、彼らが遺伝子の点でも認知の点でも「驚くほど」私たちに似ていることを強調する。しかもそれは、この領域に精通しているはずの霊長類学の著名人のお墨付きをもらっていることが多い。

どんな世界にも、どれも似たり寄ったりと見る人間と、どれも違っていると見る人間がいる。霊長類学の世界もその例外ではない。フランス・ド・ヴァールやジェイン・グドールのような研究者は、ヒトを見るようにチンパンジーを見るという研究生活を送ってきた。チンパンジーについての私たちの理解は、確かに彼らの研究によるところが大きい。最初に野生での道具使用について報告し、それとは対照的に、ゴンベのチンパンジーを継続的に調査するなかで観察された殺しや暴力行為、そして保護や和解について報告したことは、グドールの大きな功績である。しかし、私の印象を言えば、霊長類学の広報担当者として、彼らは、擬人的にものごとを見る私たちの傾向につけ込み、それを利用し、「チンパンジーは私たち」産業を引っ張っている。私としては、もうひとりの傑出した霊長類学者、カレル・ファン・シャイクがとっている態度のほうが好感がもてる。シャイクは、グドールとド・ヴァールが指摘するように、私たちヒトの高度な認知特性の多くの進化的基盤を霊長類の社会に見ることができるということをはっきり認めた上で、ロンドンの地下鉄の構内放送をまねて、「隙間（ギャップ）にご注意ください」と言っている。「チンパンジーは私たち」のかわいげなイメージは、イギリスのテレビで40年にわたって流されていた悪名高いPGティップス・ティーのCM（幸いにしてお払い箱になったが）と同じぐらい、見当違いで、誤っていて、事実上も学問的にも破綻している。このCMでは、陽気なチンパンジー一家が、しゃれた帽子と花柄のドレスを編み終えたところで、湯気の立った紅茶「ロージー・リー」を囲んで、ロンドンの下町訛りでぺちゃくちゃ意味のないことを喋り合っていた。さよなら、古き友よ、もう戻って来なくていいからね！

　だが、通俗科学の記事は依然として、霊長類の認知研究を「この行動は、以前はヒトだけのものとされていたのですが、なんとチンパンジーにもあることがわかったのです」といった調子で紹介し続けている。ヒトに「特有の」認知様式は、まるでドミノ倒しのように、次から次へと倒れてゆく。たとえばド・ヴァールなどは、チンパンジーの道徳性、道具使用、模倣、利他行動についての研究が、ヒト特有の認知の入った棺に1本また1本と釘を打ち込みつつあるということを指摘して、悦に入っている。しかし、私は、これが、ヒトとチンパンジーが実際にどれだけ近いかについて誤った印象を作り出しているのだと思う。ヒトとチンパンジーの差異に関しては、私は、似ていると考えるのではなく、違っていると考える人間だ。両者が違っているとする少数派は、巻き返しを始めたと私は思う。何人かの傑出した心理学者が、結局のところヒトの認知が特別だと言い始めている。以下に例をいくつか紹介しよう。

まず、利他行動について。ヒトは、無理をしてまでほかの人間を助けることがある。私たちは、横断歩道を渡るお年寄りを助け、献血をし、ほかの人間の世話をし、そして少なくとも私たちの何人かは、川で溺れている子どもを救うために、ためらうことなく土手に服を脱ぎ捨て、川に飛び込みもする。チンパンジーはどうか？　チンパンジーの行動のなかにヒトの利他行動の起源を見てとることができるだろうか？　いくつかの実験は玉虫色の結論に至っている。たとえば、２００５年、ジョアン・シルク、ジェニファー・ヴォンク、ダニエル・ポヴィネリがチンパンジーで行なった実験では、綱を引くと餌の入った容器を引き寄せることができるが、選択肢として２つの綱があって、一方を引くと、自分だけが報酬の餌を受けとることができ、他方を引くと、自分も隣の檻にいる親しいチンパンジーも報酬を受けとることができた。もうひとつの条件では、隣の檻にはチンパンジーがいなかった。その結果、どちらの条件でも、チンパンジーは２つの選択肢を同程度に選んだ。すなわち、隣にほかのチンパンジーがいてもいなくても、隣も報酬が受けとれる第２の選択肢を第１の選択肢と同程度に選択したのだ。チンパンジーには「他者への配慮」がまったく欠けていた。シルクの言い方では、あたかも、ほかのチンパンジーを助けるかどうかをコインを投げて決めているかのようだった。どちらにしたところで、自分が損をすることはなかった（自分の報酬は得ることができた）。

しかし、２年後の２００７年、フェリックス・ヴァルネケン率いるライプツィヒのグループが、シルクらの結果とは逆に、チンパンジーがヒトの子どもと同程度に自発的な利他行動をとることを示した。チンパンジーは、棒に手が届かなくて困っている実験者に、それをとって渡す——それによる報酬があっても、なくても――という強い傾向を示した。たとえ台までよじのぼって棒をとらなくてはならず、自分の側にコストがかかる場合でも、そうする傾向が見られた。チンパンジーはまた、隣の檻にいる血縁関係にないチンパンジーが、餌のおかれている第3の檻に行きたがっている時に、隣と第3の檻の間にあるドアの留め金を外してやって、助ける傾向も見せた。ほかのチンパンジーを助けることができたとしても、そのチンパンジーが餌をとったなら、自分がそれを手に入れる見込みはなかった。ヴァルネケンは、「ヒトの利他行動の起源は、これまで考えられてきたよりも古く、ヒトとチンパンジーの最後の共通の祖先にまでさかのぼるかもしれない」と結論している。

リチャード・ランガムとブライアン・ヘアは最近、一緒に綱を引っ張って餌をとる課題において、どの程度協力し合うかを、チンパンジーとボノボで比較している。チンパンジーは、餌をとるために協力し合う傾向をボノボと同程度に示したが、それは、大きな果物がいくつかの片に切ってある場合のように、ひとり占めするのが難しそうな時に限られていた。果物が丸ごとひとつで分けられない時には、チンパンジーは協力し合わなかった。一方、ボノボは、果物が分けることができる場合も、できない場合も、同じように協力し合った。ランガムは、ボノボが食物の共有と利他行動が広く可能なのは、彼らの情動反応が強くないため、お互いを許容し合うことができるからだ、と結論している。もしこの通りなら、ボノボはヒトの利他行動により近いものをもっていることになる。それは、遺伝的に近いから、あるいは共通の祖先をもっているからではなくて、彼らの攻撃性の低さが、チンパンジーとは異なる社会構造――ボノボの社会は、チンパンジーより大きな集団で構成され、メスが顕著な社会的役割をはたし、オスの連帯が暴力的ではない――から生じているからである。つまり、決定的要因は、遺伝的な近さそれ自体ではなく、社会構造なのだ。

この考えはさらに、チューリヒの人類学研究所のユーディット・ブルカートの研究によって支持されている。マーモセットが、餌のコオロギの入ったボウルの載ったトレイか、空のボウルの載ったトレイかどちらかを引っ張って、隣のエリアに入れるという課題を与えられた。隣のエリアには、もう1頭別のマーモセットがいることもあれば、いないこともあった。餌を得ることができるのはこの別の1頭だけで、「操作する」ほうのマーモセットが報酬をもらえる可能性はなかった。けれども、マーモセットは、隣のエリアにほかのマーモセットがいた場合には、いない場合よりも、20%ほど多くトレイを引き、「家族」か関係のない個体かを区別はしなかった。このように、ヒトと利他的特性を共有しているかなり原始的な新世界ザルがいる。ヒトとマーモセットは遺伝子の点では近縁ではないが、この類似性を説明できる両者に共通のものとは、なんだろうか？　ブルカートは、ヒトも、マーモセットも、協力して子育てを行ない、子どもの世話はその親だけでなく、ほかのおとなもする、と説明する。野生では、マーモセットの間では食べ物を分け合うのがよく見られ、他者のものをとることも許容される。人間社会も、家族と家族以外の「助っ人」がいるという点で似たような特徴がある。ヒトでも、マーモセットでも、協力的な子育てが利他行動の原動力だった、とブルカートは言う。

次に、模倣について見てみよう。チンパンジーの模倣能力をテストするこの数年でもっとも巧妙な実験のひとつは、セント・アンドリュース大学のアンドリュー・ホワイトゥンとその共同研究者たちによって考案されたものである。装置は、アクリル製の箱で、正面に穴が開いていて、その奥に餌を入れておくことができる。この餌は、餌の上にある水平の障壁を持ち上げるか、あるいは正面の穴の前の蓋を棒で奥へ突けば、とることができる。2つのグループのチンパンジーのそれぞれから代表の1頭が障壁を持ち上げるか、蓋を突くかどちらかを教わった。次に、これらのチンパンジーは、グループのほかの仲間と一緒にされ、教わった方法で餌をとり続け、ほかのチンパンジーはそれを見た。実演は効果があった。一方のグループには突く方法が広まり、もう一方のグループには上げる方法が広まった。実演者が成功するところを見ることなく装置を提示されただけのチンパンジーでは、成績は極端に悪かった。2か月後、これら2つの対等な文化的伝統はまだ保持されていた。これらのチンパンジーは、確かに餌をとるのに必要な動作を観察し、それらの動作をまねていた。少なくとも、このことは、野生のチンパンジーにおいて、アリ浸しのような食物をとる簡単な技法がどのように広まり、文化的伝統として長く続くものになりえるのかを示している。しかし、ヴィクトリア・ホーナーとアンドリュー・ホワイトゥンはさらに進んで、模倣の「隠れた構造」を探った。

彼らは、チンパンジー用に別の問題箱も考案した。箱に黒くペンキを塗った問題箱では、棒を用いててっぺんの蓋を上げると、縦の穴が見え、人間の実演者がそれを激しく突いた。実演者は次に、箱の正面に開いた穴へと注意を向け、棒を用いて餌をとった。箱の内部は見えないので、上から突くことが食物をなんらかのしかたで横の穴へと落としたと考えると、これは意味をなすように見えた。実際、チンパンジーも、幼い子どもも、このやり方をまるごとまねて、成功した。しかし次に、この装置が透明のアクリルの装置に変えられた。今度は、だれもが、縦の穴は障壁が途中にあるので、横の穴とはつながっていないのを見ることができた。したがって、縦の穴を突いても、意味がなかった。チンパンジーは即座にこれを理解し、すぐ本題に入り、横の穴を突くというあとの動作だけをまねた。それとはまったく対照的に、ヒトの子どもは、「種明かし」の透明の箱を見たあとでさえ、手順全体をまねし続けた。子どもは、社会的に従順だった——おとなのすることを模倣しなければならないと思っていた——だけなのだろうか？ホーナーとホワイトゥンは、子どもが次のようなデフォルト規則に従っていると結論した。すなわち、「おとなのすることがたとえ意味をもたないように見えたとしても、それは重要に違いないから、そっくりそのまま模倣せよ。重要でなければ、そんなことはしないはずだ」。言い換えると、彼らは、実演者のその動作の背後にはなんらかの意図があるはずだと「心を読んで」おり、その動作に意味を付与していた。

イェール大学のデレク・リヨンズのグループは、この考えを子どもでもう少し踏み込んで検討するため、ホワイトゥンの問題箱を、複雑さを増した興味深い一連の問題へと作り変えた。この課題では、なかにあるオモチャをとるためには、たとえばかんぬきを押すとか引くとかいった特定の動作をする必要があったが、箱の上を叩くとか取っ手に触るなどのほかのいろんな動作は、しても課題解決とは関係がなかった。単純な種類の課題でさえ、子どもたちは、実演者のすべての動作をまねし続けた。別のテストで、必要な動作と不必要な動作とを区別できたあとでさえ、また、不必要な動作は無視しなさいと言われた時でさえ、そうしたのである。彼らは、どんな小さな詳細も忠実にまねることから抜け出せなかった。リヨンズはこの現象を「過剰模倣」と呼んでいる。

このように、チンパンジーは必要な動作だけをまね（エミュレーション）し、一方、ヒトの子どもは、本筋とは関係のないほんの些細な動作までも模倣する。これは、チンパンジーが実際に子どもより賢い——報酬を得るためには些細なことはすべてはしょる——ということなのではない。両者の学習のしかたが違っているということなのだ。子どもは、意味のないことまで模倣するというリスクを冒してまで、忠実に模倣するよう生まれついているように見えるが、その模倣の忠実さは、実演されているテクニックが複雑になればなるほど、きわめて重要なものになる。それが複雑になればなるほど、関係のある動作か無関係な動作かを区別するのは難しくなり――課題は見通しがきかないものになり――、正確かつ忠実にまねるほうが得策になる。最終的にある結果につながる動作が複雑になるにつれて(たとえば、餌を得るためにレバーを押す、獲物をとるために罠を仕掛ける、槍や斧の頭を作るためにフリント石を研ぐ)、その動作についてゆくのが難しくなり、エミュレーションは息切れし始める。それよりも、子どもがするように――おとなの動作はみな因果的に関係していると仮定して――機械的にまねるほうがよい。かりに、それが最初は(チンパンジーから見れば)愚かに見えたり、結果的にほかの人の誤りをまねることになったとしてもである。リヨンズらは次のように結論している。「確かに、この強力な模倣方略は強すぎるあまり、時には子どもの因果の知識を損ねてしまうことがある。ここから言えるのは、次からは複雑な仕掛けを不用意にもてあそんだりするな、ということだ。あなたの知らないところから、子どもが見ているかもしれないからだ!」

エミュレーションと真の模倣のこの違いは、どのようにして私たちが種として、こうした多様で複雑な物質文化を積み重ねることができたのかを考える上で決定的に重要である。実演者の行為の意図を理解することは、その行為の一挙手一投足をまねることと結びついて、そして実演者の心のうち――あなたの知らないことを知っているので、だからあなたに教えてあげるんだ――を理解することと結びついて、強力なラチェット効果を生じさせる。新しい技術は急速にしかも正確に受容されて広まり、その後変更されたり、同じ仕事をするよりすぐれた道具や技術に置き換わったりする。そこには、およそ6000年前の車輪の発明から現代のジェット旅客機の登場に至るような、複雑さと知識の絶えざるステップアップがある。

要は、霊長類とヒトの認知には明確な違いがあって、その違いが私たちに、ほんの小さな土台にもとづいて、それらを驚くほどの規模の力と複雑さをもったものへと拡張するのを可能にした、ということである。これらの差異を量的な違い――同じ種類のものが多いか少ないか――とみなすことで、ヒトが独特だという考えを潰し、私たちと霊長類の間に感じられるギャップを狭めようとする人たちもいる。しかしそれは、次の2つを同じとみなすようなものだ。すなわち、そろばん vs.最新のデスクトップコンピュータ。チンパンジーの道具使用 vs.現代人の科学技術。霊長類の裏切りへの罰、食物を分け合う際の社会的公平感 vs.ヒトの道徳的・倫理的行動、司法制度、心からの利他行動。チンパンジーの警戒コール、身振り、パントフート、実験用のレキシグラムで作ったきわめて単純な文 vs.ヒトの言語と文学。チンパンジーやほかの霊長類のごく基本的な（重要で興味深くはあるが）数の認識 vs.ほかの惑星へと探査機を飛ばし、ほんの一瞬しか存在しない基本的粒子を探ることを可能にしている現代数学。ジョージア州立大学のマイケル・ベランが言うように、ヒトの脳も動物の脳も、数をあつかうように進化した。霊長類にとって、実を10個つけた木と6個しかつけていない木の区別、あるいは遠くにいる3頭と6頭の捕食者の区別ができることは、明らかに適応的だが、その強みは、たとえば24と28の間の区別ということになると、大きく減じる。それらの数は、霊長類の区別できる数の限界を超えているからである。私たちヒトはこれらの量に記号を対応づけ、それらを抽象化し、それらを高度な数学のなかで操る。

心の理論の場合もそうだ。チンパンジーやほかの類人猿も、他者の目的についてなんらかのことをその動作から解釈でき、注意や他者からの見え方についてなんらかのことがわかっているのかもしれない。しかし、ヒトは、3歳か4歳を過ぎる頃から、ほかの人間の頭のなかにある意図について多くのことがわかるようになり、他者の信念や誤った信念について命題を形作ることができるようになる。明らかに、チンパンジーはこれらのことができない。言語と心の理論——とりわけ、信念についての命題を表象する能力——の間にも、重要なつながりがある。数多くの研究者、なかでもブラウン大学のジル・ド・ヴィリヤーズとピーター・ド・ヴィリヤーズは、言語が信念、誤信念、思考、感情を表象するための基本的な前提条件だと主張している。彼らは、心の理論のこの高次の側面が、たとえば"He thought he saw a unicorn（彼は自分が一角獣を見ていると思った）"といった文のように、心的動詞（思うや見る）とそれらの動詞の補語（一角獣）を含む複雑な文を用いる能力とともに発達することを示している。重度の言語遅滞をもち、口頭で教えられた耳の聞こえない子どもについての彼らの研究によると、これらの子どもは典型的な誤信念テストができなかった。彼らの言語能力が同級生に追いつくと、社会的知能も追いついた。これから、チンパンジーは、言語をもたないので、ヒトとチンパンジーの間にある真の認知的不連続性を埋めることができないと考えることもできるだろう。

ちょうどよい機会なので、ここで、言語についての厄介な問題について少し考えてみよう。私がその問題にほとんどあるいはまったく触れていないと思った方もおられるかもしれない。類人猿に言語を習得させる実験が長い年月をかけて行なわれたが、これらについてはなにが言えるだろうか？　ワシュー、ニム、ココ、カンジについては？　この問題ほど、一般大衆を喜ばせる一方で、大多数の心理学者や言語学者を固まらせてしまう話題はない。その大部分は、希望的観測や誇張に、あるいはまったくの夢想に彩られた長く残念な歴史である——科学の抱える病と言ってよい。類人猿の象徴的コミュニケーションの理解の限界を探る決定的試みと言えるのは、何頭かのボノボ（有名なのはカンジだ）でのスー・サヴェージ＝ランボーとその共同研究者による研究がひとつ現われただけだった。しかしこの場合でも、カンジは、文を作るために自分が用いるレキシグラムが記号だということを真の意味では学習しておらず、レキシグラムの組み合わせを、食べ物が欲しいとか遊びたいといった自分の欲求を伝えるための道具として用いることを学習したにすぎないという批判がある。真の言語はヒトに限られる。類人猿の言語習得実験について自分の考えをもちたい方には、ジョエル・ウォールマンが著した『言語をサルまねする』のなかのこの領域全体に対する痛烈な批判や、マーク・ザイデンバーグとローラ・ペティートの批判的な論文と、あわせて、サヴェージ＝ランボーの『カンジ――ヒトに近い心をもった類人猿』の自らの研究についての解説とを読んで、バランスをとることをお勧めする。

言語がチンパンジーとヒトとの間にある真の不連続性であるとしても、さらにほかになにかあるだろうか？　認知心理学者のマーク・ハウザーは長年にわたって、数量、目標と意図の理解、自然界の物理的原理の理解、道徳性に関して、霊長類の認知の限界を探る魅力的な研究を行なってきたが、最近、ヒトをユニークにしていると彼が考える特性をリストアップしている。それらは全体として、彼が「ヒューマニークネス仮説」と呼ぶものを形成している。「要はパラドックスにある」と彼は言う。「一方では、動物の心についての新しい研究が、ヒトの認知の進化にとって土台になったたくさんの重要な構成要素を明らかにしているのに対し、他方では、動物とヒトとの認知のギャップは途方もなく大きい」。チンパンジー、イルカ、ゾウ、オウムとヒトの間の違いは、これら社会的な知能をもった種とミミズとの間の隙間より広い！、と彼は主張する。ハウザーに言わせると、ヒトはいくつかの際立った認知能力を進化させた。それらとは？　異なる情報源や知識を組み合わせて新たな洞察を生み出す能力。個別の問題のルールや解決法にすぎなかったものを新しいさまざまな文脈のなかで用いる能力、すなわち一般化の能力。アナログ表象をデジタルな記号へと変換する（たとえば、自然の世界のなかにある量を数へと変換する）能力。組み合わせや再帰の操作――たとえば、さまざまな仕事をするために、いくつかの部品や材料から道具を作り上げる――のための脳の新たな回路。そして思考のモードをなまの感覚知覚入力から切り離す能力（これによって、別の新たな状況において過去の出来事を思い出し、それについて考えることが可能になる）。

心理学者のマイケル・コーバリスによれば、私たちとほかの動物種を分け隔てるのは、再帰である。再帰は、認知の多くの枝に実る強力な現象である。言語においては、文法的ルールは、再帰を用いて、ほんの26個の文字をもとに構成される単語から無数の文章を生み出す。幼い子どもは、物語を通して再帰の力を学ぶ。コーバリスが例にあげているのは、いくつもの再帰から構成されている『ジャックの建てた家』だ――「こいつが、ジャックの建てた家のなかにおいてあった麦芽（モルト）を食べたネズミを殺したネコをいじめるイヌなんだ」。コーバリスが言うには、心の理論は、再帰のもうひとつの形態である。というのは、それが、ある人間がほかの人間の心のなかで起こっていることを想像することだからである。この場合に、再帰はきわめて複雑なものになりうる。たとえば「……だとレイモンドが思っているとジョンが考えたと彼らが思ったと彼女は考えた」というように。コーバリスによると、エピソード記憶（別の言い方をすると、時間旅行）もそうだ。エピソード記憶では、過去におけるさまざまな時点で自分が関わった一連の出来事を思い出す――あるいは、それと同様に、特定の行為がもたらす可能性のある多種多様な影響を推し量りながら、未来の計画を立てる――ことができる。再帰的規則は、私たちが数を数えることも、強力なソフトウェアを備えたコンピュータをプログラムすることも可能にする。ルーチンがサブルーチンからなり、そのサブルーチンはその下位のサブルーチンからなるような強力なソフトウェアをコンピュータにプログラムすることが可能になり、またいくつものファイルをまとめてフォルダに入れ、それらのフォルダをさらにまとめて上位のフォルダにしまうことも可能になる。道具製作もそうだ。ある道具は別の道具を作るのに使われ、その別の道具がさらに別の道具を作るのに使われ、こうしてできた道具——たとえばアシューリアン型の握斧——がさらに別の材料に対して使われる。（まえに述べたように、エピソード記憶や再帰的な道具製作がカラスにはあるが、チンパンジーにはない！といった主張もなされており、論争を呼んでいる。）

コーバリスは、これら再帰的な認知機能はみな前頭葉にあると指摘する。前頭葉は、大きさ自体がヒトで劇的に大きくなった部分であり、主要な構成部分においても、ニューロンのタイプや数や構成においても、相対的に大きな違いが見られる。コーバリスが引用しているのは、幼い子どもの認知発達についてのパトリシア・グリーンフィールドの研究である。幼い子どもでは、言語の階層構造の理解とモノの操作の発達とが同時に起こり、その結果、単語を組み合わせて句にし、句を組み合わせて文にし始める頃には同時に、ナットとボルトを組み合わせて簡単な構造物を作り、それを再帰的なやり方で複雑にし始める。レゴやメカーノのような、子どものオモチャのほとんどは、この原理ではたらく。グリーンフィールドによると、これらの活動はどちらも、ブローカ野——ヒトでは大きさや内部構造が変化してきたことがわかっている——で起こる。ブローカ失語の患者は、単語の意味はわかるが、単語を集めて文にして発話することができない。また、階層的に枝分かれした樹状構造の線画を見たあとで描くこともうまくできない。

コーバリスによると、いまあげた特性——心の理論、自己概念、エピソード記憶、心のなかの時間旅行、道具製作、数を数えること——がヒトに特有であるのは、ヒトが再帰的思考ができるからだという（異論がないわけではないが）。

２００７年末、ヒトの認知のユニークさを支持するさらに３つの声があがった。ルイジアナ大学のダニエル・ポヴィネリとデレク・ペンは、ＵＣＬＡのキイス・ホリオークとスクラムを組んだ。ポヴィネリらのグループはこれまで、世界を心の状態や因果作用のような観察不能なものの点から解釈できるのはヒトだけだと主張してきており、一方、ホリオークは、ヒトが、アナロジー能力（科学的発見能力、詩的なメタファー、因果推理の基礎）、現実の世界を抽象概念（たとえば異同の概念、ことば、数）によって表象する能力、そして記号として解釈された世界についての複雑な心的モデルを操作し交換し合う能力の点で独特なのだ、と主張してきた。彼らは、これまでの認知の比較研究を精査して、ダーウィンがヒトやほかの動物の認知の差異を種類の違いではなく、程度の違いとして軽く見たという点で誤っていたと、そしてこの四半世紀にわたる比較研究がヒトと動物の認知の間の不連続性を説明するのではなく、両者の間の連続性を過度に強調し、連続性の概念を誇張する傾向にあったと結論づけている。彼らは、記号どうしの関係の点から世界を解釈するのを可能にした「よい仕掛け」がどんなものであったにせよ、「それは私たちというひとつの系統だけにおいて進化し、ヒト以外の動物はそれを手にしなかった（そしていまも手にしていない）」と結論している。彼らが言うには、認知科学にとって重要な課題は、この基本的な不連続性を受け入れて、それがどのように進化しえたのかを生物学的に適正に説明することである。

私が問題にしたもっとも重大な単純化は、ヒトとチンパンジーが遺伝的に——ＤＮＡの塩基配列のレベルで互いのゲノムには1・6％（あるいはそれ以下）の違いしかないという考えにもとづけば——きわめて近縁だというものであった。このよく持ち出される決まり文句からの重要な推論は、この驚くほど小さな遺伝的差異が、ひと握りの遺伝子になんらかの形で反映されていて、それらが「私たちをヒトにする遺伝子」だということが見出されるだろう、というものだ。しかし、1970年代のキングとウィルソンから現在にいたるまで、何世代ものゲノム科学者は、これがそうでないことを知っている。私たちはいまや、構造的変化の厖大な——いまも増えつつある——リストを手にしており、これらは、ゲノムの進化的変化の原因として遺伝コード内の単一点突然変異を覆い隠してしまうほどの変化だということがわかっている。これらは、欠失、逆位、コピー数多型、そしてスプライス変異体などである。さらに、同一の、あるいは同類の遺伝子の発現のタイミングや発現速度の違い、そして「マスター制御」転写因子遺伝子の役割が、ヒトとチンパンジー間の遺伝的距離を増幅するようにはたらく。これらのメカニズムがつけ加わることで、チンパンジーとヒトのゲノムは劇的に違ったものになり（コピー数多型だけでも、差異のなんと6・4％を占める）、一方、免疫系遺伝子における変化は、13％ものローカルなゲノム分岐を引き起こす。そしてすでに述べたように、ヒトゲノムのおよそ10％は、ごく最近に——人間の文化がかける淘汰圧によって——進化してきた。

2章と3章では、人間の心の病理が偶然にもヒトの認知の進化についての手がかりを与えることになったいくつかの例について論じた。この章では、精神病をとりあげよう。1988年、私は、BBCの科学ドキュメンタリー番組『ホライズン』シリーズで、「狂気と戯れる」のプロデューサー兼ディレクターを務めた。このタイトルは、ある人々に精神病を引き起こしている新たな突然変異がほかの人々には有益なものをもたらしているので、それを、進化（自然淘汰）が狂気と戯れていると表現したものであった。すなわち、脳がいまも進化していて、それがいわば進行中の実験であり、ある人々に認知的な利点をもたらすのに対し、ほかの人々には弊害をもたらす可能性がある。これは古くからある考え方だが、いまは見直されて、ふたたび脚光を浴びつつある。最近の2つの遺伝学的研究が、この考え方を模様替えしたところだ。それらの研究は、統合失調症や双極性障害（躁うつ病と呼ばれることもある）のような精神病が、ヒトの脳の急速な成長の副産物とみなせるとしている。

躁うつ病は、進行するにつれて、重い症状が現われる。気分は、躁状態と重いうつ状態の間で大きく振れる。躁うつ病者は、治療を受けないでいると、20％が自殺すると推定されている。躁うつ病も統合失調症も（2つは、症状の点でも、おそらくは遺伝の点でも、重なっている）、患者は、もつ子どもの数が健常者よりはるかに少ない傾向がある。したがって、これら2つの病気を引き起こす遺伝子は、しだいに消滅してゆくはずだが、実際はそうなっていない。躁うつ病は、これまで調べられているかぎりでは、ヒト全体の人口のおよそ1％もの頻度で存在する。それゆえ、躁うつ病の遺伝子は一部の人間には重い病気を引き起こすが、その血縁者で、それらの遺伝子すべて（あるいは一部）を共有する人々には、その病気を代償するだけの利点を生じさせているという考えが出てきた。たとえば、私が取材したなかにニューヨーク在住のエヴリン・ギルマンがいる。彼女は、精神病に重く「冒され」ている夫の側の家系図を描いていた。夫の父親は自殺し、夫の兄弟はうつ病を患い、おじやおばもなんらかの感情障害をもっていた。ギルマンたちの娘、バーバラは、将来を期待されていた芸術家だったが、その後躁病の兆候を見せ始めた。彼女はよく夜を徹して絵を描き、グラニュー糖の袋を脇におき、それを口にほおばって自分を燃え立たせた。彼女はついに、偏執性の異様な妄想にとらわれるようになって、美術学校の校内を騒ぎながら走り回り、それ以降はずっと入院を余儀なくされた。だが、彼女の父、つまりエヴリンの夫、ハーブはこれとは逆だった。彼は、アメリカの最大手のデパートチェーンをゼロから築きあげた陽気で精力的な企業家で、休むということを知らない人間だった。彼は「代償的な」人間のひとりだったのだろうか？　彼のもつこれらの遺伝子は、彼に限りない活力と楽観主義、そして創造的なビジネスの推進力を与えたのだろうか？　天才と狂気は紙一重だという昔からのことわざは、やはり真実なのだろうか？

ケイ・レッドフィールド・ジャミソンは、アメリカのジョンズ・ホプキンズ大学の精神科の教授だが、自身も躁うつ病である。彼女は『火に触れて――躁うつ病と芸術的気質』という本を書き、そのなかで双極性障害が創造的で有名な家族に生じやすいことを家系図で示している。彼女は、ロンドンで研究を行なっていた１９８６年に、イギリスの傑出した脚本家、芸術家、王立美術院会員、ブッカー賞受賞者など、数百人に質問状を送り、躁うつ病の病歴があれば、その詳細を記述するよう求めた。うつ病や躁うつ病の相談をしたことがあるか、あるいはその治療を受けたことのある人の割合は、一般の人々の平均が１％ほどであるのに対し、彼らの場合は38％だった。割合がもっとも高かったのは詩人で、その半数は専門家の援助を必要としていた。

20世紀アメリカのおそらくもっとも偉大な詩人、ロバート・ローエルは、何度も激しい病に襲われ、入院を繰り返した。彼は、自らの病を「モーターのなかの瑕疵（きず）」とか「血のなかの塵」と呼んだ。感情の振り子が頂点から谷間へと振れる途中の軽躁の時期だけが、彼にとって心休まる時だった。彼は、それを「悪夢の最中（さなか）の不思議なみかん畑」と呼んだ。その時には、彼の心は突進し、作品のすべてはこの時にあふれ出た。数多くの作曲家や政治的指導者も、これと同じような話を語る。そこには、人間の特質として大切だと私たちが思うなにか——（もって生まれた）直観的な指導力、文学的、弁舌的、芸術的な流暢さ、楽観主義、認知的葛藤のような困難な状況に耐える強い忍耐力（これらはどれも軽躁の特徴だ）——があり、それは精神病の遺伝と関係があるように見える。あるアメリカの研究者は、多くのアメリカの政界の実力者や産業界の指導者に、軽躁の特性を調べるための質問紙を送り、答えてもらった。彼は、彼らがみな軽躁病の尺度できわめて高得点だったので、もし彼らが精神科医にどうしたらよいか相談していたら、入院を勧められていただろうと結論している。もちろん、だれひとりとして入院したことはなかった。糸の切れた凧のように、世界を股にかけて飛び回っていたのだ！

ゴードン・クラリッジも、ダニエル・ネットルズも、ティム・クロウも、統合失調症型認知と呼ばれる、軽度の統合失調症の側面を、創造性と拡散的思考に関係づけている。芸術家、詩人、作家、数学者といった創造的な人々においては、躁うつ病と同様、統合失調症の割合も一般集団に比べてはるかに高い。フィンセント・ファン・ゴッホ、アルベルト・アインシュタイン、エミリー・ディッキンソン、アイザック・ニュートンも、この病気をもっていた。アインシュタインの息子は慢性の統合失調症になり、ジェイムズ・ジョイスの娘もそうだった。映画『ビューティフル・マインド』のモデル、数学者のジョン・ナッシュも統合失調症だったが、病状が良い時には、ゲーム理論の分野で驚異的な仕事をなしとげた。

現在、スティーヴ・ドーラス（現在はバース大学にいるが、以前はブルース・ラーンと共同研究を行なっていた）は、進化生物学者のバーナード・クレスピとチームを組み、天才と狂気の関係に取り組んでいる。もしこれらの仮定されている代償的な認知特性がこれまでヒトの認知の進化の特徴であったのなら、それらは、私たちを認知的に高め、ユニークにするのを助けたに違いない。もしそうなら、統合失調症への関与が長らく疑われてきた遺伝子の多くは、実際にヒトの系統だけの正の淘汰の歴史をもっているのかもしれない。これこそが、クレスピとドーラスが検証しようとしていることである。

彼らは、統合失調症の遺伝子に関する文献を徹底的に調べ、統合失調症にそれぞれの時々に関与していた76の候補遺伝子のリストを作成した。彼らは、いくつもの統計的手法を駆使して、これらの遺伝子のうち最近に正の淘汰を受けた遺伝子の証拠を探した。76の遺伝子のなかから14が浮上した。突出していたのはDTNBP1という遺伝子で、顕著な淘汰の兆候を示し、しかも統合失調症との関連のもっとも強い証拠をもっていた。この遺伝子に加えて、さらに12の遺伝子が淘汰の中程度の証拠を示した。

太古と現代の進化について、あるパターンが浮かび上がった。ヒトとチンパンジーが共通の祖先から分岐して以降、4つの遺伝子が淘汰を受けたようだったが、一方、2つの遺伝子NRG1とDISC1は、ヒトとチンパンジーの両方の系統で――すなわち、霊長類起源の系統のかなり早い時期に――きわめて強い淘汰を受けていた。

クレスピとドーラスは、淘汰と急速な進化の証拠を探してヒトゲノムを調べたほかのいくつかの研究グループが、統合失調症と明らかに関係するさらに16の遺伝子を見つけているということも見出した。それらには、私たちのよく知るFOXP2とマイクロセファリン、11章で論じた2つの遺伝子、MAO-AとSLC6A4――互いに連携してはたらき、性格、うつ状態、気分障害や思考障害、反社会的行為、新奇探索傾向、そして薬物依存に関与する――が含まれていた。これらの遺伝子の一部は、統合失調症患者の背外側前頭前皮質と眼窩前頭皮質において異常な活性化を示す。この2つは、私たちの社会的認知を支配し、未来の計画を立て社会のなかで適切に振る舞うのを助ける脳部位である。遺伝子発現の異常が思考プロセスの異常につながるというのは、当然と言えば当然である。

クレスピとドーラスは、神経の構造と遺伝子の最近の進化を、一方では精神病と、もう一方では正常集団の創造的心的プロセスと関係づける説得力に富む材料を提供してきた。彼らが見出した遺伝子の多くは、統合失調症だけに特有ではなく、脳の構築、脳内配線、神経伝達といったたくさんのプロセスに関与している。統合失調症に関係するこれら一連の遺伝子は、霊長類の初期の歴史において、そしてとりわけ私たちヒトの系統の両方において、きわめて強く淘汰されたように見える。このことは、統合失調症が、2500万年前——霊長類の脳が大きくなり始め、新たな複雑さをもち始めた頃だ——あたりに起源をもつ病だということを示唆している。しかし、統合失調症には、共通の祖先から分かれて以降のヒトの系統だけに特有の、より最近の次元もある。この病は、霊長類の脳の進化におけるこの病の構成要素の点から言えば、私たちがほかの霊長類と共有しているものであると同時に、霊長類と私たちを分け隔てているものである。

ライプツィヒのマックス・プランク進化人類学研究所のフィリップ・カイトヴィッチが中心となった国際的な共同研究チームは、統合失調症とヒトの脳の進化とを関係づけるこれまでの研究を補完する研究を発表している。とりわけ、統合失調症患者の脳において発現量を増加させてきた遺伝子と濃度を増加させてきた代謝産物の両方が、エネルギー代謝とエネルギーを大量消費する脳のはたらきと強く相関することを見出している。まさにこれらの遺伝子発現と代謝産物の濃度変化が、ヒトの進化においては正の淘汰を強く受けてきたように見える——それらは、ヒトの系統では変化してきたのに対し、チンパンジーの系統ではそうではなかった。したがって、統合失調症は、脳の増大と同義であるように見える。

カイトヴィッチらによれば、ヒトの進化において脳内の濃度が変化した代謝産物は、ヒトの脳におけるもっともエネルギーを要するプロセス――ニューロンの発火に欠かせない細胞膜の電位の維持と神経伝達物質の絶え間ない合成――に関与している。ヒトの脳の増大は、神経インパルスが脳の複数のモジュール――チンパンジーの脳でこれらに相当する組織よりはるかに互いの距離が開いてしまった――間の認知を統合するにつれて、より遠距離にわたってより多くのニューロンが急速に発火するようになったということを意味した。これは、神経線維の長さや直径の増大とシナプスの数の増加をもたらしただろう。脳の配線がより大規模でより複雑になるにつれて、そこに神経インパルスを大量に送り出すためにはより多量のエネルギーが必要になった。彼らの見積もりによると、ヒトの脳は、いまやその代謝の限界ぎりぎりのレベルで活動せざるをえず、エネルギー代謝になんらかの混乱があると、認知機能に異常を来してしまう。この点において、彼らは、統合失調症が、脳内ではもっとも長距離の投射によって連絡し合っている前頭-側頭回路と前頭-頭頂回路における構造的・機能的異常に関係していると指摘している。これらの回路は、神経インパルスを高速で発射するため、大量のエネルギーを食う。進化はこれまで狂気と戯れてきたし、おそらくいまも戯れており、心の病は、進化がヒトの脳を細工し続けることに対して私たちの多くが支払い続けている代価なのかもしれない。

このような脳の進化は、きわめて風変わりな――創造的で、知的で、落ち着きがなく、妄想的で、宥和的で、そして攻撃的な――動物を生み出した。自己家畜化は明らかに、妊娠期と長期の子ども期にわたって脳が大きくなることを可能にし、この時期がこれらの独特な形式のヒトの認知を生じさせ、そのプロセスにおいてごく最近、チンパンジーのゲノムに比べ私たちのゲノムを大きく進化させた。しかし、一部の識者によれば、それは私たちの破滅の原因になりうる。

カナダの環境科学者で、最近亡くなったジョン・リヴィングストンは、『狂暴なる霊長類』という本のなかで、私たちが自己家畜化する唯一の霊長類の種であり、しかもさまざまな植物を栽培し、動物を家畜化したことを指摘している。私たちの「妨げられた系統発生」——11章で論じたネオテニー的特徴の爆発——は、この自己家畜化が持続する時期に起こった。このプロセスは、私たちに、大きな脳、高い知性、特殊で独特な形式の社会的認知——自己意識をもち、他者の心の内を見通す能力——をもたらした。しかし、リヴィングストンによれば、それは必然的に、ヒト本位の思考をするようになり、ほかの動物に宿る自然状態から私たちをたえず切り離し続けることにつながった。私たちは自然を手なずけ、飼いならした。これが、なぜ私たちが地球を壊しつつあるのかの理由である。リヴィングストンの見るところでは、私たちの拡張した大脳皮質は、脳腫瘍と同じく機能不全の状態にあり、そして他方で、偉大なる音楽や文学作品、急速に発展をとげる科学や技術や、強力な抽象的思考プロセスを導いてきた高次の認知は、彼が「0次のヒューマニズム」——ほかのあらゆる生命に対してヒトの利益を最優先させる傾向——と呼ぶものに私たちを導いてきた。

ヒトの営みは必要だ。ヒトの未来はなくてはならない。ヒトが不滅であることに対して地球とヒト以外の存在が支払わねばならない代価は、もちろんそこには含まれてはいない。未来の実現——ヒトのモノカルチャーの必要な前進——は、自然によって支えられる。明確な前提は、自然が私たちに負っているということだ。ヒトのプロジェクトを維持し育むことこそ、自然の指定された仕事であり、その存在理由なのである。

リヴィングストンは、私たちが留まるところを知らず、地球全体を飼いならすまでになる――私たちは究極のならず者の種だ――と考えている。彼は、農耕の発明が、種として私たちが行なったもっとも愚かなことのひとつだったというジャレド・ダイアモンドの見解に賛同している。8000年ほど前、肥沃な三日月地帯で、野生の生態的多様性にモノカルチャー（単一栽培作物）がとって代わった時から、無慈悲なボールは転がり始め、そこでは人口過密の状態が生じ始めた。人類の動く波面はどんどん広がってゆき、いまも広がり続け、新たな手つかずの土地に住みつき、それらの土地を自分たちの必要性に合うように変えつつある。リヴィングストンが論じているように、私たちは、野生種を私たちに依存する愚鈍で鈍感で、過密状態に耐える動物に仕立てることによって、自然を骨抜きにしたが、それと同じように、ヒト本位の思考と技術に全面的に依存するようになり、それらにとらわれるようにもなった。今日、私たちは、種と生態的多様性の大規模な縮減、最後の大絶滅を先導しつつある。これまで私たちが作り出してきたのは、「持続可能な開発」（つまり開発が正常な状態だという意味だ）、「自然保護区域」、「特別自然美観地域」、「国立公園」（これらはみな自然の利益のためではなく、私たちの利益のためにあり、「開発」という既得権を通してたえず脅威にさらされている）といった矛盾語法の概念である。

リヴィングストンが論じているように、ヒトはこれまで、権力にもとづく強力な階層構造をもった社会制度、そして服従を要求する権力を作り上げてきた。リヴィングストンによれば、これらの社会制度のなかで権力の集中から人権が生じえたのは、それが権力をもった人々から喜んで譲渡されたか、あるいは彼らから力ずくで得たかのどちらかだという。彼は、そこに生まれながらの権利、すなわち自然権のようなものはないという。「権力と政治、権利と義務は」と彼は言う。「人間が作ったものであり、私たちの社会が――いかにねじれて歪んだものであっても――秩序と平和をある程度保ちながら機能するために必要なのである」。歴史書をひもとけば、この権力の再分配がこれまで暴力と血にまみれ、しかも時間のかかるプロセスであったことがわかる。それは、婦人参政権や妊娠中絶、帝国からの独立、アメリカ黒人の平等、アパルトヘイトの撤廃といったいくつかの例をあげるだけで十分だろう。権利とは、つねに闘って勝ちとらねばならないものであり、そしてそれを奪い返そうとする者たちに対して守り通さねばならないものなのである。

これらのことを踏まえて、もう一度、オーストリアのチンパンジー、マティアス・ヒアスル・パンのケースに戻ってみよう。支援者たちは、ヒアスルのために、いま、ハーグの裁判所に、彼に人権を与える――ひとりの人間として認める――よう申請書を提出中だ。ヒアスルのケースを支持する科学的議論の骨子は、チンパンジーの遺伝子も認知もヒトとほんのわずかしか違わないのだから、彼をヒトとして再分類すべきだという主張を中心に展開する。

ヒアスルの支援者たちにとって、それは便宜をはかるかどうかという問題だ。もし彼に人権が認められたなら、だれかが彼――明らかに無能力者だ――の法定後見人に指名されるだろう。しかし、新たに人間性を授けられたヒアスルが大暴れをして、彼の保護者（あるいは法定後見人）の睾丸を握りつぶしたり、赤ん坊の腕をもぎとったりしたら、どうなるだろう？　カリフォルニアでセイント・ジェイムズ・デイヴィスを襲った獰猛な2頭のチンパンジーがそうであったように、彼を即座に射殺できる（すべき）だろうか？　ヒアスルはどのようにして法廷で申し立てをするのだろう？　裁判を受けるには精神的無能力者という判断がなされるだろうか？　一時の激情による犯罪と言えるのだろうか？　限定責任能力のケースだろうか？　これらのことから、彼の身分がいかに茶番めいたものかが、容易にわかるだろう。権利とは、人間に関係する特別な構成概念であって、チンパンジーには関係しないのだ。権利には、義務と責任が付随し、履行しない場合には罰せられる。

もし私たちが折れてヒアスルや問題を起こすかもしれない大型類人猿に人権を与えたなら、ヒトという囲いのなかに、ある動物種――かつて考えられていたほどには遺伝的に近くなく、そうであってほしいと思われてきたほどには認知的にも近くない――が入ることを認めるという過ちをおかしたことになるだろう。いったんこれをしたら、ほかの動物種に対して人権を与えるかどうかという問題は、もっと恣意的で、もっと異論のあるものになる。私たちは、人間への水門を開けるということとは別に、動物界（おそらく植物界も）の残りに対して有意義な結果をもたらすために人権の概念を使うという本末転倒の立場に身をおくことになる。私たちは、チンパンジーという野生動物を、この惑星を難破させる自己家畜化した者たちの機能不全の種のクラブへの入会を認めようとしているのだ。ジョン・リヴィングストンならそう言っただろう。

哲学者のピーター・シンガーは、私たちがヒトの利益をほかのどの生物種の利益よりも上におくなら、それは種差別――一種の人種差別――をおかしていると論じている。ジェイン・グドールのような科学者たちが、ヒアスルに人権を与えるために鑑定人として立ち会うのに同意する時、彼らは、図らずも、似たようなタイプの軽度な人種差別をおかしているのではないだろうか？　なぜなら、私たちとチンパンジーの間の連続性を強調することによって、彼らは、つねに自分たちの利益を優先させるクラブにチンパンジーが入会できる道を作るのだから。彼らは、連続性を伸ばすのではなく、このヒト優越主義を拡大しているにすぎない。チンパンジーは自然状態で存在する。私たちが意図せずに行なっている地球の難破に対するジョン・リヴィングストンの答えは、私たちが野生を甘受し、少なくともある程度は自分たちを自然状態におくべきだ、というものである。しかし、いったん魔法のランプから魔神が出てしまったら、もとに戻すことは不可能だ。私は、リヴィングストンの言うエデンの園に戻るような機会があるとは思わないし、私に限って言えば、そこにいたいとも思わない。おそらくほかのほとんどの人と同じく、私も、ヒトには普遍的な道徳性や思いやりの感覚があるという信念と科学技術の楽観主義によって、私たちとこの惑星は困難を切り抜けられるという夢想（リヴィングストンならそう書くだろう）のなかで暮らしたいと思っている。

私たちは、ほかの動物とは一線を分かつ心をもった真に例外的な霊長類だ。私たちがどのようにしてヒトになったかを発見するための貴重な研究手段としてチンパンジーを用いてきたからといって、彼らと親しくなりすぎるべきではない。私たちは、チンパンジーとの間に精神的にも物理的にも一定の距離をおくことを学ぶべきである。チンパンジーをヒトと呼び直したからといって、それで彼らを絶滅から救えるわけではない。むしろ、ヒトとして私たちがすべきなのは、ほかの動物たちと彼らの依存する環境の生き残りについて冷酷でも拒絶的でもない営みをする道を見つけることである。チンパンジー、ほかの大型類人猿、ほかの霊長類、そして無数の動植物種はいま、私たちのせいで文字通りの絶滅の危機に瀕している。私たちは、この惑星と、その上にいる（チンパンジーを含む）すべての動植物を——遺伝子の点で私たちに近いかどうかに関わりなく――守るという役割を担わなければならない。それをしないとしたら、私たちは、貪欲な自己利益のあげく、自分たちの多くを滅亡に追いやるだけでなく、その後に消耗し尽くした惑星を残す、最初の種になってしまうだろう。

Ka／Ks比　同義変異に対する非同義変異の割合。この値が大きくなるほど、突然変異に対して正の淘汰が作用した可能性が高い。

遺伝子型決定　ポリメラーゼ連鎖反応やDNAシークエンシング法といった技術を用いて、ある生物の遺伝子型（遺伝子構成）の一部あるいは全体を決定すること。

遺伝子発現　遺伝子の情報によってタンパク質が合成されること。またはその発現量のこと。

遺伝子マーカー　染色体上に間隔をおいて分布する標識となる既知のDNA配列のこと。ある病気の原因遺伝子がある遺伝子マーカーに近接している場合、両者は生殖の際に染色体間に起こる組み換え（交差）を一緒に生き残り、次の世代に受け継がれる可能性がきわめて高い。これを利用して、染色体上でのそれらの並びを知ることができる。これを連鎖解析と呼ぶ。

インデル　DNA配列の挿入（*insertion*）と欠失（*deletion*）をいう。

イントロン　遺伝子内で、コード配列であるエクソンの間にあるDNA配列。イントロンは通常は、エクソンが転写されてメッセンジャーRNAになる（すなわちタンパク質のアミノ酸配列を指定する）前に、エクソンから切り離される。

エクソン　遺伝子内のコードの役目をはたすDNA配列のこと。RNAへと転写され、タンパク質の鎖になる鋳型を形成する。

塩基対　水素結合によって結びついた、相補的なＤＮＡの連鎖上の２つの塩基のこと。アデニン－チミン、グアニン－シトシンという対になる。

灰白質　脳と脊髄にある灰色がかった組織で、神経細胞（ニューロン）の細胞体の集合からなる。これに対して、白質は髄鞘化（ミエリン化）した神経線維からなる。

蓋膜　内耳の蝸牛の有毛細胞（感覚細胞）が接している膜のこと。音の振動によって、蓋膜に接している有毛細胞に力がかかり、その刺激が神経インパルスに変換される。

ゲノム学　生物のゲノムの塩基配列を研究する学問分野。

減数分裂　２回の核分裂によって４つの細胞が形成されるような細胞分裂。この４つの細胞のそれぞれは、もとの細胞の半数の染色体しかもたない。これらが配偶子（精子と卵子）であり、この２つが生殖において接合して、通常の２倍体の染色体数になる。

古生物学　化石を手がかりに、絶滅した動植物を研究する学問分野。

固定状態　ある集団において、ある遺伝子がひとつの型の対立遺伝子しかもたない状態。これは、淘汰がほかの型の遺伝子に対してその型だけを選択し、その頻度が１００％にまでなった（すなわち、その集団のすべての個体がその対立遺伝子をもっている）ことを意味する。

神経網　脳の灰白質の主要な神経細胞の外側にあるきわめて複雑な脳組織。ニューロンとアストロサイト（星状細胞）の両方から来る線維とシナプス接合部の巨大なネットワークをなしている。

人口統計学　集団の大きさ、成長率、年齢構成、出生率、死亡率、移出入などの集団の側面――集団の変化につながり、集団内の遺伝子頻度に影響する側面――を研究する学問分野。

新皮質　大脳半球の外側の層で、感覚・知覚、空間的推理、意識的思考などの高次の認知機能に関与する。

選択的一掃　正の淘汰がある対立遺伝子の頻度をきわめて高いものにし、それによってより中立的なほかの対立遺伝子が除去されること。

セグメント重複（断片重複）　1000（1kb）塩基以上の長さのDNA配列断片の重複。

配列分岐　ある長さのDNA内において塩基置換がこれまでにどの程度起こったかをいう。

表現型　生物の観察可能な物理的・生化学的特性で、遺伝子型と対になる。DNA配列である遺伝子型が、タンパク質の合成を通して表現型を生じさせる。

負の淘汰　淘汰がDNA塩基の置換などの突然変異をもった対立遺伝子をゲノムから除去するように作用すること。純化淘汰とも呼ばれる。

ホミニド（ヒト類）　分類学上の科で、ヒト、その祖先、そしてほかの3種類の大型類人猿（チンパンジー、ゴリラ、オランウータン）を含む。

ホミニン　すべての直立類人猿をいう。具体的には、およそ600万年前以降に共通の祖先から分かれて以降の祖先の化石人類を指す。

ホミノイド（ヒト上科）　ヒト、大型類人猿とテナガザルを包含する霊長類のグループを指す。

有糸分裂　ひとつの細胞が分裂して2つの娘細胞になること。すべての染色体は、複製されて2倍になるので、生じる細胞は親細胞と同一の染色体をもつ。

註

1章〜7章

遺伝学をあつかった1章〜7章では、DNA塩基と塩基対、塩基対の単一点突然変異の置換について述べた。DNAの二重らせんは、塩基の2本の長い鎖が合わさったものだ。DNAの塩基は4種類しかない。アデニン、チミン、シトシン、グアニンである。この4つは、水素結合によって、アデニンとチミン、シトシンとグアニンとの間でのみ結びつく。したがって、DNAは、A-TとC-Gの塩基対の長い二重の鎖である。タンパク質合成の前段階として、DNAの二重の鎖は転写されて、一重の鎖のメッセンジャーRNA――ただし、RNAではチミンがウラシルに置き換わる――になる。メッセンジャーRNAの塩基の各トリプレット（3塩基対）は、決まったアミノ酸をコードしている。典型的なタンパク質分子の長い鎖は、多数のアミノ酸から構成される。DNA塩基のひとつが時に、単一点突然変異によって、別のものに置き換わることがある。その結果、メッセンジャーRNAのトリプレットの構成が変わる。しかし、それぞれのアミノ酸の遺伝コードにはある程度の冗長さがあるので、DNA／RNA塩基が変化しても、アミノ酸の置換を引き起こさないことがある。この突然変異はサイレントであり、なにごとも起こらなかったように見えるため、「同義」置換と呼ばれる。しかし、時に、ある遺伝子のDNA（したがってメッセンジャーRNAもだが）内の塩基の置換が、生じるタンパク質の鎖のなかのアミノ酸に置換を引き起こす場合がある。これは、このタンパク質のはたらきに影響し、その生物にドミノ効果をもたらすことがある。これらの変化の圧倒的多数は有害であり、自然淘汰によって即座に除かれるが、一方で、自然淘汰の結果残る中立的なもの——ゲノムのなかにおとなしく蓄積するという意味である——や、自然淘汰によって選ばれるもの（正の淘汰）もある。同義置換に対し、これらの置換は「非同義」置換と呼ばれる。

DNAとRNAの構造、タンパク質の合成についてインターネットで参照できる解説として、以下のものがある。

http://io.uwinnipeg.ca/~simmons/protsyn/sldoo1.htm

次のウェブサイトも参考になる。

http://en.wikipedia.org/wiki/Point-mutation

3章

精神医学的な遺伝学研究は、ヒトの認知の進化について興味深い手がかりを与えてくれる。このような例には、FOXP2、ASPM、マイクロセファリン以外にも、多くの遺伝子がある。ハーヴァード幹細胞研究所のクリストファー・ウォルシュの研究室は、特定の突然変異がジュベール症候群と前頭葉の病理をそれぞれ引き起こすAHI1やGPR56など、ほかのたくさんの例を研究しつつある。シカゴ大学のブルース・ラーンの研究室も、ヒト特有の認知発達に関与する多数の候補遺伝子を研究している。この領域のことを詳しく知りたい方は、以下の2つの研究室のウェブサイトをご覧いただきたい。

http://www.walshlab.org/re_about.php

http://www.genes.chicago.edu/lahn.html

4章

本書では、チンパンジーとヒトの脳での遺伝子発現の違いに注目した。一方で、キングとウィルソンの説を支持する重要な研究が、ヨアヴ・ジラードによって肝臓での遺伝子発現について行なわれている。この研究を詳しく知りたい方は、ジラードのウェブサイトをご覧いただきたい。

http://www.genes.chicago.edu/gilad.html

8章

この章はもっぱら、ルイジアナ大学のダニエル・ポヴィネリの認知進化グループとライプツィヒのマックス・プランク進化人類学研究所の発達・比較心理学部門の間の見解の対立をめぐる問題をあつかっている。現在行なわれているヒトとチンパンジーの比較心理学的研究のすべては、その大部分をヴォルフガング・ケーラーの先駆的研究に負っており、実験の多くの着想もそこから得ている。ケーラーは、カナリア諸島のテネリフェの小さな研究施設――第一次世界大戦で本国のドイツに戻ることができなかった――で研究を行なった。ケーラーの実験デザインは、ルイジアナ、ライプツィヒ、そしてほかの研究室で行なわれている実験の多くの基礎になっているが、カラス科の鳥の認知実験にも大きく貢献している。ケーラーの研究がどのようなものであったかを知りたい方には、『類人猿の知恵試験』（1927）をお読みになることをぜひお勧めしたい。

両陣営の研究の視点の違いを詳しく知りたい方は、それぞれのウェブサイトをご覧いただきたい。

http://www.cognitiveevolutiongroup.org

http://www.eva.mpg.de/psycho/index.html

最後に、ひとことつけ加えておくと、私がチンパンジーとヒトの間の認知の比較の議論をルイジアナとライプツィヒの2つのグループだけに限ったのは、話をわかりやすくするためである。世界には、この分野において重要な研究をしている研究グループがほかにもいくつもある。なかでも、セント・アンドリュース大学、スターリング大学、エディンバラ大学共同のスコットランド霊長類研究グループの研究が際立っている。詳しくは、次のウェブサイトをご覧いただきたい。

http://www.st-andrews.ac.uk/psychology/research/sprg/

10章

「社会脳」の名称は、UCLA医学部の精神医学・行動科学の准教授、レズリー・ブラザーズによっている。この分野における彼女の研究は、『フライデーの足跡』（オックスフォード大学出版局、1997）に詳しい。

ヒトのミラーニューロンシステムがほんとうに存在するのかという議論、またそれを証明したとする間接的方法がほんとうに証明になっているのかについての論争を知りたい方は、手始めに、国際認知文化研究所の次のウェブサイトにあるオリヴィエ・モランの「ヒトのミラーニューロンの証拠はない」をご覧になるとよい。

http://www.cognitionandculture.net/index.php?option=com_content&view=article&id=223:do-we-have-mirror-neurons-at-all&catid=9:neuro-dash&Itemid=34

訳者あとがき

本書は *Not a Chimp: The Hunt to Find the Genes that Make Us Human* (London: Oxford University Press, 2009) の全訳である。

著者のジェレミー・テイラー (Jeremy Taylor) は、数多くの科学ドキュメンタリー映画を手がけているロンドン在住のプロデューサー・監督である。リヴァプール大学大学院で生物学を専攻し、1973年にBBCの科学番組制作の世界へと飛び込んだ。1981年から91年まで『ホライズン』シリーズなどの科学番組を手がけ、なかでも1987年にリチャード・ドーキンスと共同で制作した『ブラインド・ウォッチメイカー』は大きな反響を呼んだ。1992年からはフリーランサーとして、チャンネル4、ディスカヴァリー・チャンネル、ナショナル・ジオグラフィック・チャンネルなどで科学ドキュメンタリーを制作し、数多くの賞も受賞している。なお、献辞にあるバーバラさんは奥様で、イギリスの映画やテレビドラマで活躍している女優のバーバラ・フリン (Barbara Flynn) さんである。

1975年、メアリー＝クレア・キングとアラン・ウィルソンは、『サイエンス』誌に「ヒトとチンパンジーにおける2つのレベルの進化」と題する論文を発表した。そのなかで、彼らは、ヒトとチンパンジーの間の遺伝的距離がきわめて近いことを確証したが、そのわずかな違いによっては、両者の表現型

（身体構造、生理、行動、生態）の大きな違いを説明できないと論じ、それには遺伝子発現の調節の違いが大きな役割をはたしている可能性があることを指摘した。この可能性は長い間検証されずにいたが、2000年代に入ってからさまざまな手法によって検証が可能となり、彼らの洞察が正しいことが明らかになりつつある。本書は、これらの研究を主軸に展開する。

かつては、ヒトゲノムの進化は単一点突然変異を中心に考えられていたが、その後、その進化のもとには、単一点突然変異に加え、遺伝子調節、配列重複、コピー数増加、欠失（機能喪失）、逆位、選択的スプライシングなどがあることが次々にわかってきた。また、非コード領域にも調節的役割をはたす領域があることも明らかになりつつある。こうしたさまざまな発見を、ジム・シケラは「宝石箱」にたとえたが、テイラーは本書ではそれを引き継いで、「アラジンの洞窟」にたとえている。すでに宝の一部はいくつも発見されているが、これからさらに洞窟の奥まで入り込んでゆけば、さらなる宝の山が見つかるに違いない。お楽しみはこれからだ、というわけだ。

この地球上で系統発生的に私たちヒトにもっとも近縁の現生種は、チンパンジーである。ヒトとチンパンジーは、共通の祖先からおよそ600万年前に分岐し、それぞれの道を歩んできた。それゆえ、ヒトがどういう生き物かを考える際には、チンパンジーとの比較から始めるのがいわば王道だ。しかし、そこに固執し過ぎてしまうと、バイアスのかかった見方を生む。たとえば、ヒトとチンパンジーは、DNA配列が1・6％違っているにすぎない、ゆえに両者の行動傾向も心的能力もよく似ているはずだ、というように。テイラー言うところの「1・6％の呪文」である。

テイラーは、いま述べたヒトでのダイナミックな遺伝子調節を最初の切り札にして、この「1・6％の呪文」の呪縛を解き放ってゆく。チンパンジーについては、（この20年にわたってネガティヴ・データを次から次へと出している）ダニエル・ポヴィネリの研究を重点的に紹介した上で、チンパンジー以外で知的な行動をする（しかも系統発生的にはヒトとは遠い関係にある）動物の例として、イヌやカラスについての最近の興味深い実験的研究を紹介してゆく。私たちをヒトたらしめている重要な特徴、とりわけ言語能力（それにＦＯＸＰ２遺伝子）、免疫系の進化、自己家畜化やネオテニー的性質、神経や脳での特異的な遺伝子発現などを熱く論じてゆく。そして最初と最後では、チンパンジーを「人間のように」見ることに警鐘を鳴らしている。こうした見方を主導するジェイン・グドールやフランス・ド・ヴァールに対しても手厳しい。

本書は、食材が辛口で料理され、スパイスも効いている。生物学のバックグラウンドをもち、長年にわたってさまざまな研究を見続けてきたベテランプロデューサーの面目躍如たるところかもしれない。本書はテイラーの最初の著作にあたる。現在、別のテーマで2冊目を執筆中と聞く。本書のテーマに関係する著者のブログは、http://notachimp.blogspots.jp/ でご覧いただける。

新曜社の塩浦暲氏には、訳稿を丹念にお読みいただき、ご示唆を頂戴した。訳者がつまずいた英文については、畏友イーエン・メギール氏（新潟青陵大学准教授）に助けていただいた。おふたりに感謝申し上げる次第である。

２０１３年1月

鈴木光太郎

人名索引

あ行

か行

さ行

た行

な行

は行

わ行

被験体（動物）名

事項索引

か行

さ行

た行

な行

は行

ま行

や行

ら行

わ行

関連文献

1章　いとこから兄弟へ

Wife: Mauled Man Tried Reasoning With Chimps During Attack. *NBC* 4, 6 March 2005.

How a chimp became part of the family: Man remains in coma after brutal attack. Amy Argetsinger, *The Washington Post*, 26 May 2005.

Nascar Veteran St. James Davis Continues To Astound Medical Officials With A Slow But Steady Progress. Dave Grayson, *Racing West*, 5 July 2005.

A Great Aping of Humans' Rights. Josie Appleton, *Spiked Online*, 8 June 2006.

Spanish Parliament Approves "Human Rights" for Apes. Lee Glendinning, *Guardian.co.uk*, 26 June 2008.

Court to Rule if Chimp has Human Rights. Kate Connolly, *The Observer*, 1 Aplil 2007.

Primate Rights? Editornal, *Nature Neuroscience,* Vol. 10 (June 2007), p. 669.

Chimp Denied a Legal Guardian. Ned Stafford, *Nature*. http://www.nature.com/news/2007/070423/full/070423-9.html.

Chimps: So Like Us. (Film) Jane Goodall, Jane Goodall Institute, 2006.

Court Won't Declare Chimp a Person. William J. Kole, *The Associated Press*, 27 September 2007.

Look Into My Eyes. James Mollison Photography, *The Guardian Weekend*, 9 October 2004.

The Chimpanzee Genome. *Nature* special edition, 1 September 2005.

Genomic Divergences between Humans and Other Hominoids and the Effective Population Size of the Common Ancestor of Humans and Chimpanzees. Feng-Chi Chen and Wen-Hsiung Li, *American Journal of Human Genetics*, Vol. 68 (2001), pp. 444-56.

Genomewide Comparison of DNA Sequences between Humans and Chimpanzees. Ingo Ebersberger et al., *American Journal of Human Genetics*, Vol. 70 (2002), pp. 1490-7.

Epilogue: A Personal Account of the Origins of a New Paradigm. Morris Goodman, *Molecular Phylogenetics & Evolution*, Vol. 5 (February 1996), pp. 269-85.

Primate Genomics: The Search for Genic Changes that Shaped being Human.

Morris Goodman, University of Chicago Online Report.

Toward a Phylogenetic Classification of Primates Based on DNA Evidence Complemented by Fossil Evidence. Morris Goodman et al., *Molecular Phylogenetics & Evolution*, Vol. 9 (June 1998), pp. 585-98.

Implications of Natural Selection in Shaping 99.4% Nonsynonymous DNA Identity between Humans and Chimpanzees: Enlarging genus Homo. Derek E. Wildman et al., *Proceedings of the National Academy of Sciences*, Vol. 100 (10 June 2003), pp. 7181-8.

2章　言語遺伝子ではなかった遺伝子

The Language Instinct: The New Science of Language and Mind. Steven Pinker (Penguin, 1994).（ピンカー『言語を生みだす本能』椋田直子訳，日本放送出版協会，1995）

Feature-blind Grammar and Dysphasia. M. Gopnik, *Nature*, Vol. 344 (19 April 1990), p. 715.

An Extended Family with a Dominantly Inherited Speech Disorder. J. A. Hurst et al., *Developmental Medicine and Child Neurology*, Vol. 32 (1990), pp. 347-55.

Praxic and Nonverbal Cognitive Deficits in a Large Family with a Genetically Transmitted Speech and Language Disorder. Faraneh Vargha-Khadem et al., *Proceedings of the National Academy of Sciences*, Vol. 92 (January 1995), pp. 930-3.

Neural Basis of an Inherited Speech and Language Disorder. Faraneh Vargha-Khadem et al., *Proceedings of the National Academy of Sciences*, Vol. 95 (13 October 1998), pp. 12695-700.

The SPCH1 Region on Human 7q31: Genomic Characterization of the Critical Interval and Localization of Translocations Associated with Speech and Language Disorder. Cecilia S. L. Lai et al., *American Journal of Human Genetics*, Vol. 67 (2000), pp. 357-68.

Behavioural Analysis of an Inherited Speech and Language Disorder: Comparison with Acquired Aphasia. K. E. Watkins et al., *Brain*, Vol. 125 (March 2002), pp. 452-64.

MRI Analysis of an Inherited Speech and Language Disorder: Structural Brain Abnormalities. K. E. Watkins et al., *Brain*, Vol. 125 (March 2002), pp. 465-78.

Localisation of a Gene Implicated in a Severe Speech Language Disorder. Simon

E. Fisher et al., *Nature Genetics*, Vol. 18 (1998), pp. 168-70.
FOXP2 in Focus: What Can Genes Tell Us About Speech and Language? Gary F. Marcus and Simon E. Fisher, *Trends in Cognitive Sciences*, Vol. 7 (6 June 2003), pp. 257-62.
Molecular Evolution of FOXP2, a Gene Involved in Speech and Language. Wolfgang Enard et al., *Nature*, Vol. 418 (22 August 2002), pp. 869-72.
Dissection of Molecular Mechanisms Underlying Speech and Language Disorders. Simon E. Fisher, adapted from Keynote presentation at 'The Relationship of Genes, Environments, and Developmental Language Disorders' Conference, Arizona, 2003.
FOXP2 Expression During Brain Development Coincides with Adult Sites of Pathology in a Severe Speech and Language Disorder. Cecilia S. L. Lai et al., *Brain*, Vol. 126 (22 July 2003), pp. 2455-62.
FOXP2 and the Neuroanatomy of Speech and Language. Faraneh Vargha-Khadem et al., *Nature Reviews*, Vol. 6 (February 2005), pp. 131-47.
Genetic Components of Vocal Learning. Constance Scharff and Stephanie A. White, *Annals New York Academy Sciences*, Vol. 1016 (2004), pp. 325-47.
Scientists Find Parallels between Human Speech and Bird Song Which Give Clues to Human Speech Disorders. *Medical Research News*, 30 March 2004.
The FOXP2 Gene, Human Cognition and Language. Philip Lieberman, in *Integrative Approaches to Human Health and Evolution*. Proceedings of the International Symposium 'Integrative Approaches to Human Health and Evolution' held in Madrid, Spain, between 18 and 20 Aplil 2005.
Accelerated FOXP2 Evolution in Echolocating Bats. Gang Li et al., *PloS One*, Issue 9 (September 2007).
Altered ultrasonic vocalization in mice with a disruption in the FOXP2 gene. Weiguo Shu et al., *Proceedings of the National Academy of Sciences*, Vol. 102 (5 July 2005), pp. 9643-8.

3章　脳を作り上げるもの

Primary Autosomal Recessive Microcephaly (MCPH1) Maps to Chromosome 8p22-pter. Andrew P. Jackson et al., *American Journal of Human Genetics*, Vol. 63 (1998), pp. 541-6.
Identification of *Microcephalin*, a Protein Implicated in Determining the Size of the Brain. Andrew P. Jackson et al., *American Journal of Human Genetics*, Vol. 71 (2002), pp. 136-42.

ASPM is a Major Determinant of Cerebral Cortical Size. Jacquelyn Bond et al., *Nature Genetics*, Vol. 32 (22 September 2002), pp. 316–20.

Aspm Specifically Maintains Symmetric Proliferative Divisions of Neuroepithelial Cells. Jennifer L. Fich et al., *Proceedings of the National Academy of Sciences*, Vol. 103 (5 July 2006), pp. 10438–43.

Accelerated Evolution of the ASPM Gene Controlling Brain Size Beings Prior to Human Brain Expansion. Natalay Kouprina et al., *PLoS Biology*, Vol. 2, Issue 5 (May 2004), pp. 653–63.

Evolution of the Human ASPM Gene, a Major Determinant of Brain Size. Jianzhi Zhang, *Genetics*, Vol. 165 (December 2003), pp. 2063–70.

Microcephalin, a Gene Regulating Brain Size, Continues to Evolve Adaptively in Humans. Patrich D. Evans et al., *Science*, Vol. 309 (9 September 2005), pp. 1717–20.

Ongoing Adaptive Evolution of ASPM, a Brain Size Determinant in *Homo sapiens*. Nitzan Mekel-Bobrov et al., *Science*, Vol. 309 (9 September 2005), pp. 1720–2.

Normal Variants of Microcephalin and ASPM Do Not Account for Brain Size Variability. Roger P. Woods et al., *Human Molecular Genetics*, Vol. 15 (2006), pp. 2025–9.

Comment on "Ongoing Adaptive Evolution of ASPM, a Brain Size Determinant in *Homo sapiens*". Fuli Yu et al., *Science*, Vol. 316 (20 Aplil 2007). p. 376b.

Response to Comments by Timpson et al and Yu et al. Nitzan Mekel-Bobrov and Bruce T. Lahn, *Science*, Vol. 317 (24 August 2007), pp. 1036a + b.

No Evidence that Polymorphisms of Brain Regulator Genes Microcephalin and ASPM are Associated with General Mental Ability, Head Circumference or Altruism. J. Philippe Rushton et al., *Biology Letters*, 3(2) (22 Aplil 2007), pp. 157–60.

The Ongoing Adaptive Evolution of ASPM and Microcephalin is not Explained by Increased Intelligence. Nitzan Mekel-Bobrov et al., *Human Molecular Genetics*, published online 12 January 2007.

Bruce Lahn Profile: Links between Brain Genes, Evolution, and Cognition Challenged. Michael Balter, *Science*, Vol. 314 (22 December 2006), p. 1872.

Head Examined: Scientist's Study of Brain Genes Sparks a Backlash. Antonio Regalado, *The Wall Street Journal*, 16 June 2006.

Linguistic Tone is Related to the Population Frequency of the Adaptive Haplogroups of Two Brain Size Genes, ASPM and Microcephalin. Dan Dediu

and D. Robbert Ladd, *Proceedings of the National Academy of Sciences*, Vol. 104 (26 June 2007), pp.10944-9.
Comparing the Human and Chimpanzee Genomes: Searching for Needles in a Haystack. Ajit Varki and Tasha K. Altheide, *Genome Research*, Vol. 15 (2005), pp. 1746-58.

4章　1・6%の謎

Comparative Genetics: Which of Our Genes Make Us Human? Ann Gibbons, *Science* (4 September 1998), pp. 1432-4.
Positive Selection on the Human Genome. Eric J. Vallender and Bruce T. Lahn, *Human Molecular Genetics*, Vol. 13 (2004), pp. 245-54.
Accelerated Evolution of Nervous System Genes in the Origin of *Homo sapiens*. Steve Dorus et al., Cell, Vol. 119 (29 December 2004), pp. 1027-40.
Natural Selection on Protein-Coding Genes in the Human Genome. Carlos Bustamente et al., *Nature*, Vol. 437 (20 October 2005), pp. 1153-7.
Human Cognitive Abilities Resulted from Intense Evolutionary Selection, Says Lahn. Catherine Gianaro, *University of Chicago Chronicle*, 6 January 2005.
Eighty Percent of Proteins are Different Between Humans and Chimpanzees. Galina Glazko et al., *Gene*, Vol. 346 (2005), pp. 215-19.
Evolution at Two Levels in Humans and Chimpanzees. Mary-Claire King and A. C. Wilson, *Science*, Vol. 188, No. 4184 (11 April 1975), pp. 107-16.
A New (Mis)take on an Old Paper. Mike Dunford, *ScienceBlogs*, 2 July 2007.
Ancient and Recent Positive Selection Transformed Opioid *cis*-Regulation in Humans. Matthew V. Rockman et al., *PLoS Biology*, Vol. 3 (December 2005), pp. 1-12.
Promoter Regions of Many Neural- and Nutrition-Related Genes Have Experienced Positive Selection During Human Evolution. Ralph Haygood et al., *Nature Genetics*, Vol. 39, Number 9 (September 2007), pp. 1140-4.
The 1% Solution. Constance Holden, *ScienceNOW Daily News*, 13 August 2007.
Human Brain Evolution: Insights from Microarrays. Todd M. Preuss et al., *Nature Reviews Genetics*, Vol. 5 (November 2004), pp. 850-60.
Elevated Gene Expression Levels Distinguish Human From Non-Human Primate Brains. Mario Caceres et al., *Proceedings of the National Academy of Sciences*, Vol. 100, No. 22 (October 2003), pp. 13030-5.
Intra- and Interspecific Variation in Primate Gene Expression Patterns. Wolfgang Enard et al., *Science*, Vol. 296 (12 April 2002), pp. 340-3.

Evolution of Primate Gene Expression. *Nature Reviews Genetics*, Vol. 7 (September 2006), pp. 693-702.

What Separates Man From Chimp? *myDNA News*, 23 March 2006.

Increased Cortical Expression of Two Synaptogenic Thrombospondins in Human Brain Evolution. Mario Caceres et al., *Cerebral Cortex*, 20 December 2006.

Brain Evolution Studies Go Micro. Michael Balter, *Science*, Vol. 315 (2 March 2007), pp. 1208-11.

5章　少ないほうがよい

Sequencing the Chimpanzee Genome: Insights into Human Evolution and Disease. Elaine Muchmore et al., *American Journal of Physical Anthropology*, Vol. 107 (1998), pp. 187-98.

A Structural Difference Between the Cell Surfaces of Humans and the Great Apes. Elaine Muchmore et al., *American Journal of Physical Anthropology*, Vol. 107 (1998), pp. 187-98.

Loss of N-Glycolylneuraminic Acid in Human Evolution. Els C. M. Brinkman-Van der Linden et al., *Journal of Biological Chemistry*, Vol. 275 (24 March 2000), pp. 8633-40.

Prehistory of falciparum malaria. John Hawks Weblog, 9 June 2005.

A Mutation in Human CMP-Sialic Acid Hydroxylase Occurred After the Homo Pan Divergence. Hsum-Hua Chou et al., *Proceedings of the National Academy of Sciences*, Vol. 95 (September 1998), pp. 11751-6.

Loss of Siglec Expression on T Lymphocytes during Human Evolution. Dzung Nguyen et al., *Proceedings of the National Academy of Sciences*, Vol. 103 (16 May 2006), pp. 7765-70.

T Cell "Brakes" Lost During Human Evolution. Debra Kain, *UCSD Press Release*, 1 May 2006.

The Evolutionary History of the CCR5-del 32 HIV-Resistance Mutation. Alison P. Galvani and John Novembre, *Microbes and Infection*, 7 (2005), pp. 302-9.

The Geographic Spread of the CCR5-del.32 HIV-Resistance Allele. John Novembre, Alison P. Galvani, and Montgomery Slatkin, *PLoS Biology*, Vol. 3, Issue 11 (November 2005), p. 1.

What Caused the Black Death? C.J. Duncan and S. Scott, *Postgraduate Medical Journal* 81 (2005), pp. 315-20.

Case Reopens on Black Death Cause. Debora MacKenzie, *New Scientist Online*, 11 September 2003.

The Black Death and AIDS: CCR5-del 32 in Genetics and History. S.K. Cohn and L.T. Weaver, QJM: *An International Journal of Medicine*, Vol. 99, Issue 8 (August 2006), pp. 497-503.

Households and Plague in Early Modern Italy. Samuel K. Cohn, Jr. and Guido Alfani, *Journal of Interdisciplinary History*, Autumn 2007, pp. 177-205.

The Case for Selection at CCR5-del.32. Pardis Sabeti et al., *PLoS Biology*, Vol. 3, Issue 11 (November 2005), p. 1963.

Myosin Gene Mutation Correlates With Anatomical Changes in the Human Lineage. Hansell H. Stedman et al., *Nature*, Vol. 428 (25 March 2004), pp. 415-18

Human Genetics: Muscling in on Hominid Evolution. Peter Currie, *Nature*, Vol. 428 (25 March 2004), News and Views, pp. 373-4.

Gene Losses During Human Origins. Xiaoxia Wang, Wendy E. Grus, and Jianzhi Zhang, *PLoS Biology*, Vol. 4, Issue 3 (March 2006), pp. 366-77.

6章　多いほうがよい

Enhancing the Hominoid Brain. Melissa Phillips, *The Scientist*, 20 September 2004.

Birth and Adaptive Evolution of a Hominoid Gene that Supports High Neurotransmitter Flux. Fabien Burki and Henrik Kaessmann, *Nature Genetics*, Vol. 36 (October 2004), pp. 1061-3.

The Jewels of our Genome: The Search for the Genomic Changes Underlying the Evolutionarily Unique Capacities of the Human Brain. James M. Sikela, *PLoS Genetics*, Vol. 2, Issue 5 (May 2006), pp. 646-55.

Lineage-Specific Gene Duplication and Loss in Human and Great Ape Evolution. Andrew Fortna et al., *PLoS Biology*, Vol. 2, Issue 7 (July2004), pp. 937-54.

Gene Duplications Give Clues to Humanness. Jon Cohen, *ScienceNOW Daily News*, 30 July 2007.

Human Lineage-Specific Amplification, Selection, and Neuronal Expression of DUF1220 Domains. Magdalena C. Popesco et al., *Science*, Vol. 313 (1 September 2006), pp. 1304-7.

Number of Copies of Immune-Response Gene Linked to HIV/AIDS Susceptibility. Press Release, University of Texas Health Sciences Center, San Antonio, 7 January 2005.

A Genome-Wide Comparison of Recent Chimpanzee and Human Segmental Duplications. Ze Cheng et al., *Nature*, Vol. 437 (September 2005), pp. 88-93.

Comparative Sequencing of Human and Chimpanzee MHC Class 1 Regions Unveils Insertions/Deletions as the Major Path to Genomic Divergence. Tatsuya Anzai et al., *Proceedings of the National Academy of Sciences*, Vol. 100 (24 June 2003), pp. 7708-13.

Recurrent Duplication-Driven Transposition of DNA During Hominoid Evolution. Matthew E. Johnson at al., *Proceedings of the National Academy of Sciences*, Vol. 103, No.47 (21 November 2006), pp. 17626-31.

Primate Segmental Duplications: Crucibles of Evolution, Diversity and Disease. Jeffrey A. Bailey and Evan E. Eichler, *Nature Reviews Genetics*, Vol. 7 (July 2006), pp. 552-64

Positive Selection of a Gene Family during the Emergence of Humans and African Apes. Matthew E. Johnson et al., *Nature*, Vol. 413 (October 2001), pp. 514-18

Segmental Duplications and the Evolution of the Primate Genome. Rhea Vallente Samonte and Evan E. Eichler, *Nature Reviews Genetics*, Vol. 3 (January 2002), pp. 65-71.

Genetic Breakthrough that Reveals the Differences between Humans. Steve Connor, *The Independent*, 23 November 2006.

Diet and the Evolution of Human Amylase Copy Number Variation. George H. Perry, Nathaniel J. Dominy et al., *Nature Genetics*, Vol. 39 (9 September 2007), pp. 1256-60.

Extra Gene Copies Were Enough to Make Early Humans' Mouths Water. *Science Daily*, 9 September 2007.

Savanna Chimpanzees Use Tools to Harvest the Underground Storage Organs of Plants. R. Adriana Hernandez-Aguilar et al., *Proceedings of the National Academy of Sciences*, 21 November 2007.

Study Finds Evidence of Genetic Responses to Diet. Nicholas Wade, *New York Times*, 10 September 2007.

Accelerated Rate of Gene Gain and Loss in Primates. Matthew W. Hahn et al., *Genetics*, Vol. 177 (November 2007), pp. 1941-9.

7章　アラジンの宝の洞窟

Genomic DNA Insertions and Deletions Occur Frequently Between Humans and Nonhumans Primates. Kelly A. Frazer et al., *Genome Research*, Vol. 13 (1 March 2003), pp. 341-6.

Newly Discovered Gene May Hold Clues to Evolution of Human Brain Capacity.

CBSE News for UC Santa Cruz, 21 August 2006.

Non-coding DNA Could Hold Secrets to What "Makes Us Human". David Haussler, *Nature*, Vol. 443 (14 September 2006).

An RNA Gene Expressed During Cortical Development Evolved Rapidly in Humans. Katherine S. Pollard et al., *Nature*, Vol. 443 (September 2006), pp. 167-72.

Forces Shaping the Fastest Evolving Regions in the Human Genome. Katherine S. Pollard et al., *PLoS Genetics*, Vol. 2 (October 2006), pp. 1599-1611.

Recent Progress in Understanding the Role of Reelin in Radial Neuronal Migration. Eckart Förster et al., *European Journal of Neuroscience*, Vol. 23 (2006), pp. 901-9

Flipped Genetic Sequences Illuminate Human Evolution and Disease. *Science Daily*, 30 October 2005.

Discovery of Human Inversion Polymorphisms by Comparative Analysis of Human and Chimpanzee DNA Sequence Assemblies. Lars Feuk et al., *PLoS Genetics*, Vol. 1 (October 2005).

Chromosomal Rearrangements and the Genomic Distribution of Gene-Expression Divergence in Humans and Chimpanzees. Tomas Marques-Bonet et al., *Trends in Genetics*, Vol. 20, No.11 (November 2004).

Chromosomal Speciation and Molecular Divergence: Accelerated Evolution in Rearranged Chromosomes. Arcadi Navarro and Nick H. Barton, *Science*, Vol. 300 (11 April 2003), pp. 321-4.

A Process for Human/Chimpanzee Divergence. Alec McAndrew, *Molecular Biology*, 3 May 2003.

A Human-Specific Mutation Leads to the Origin of a Novel Splice Form of Neuropsin (KLK8), a Gene Involved in Learning and Memory. Zhi-Xiang Lu et al., *Human Mutation*, Vol. 28, Issue 10 (October 2007), pp. 978-84.

Global Analysis of Alternative Splicing Differences between Humans and Chimpanzees. John A. Calarco et al., *Genes & Development*, Vol. 21 (2007), pp. 2963-75

Alternative Splicing. Jennifer Michalowski, *HHMI Bulletin*, September 2005.

8章　ポヴィネリの挑戦状

Our Inner Ape. Frans De Waal (London: Granta Books, 2005). (ドゥ・ヴァール『あなたのなかのサル――霊長類学者が明かす「人間らしさ」の起源』藤井留美訳，早川書房，2005)

Why Humans are Superior to Apes. Helene Guldberg, *Spiked Online Essay*, 24 February 2004.

Man Is More Than a Beast. Helene Guldberg, *Spiked Science*, 3 November 2005.

Machiavellian Intelligence: Social Expertise and the Evolution of Intellect in Monkeys, Apes and Humans. A. Whiten and R.W. Byrne（Oxford University Press, 1988）.（バーン＆ホワイトゥン『マキャベリ的知性と心の理論の進化論』藤田和生・山下博志・友永雅己監訳，ナカニシヤ出版，2004）

Anecodotes, Training, Trapping and Triangulating: Do Animals Attribute Mental States? C. M. Heyes, *Animal Behaviour*, Vol. 46（1993），pp. 177-88.

Reflections on Self-Recognition in Primates. C. M. Heyes, *Animal Behaviour*, Vol. 47（1994），pp. 909-19.

The Chimpanzee's Mind: How Noble in Reason? How Absent of Ethics? Daniel J. Povinelli and Laurie R. Godfrey, in *Evolutionary Ethics*, ed. M. Nitecki（Albany, NY: SUNY Press, 1993）.

Theory of Mind in Nonhuman Primates. C. M. Heyes, *Behavioural and Brain Sciences*, Vol. 21（1998），pp. 101-34.

Folk Physics for Apes. Daniel J. Povinelli（New York: Oxford University Press, 2000）.

Behind the Ape's Appearance: Escaping Anthropocentrism in the Study of Other Minds. Daniel J. Povinelli, *Daedalus*, Vol. 133, No.1（Winter 2004），pp. 29-41.

Chimpanzee Minds: Suspiciously Human? Daniel J. Povinelli and Jennifer Vonk, *Trends in Cognitive Science*, Vol. 7（April 2003），pp. 157-60.

Do Chimpanzees Know What Conspecifics Know? Brian Hare et al., *Animal Behaviour*, Vol. 61（2001），pp. 139-51.

Chimpanzees Versus Human: It's Not That Simple. Michael Tomasello, Josep Call, and Brian Hare, *Trends in Cognitive Sciences*, Vol. 7（June 2003），pp. 239-40.

Chimpanzees Understand Psychological States--The Question Is Which Ones and To What Extent. Michael Tomasello, Josep Call, and Brian Hare, *Trends in Cognitive Sciences*, Vol. 7（2003），pp. 153-6.

We Don't Need a Microscope to Explore the Chimpanzee's Mind. Daniel J. Povinelli and Jennifer Vonk, *Mind & Language*, Vol. 19（February 2004），pp. 1-28.

Chimpanzees Deceive a Human Competitor by Hiding. Brian Hare et al., *Cognition*, Vol. 101（2006），pp. 495-514.

The Domestication of Social Cognition in Dogs. Brian Hare et al., *Science*, Vol. 298 (22 November 2002), pp. 1634-6.

Human-like Social Skills in Dogs? Brian Hare and Michael Tomasello, *Trends in Cognitive Sciences*, Vol 9 (2005), pp. 439-44.

A Simple Reason for a Big Difference: Wolves Do Not Look Back at Humans, but Dogs Do. Adam Miklosi et al., *Current Biology*, Vol. 13 (29 April 2003), pp. 763-6.

Comparative Social Cognition: What Can Dogs Teach Us? A. Miklosi et al., *Animal Behaviour*, Vol. 67 (2004), pp. 995-1004.

On the Lack of Evidence that Non-Human Animals Possess Anything Remotely Resembling a "Theory of Mind". Derek C. Penn and Daniel J. Povinelli, *Philosophical Transactions of the Royal Society B*, Vol. 362 (2007), pp. 731-44.

The Comparative Delusion: The "Behaviourstic"/"Mentalisic" Dichotomy in Comparative Theory of Mind Research. Derek C. Penn and Daniel J. Povinelli, in *Oxford Handbook of Philosophy and Cognitive Science*, ed. R. Samuels and S. P. Stich (Oxford University Press, 2008).

9章　賢いカラス

Comparing the Complex Cognition of Birds and Primates. Nathan J. Emery and Nicola S. Clayton, in *Comparative Vertebrate Cognition: Are Primates Superior to Non-primates?*, ed. L.J. Rogers and G. Kaplan (Kluwer Academic/Plenum Publishers, 2004).

The Mentality of Crows: Convergent Evolution of Intelligence in Corvids and Apes. Nathan J. Emery and Nicola S. Clayton, *Science*, Vol. 306 (10 December 2004), pp. 1903-7.

Corvid Cognition. Nicola Clayton and Nathan Emery, *Current Biology*, Vol. 15 (8 February 2005), pp. 80-81.

Cognitive Ornithology: The Evolution of Avian Intelligence. Nathan J. Emery, *Philosophical Transactions of the Royal Society B*, Vol. 361 (2006), pp. 23-43.

Crows. Candace Savage (Greystone Books, 2005).

In the Company of Crows and Ravens. John A. Marzluff and Tony Angell (Yale University Press, 2005).

Food-Caching Western Scrub-Jays Keep Track of Who Was Watching When. Joanna M. Dally et al., *Science*, Vol. 312 (16 June 2006), pp. 1662-5.

It Takes a Thief to Know a Thief. Nicola S. Clayton, University of Cambridge,

Department of Experimental Psychology website.
Planning for the Future by Western Scrub-jays. C.R. Raby et al., *Nature*, Vol. 445 (22 February 2007), pp. 912-21.
Investigating Physical Cognition in Rooks. Amanda Seed et al., *Current Biology*, Vol. 16 (April 2004), pp. 697-701.
Leading a Conspecific Away from Food in Ravens (Corvus corax)? Thomas Bugnyar and Kurt Kotrshal, *Animal Cognition*, Vol. 7, No.2 (April 2004), pp. 69-76.
Ravens Differentiate between Knowledgeable and Ignorant Competitors. Thomas Bugnyar and Bernd Heinrich, *Proceedings of the Royal Society of London B*, Vol. 272 (2005), pp. 1641-6.
Direct Observations of Pandanus-Tool Manufacture and Use by a New Caledonian Crow. Gavin R. Hunt and Russell D. Gray, *Animal Cognition*, Vol. 7 (2004), pp. 114-20.
The Crafting of Hook Tools by Wild New Caledonian Crows. Gavin R. Hunt and Russsell D. Gray, *Proceedings of the Royal Society of London B*, Vol. 271, Biology Letters Suppl.3 (2004), pp. S88-S90.
The Right Tool for the Job: What Strategies Do Wild New Caledonian Crows Use? Gavin R. Hunt et al., *Animal Cognition*, Vol. 9 (2006), pp. 307-16.
Spontaneous Metatool Use by New Caledonian Crows. Alex H. Taylor et al, *Current Biology*, Vol. 17 (4 September 2007), pp. 1504-7.
Shaping of Hooks in New Caledonian Crows. Alex A.S. Weir et al., *Science*, Vol. 297 (9 August 2002), p. 981.
Oxford University Behavioural Ecology Research Group website: 〈http://users.ox.ac.uk/~groups/〉.
A New Caledonian Crow Creatively Re-designs Tools by Bending or Unbending Aluminium Strips. Alex A. S. Weir and Alex Kacelnik, *Animal Cognition*, Vol. 9 (2006), pp. 317-34.
Tool Selectivity in a Non-Primate, the New Caledonian Crow. Jackie Chappell and Alex Kacelnik, *Animal Cognition*, Vol. 5 (2002), pp. 71-8.
Selection of Tool Diameter by New Caledonian Crows. Jackie Chappell and Alex Kacelnik, *Animal Cognition*, Vol. 7 (2004), pp. 121-7.

10章　脳のなか——秘密は細部に宿る

What is it Like to Be a Human? Todd M. Preuss, in *The Cognitive Neurosciences III*, 3rd edition, ed. M.S. Gazzaniga (Cambridge, MA: The MIT Press, 2005),

pp. 5-22.
Taking the Measure of Diversity: Comparative Alternatives to the Model-Animal Paradigm in Cortical Neuroscience. Todd M. Preuss, *Brain, Behaviour and Evolution,* Vol. 55 (2000), pp. 287-99.
The Brain and its Main Anatomical Subdivisions in Living Hominoids Using Magnetic Resonance Imaging. Katerina Semendeferi and Hannah Damasio, *Journal of Human Evolution,* Vol. 38 (2000), pp. 317-32.
Human and NonHuman Primate Brains: Are They Allometrically Scaled Versions of the Same Design? James K. Rilling, *Evolutionary Anthropology,* Vol. 15 (2006), pp. 65-77.
Brain of Chimpanzee Sheds Light on Mystery of Language. Sandra Blakeslee, *New York Times,* 13 January 1998.
Limbic Frontal Cortex in Hominoids: A Comparative Study of Area 13. Katerina Semendeferi et al., *American Journal of Physical Anthropology,* Vol. 106 (1998), pp. 129-55.
The Primate Neocortex in Comparative Perspective Using Magnetic Resonance Imaging. James K. Rilling and Thomas R. Insel, *Journal of Human Evolution,* Vol. 37 (1999), pp. 191-223.
Brain Circuitry Involved in Language Reveals Differences in Man, Non-Human Primates. *Medical College of Georgia News,* 4 September 2001.
The Evolution of the Arcuate Fasciculus Revealed with Comparative DTI. James K. Rilling et al., *Nature Neuroscience,* Vol. 11 (2008), pp. 426-8.
Prefrontal Cortex in Humans and Apes: A Comparative Study of Area 10. Katerina Semendeferi et al., *American Journal of Physical Anthropology,* Vol. 114, Issue3 (2001), pp. 224-41.
A Comparative Volumetric Analysis of the Amygdaloid Complex and Basolateral Division in the Human and Ape Brain. Nicola Barger et al., *American Journal of Physical Anthropology,* Vol. 134 (2007), pp. 392-403.
A Comparison of Resting-State Brain Activity in Human and Chimpanzees. James K. Rilling et al., *Proceedings of the National Academy of Sciences,* Vol. 104 (23 October 2007), pp. 17146-51.
Are You Conscious of your Precuneus? The Neurocritic blog, 25 June 2006.
A Neuronal Morphologic Type Unique to Humans and Apes. Esther A. Nimchinsky et al., *Proceedings of the National Academy of Sciences,* Vol. 96 (April 1999), pp. 5268-73.
Two Phylogenetic Specialization in the Human Brain. John Allman et al., *The*

Neuroscientist, Vol. 8 (2002), pp. 335-46.
Grasping the Intentions of Others with One's Own Mirror Neuron System. Marco Iacoboni et al., *PLoS Biology*, Vol. 3 (March 2005), pp. 529-35.
Mirrors in the Brain. Giacomo Rizzolatti and Corrado Sinigaglia (Oxford University Press, 2007). (リゾラッティ&シニガリア『ミラーニューロン』茂木健一郎監修・柴田裕之訳, 紀伊國屋書店, 2009)
The Mirror Neuron System and the Consequences of its Dysfunction. Marco Iacoboni and Mirella Dapretto, *Nature Reviews Neuroscience*, Vol. 7 (December 2006), pp. 942-51.
The Mirror-Neuron System. Giacomo Rizzolatti and Laila Craighero, *Annual Review of Neuroscience*, Vol. 27 (2004), pp. 169-92.
Cells That Read Minds. Sandra Blakeslee, *The New York Times*, 10 January 2006.
A Small Part of the Brain, and Its Profound Effects. Sandra Blakeslee, *The New York Times*, 6 February 2007.
Mirror Neurons and Imitation Learning as the Driving Force behind "the Great Leap Forward" in Human Evolution. V. S. Ramachandran, *The Third Culture, Edge,* Org. No 69 (29 May 2000). [See also 'The Neurology of Self-Awareness', Edge 10th Anniversary Essay, 2007.]
Understanding Others: Imaitation, Language, Empathy. Marco Iacoboni, in *Perspectives on Imitation: From Mirror Neurons to Memes*, ed. Susan Hurley and Nick Chater (Cambridge, MA: MIT Press, 2005).
The Neural Basis of Mentalizing. Chris D. Frith and Uta Frith, *Neuron*, Vol. 50 (18 May 2006), pp. 521-4.
Brain Region Linked to Metaphor Comprehension. *Science News*, 26 May 2006.
The Social Brain. Ralph Adolphs, *Engineering & Science*, No.1 (2006).
Uniquely Human Social Cognition. Rebecca Saxe, *Current Opinion in Neurobiology*, Vol. 16 (2006), pp. 235-9.
Demystifying Social Cognition: a Hebbian Perspective. Christian Keysers and David I. Perrett, *Trends in Cognitive Sciences*, Vol. 8 (November 2004).
Both of Us Disgusted in My Insula: The Common Neural Basis of Seeing and Feeling Disgust. Bruno Wicker et al., *Neuron*, Vol. 40 (30 October 2003), pp. 655-64.
Moral Intuition: Its Neural Substrates and Normative Significance. James Woodwars and John Allman, *Journal of Physiology (*Paris), Vol. 101 (July 2007), pp. 179-202.

Moral Minds: How Nature Designed Our Universal Sense of Right and Wrong. Marc D. Hauser (Ecco/Harper Collins, 2006).

11章　自己家畜化するヒト

Evidence of Very Recent Human Adaptation: Up to 10% of Human Genome May Have Changed. *Science Daily*, 12 July 2007.

Civilisation has Left its Mark on our Genes. Bob Holmes, *New Scientist*, 19 December 2005.

Global Landscape of Recent Inferred Darwinian Selection for Homo sapiens. Eric T. Wang et al., *Proceedings of the National Academy of Sciences*, Vol. 103 (3 January 2006), pp. 135-40.

A Map of Recent Positive Selection in the Human Genome. Benjamin F. Voight et al., *PLoS Biology*, Vol. 4 (March 2006), pp. 446-58.

Localizing Recent Adaptive Evolution in the Human Genome. Scott H. Williamson et al., *PLoS Genetics*, Vol. 3 (June 2007), pp. 901-15.

Positive Selection in NAT2 Gene. Dienekes'Anthropology Blog, 22 December 2005.

Blue-eyed Humans Have a Single, Common Ancestor. *EurekAlert*, 30 January 2008.

Recent Acceleration of Human Adaptive Evolution. John Hawks et al., *Proceedings of the National Academy of Sciences*, Vol. 104 (26 December 2007), pp. 20753-8.

Growing Young. Ashley Montagu (Greenwood Publishing Group, 1988).（モンタギュ『ネオテニー――新しい人間進化論』尾本恵市・越智典子訳，どうぶつ社，1990）

Ontogeny and Phylogeny. Steven J. Gould (Cambridge: Belknap Press, 1977).（グールド『個体発生と系統発生――進化の観念史と発生学の最前線』仁木帝都・渡辺政隆訳，工作舎，1987）

From Non-Human to Human Mind: What Changed and Why? Brian Hare, *Current Directions in Psychological Sciences*, Vol. 16 (2007), pp. 60-4.

Tolerance Allows Bonobos to Outperform Chimpanzees on a Cooperative Task. Brian Hare et al., *Current Biology*, Vol. 17 (3 April 2007), pp. 619-23.

From Wild Wolf to Domesticated Dog: Gene Expression Changes in the Brain. Peter Saetre et al., *Molecular Brain Research*, Vol. 126 (2004), pp. 198-206.

Evolving Brains. John M Allman (Scientific American Library Series, No.68, January 1999)（オールマン『進化する脳』養老孟司訳，日本経済新聞社，

2001)
Social Cognitive Evolution in Captive Foxes Is a Correlated By-Product of Experimental Domestication. Brian Hare et al., *Current Biology*, Vol. 15 (8 February 2005), pp. 226-30.
Russian Domesticated Foxes: A Status Report. W. Tecumshe Fitch, personal publication, November 2002.
Early Canid Domestication: The Farm-Fox Experiment. Lyudmila N. Trut, *American Scientist*, Vol. 87 (March-April 1999), pp. 160-9.
DOGS: A Startling New Understanding of Canine Origin, Behavior and Evolution. Ray and Lorna Coppinger (New York: Scribner, 2001).
Demonic Males: Apes and the Origins of Human Violence. Richard Wrangham and Dale Peterson (Boston: Houghton Mifflin Co., 1996).(ランガム&ピーターソン『男の凶暴性はどこからきたか』山下篤子訳，三田出版会，1998)
The Evolution of Cooking, a Talk with Richard Wrangham. Edge.org, 28 February 2001.
In Our Genes. Henry Harpending and Gregory Cochran, *Proceedings of the National Academy of Sciences*, Vol. 99 (January 8,2002), pp. 10-12.
Evidence of Positive Selection Acting at the Human Dopamine Receptor D4 Gene Locus. Yuan-Chun Ding et al., *Proceedings of the National Academy of Sciences*, Vol. 99 (January 8 2002), pp. 309-14.
Is ADHD an Advantage for Nomadic Tribesmen? *Science Daily*, 10 June 2008.
Microsatellite Instability Generates Diversity in Brain and Sociobehavioural Traits. Elizabeth A. D. Hammock and Larry J. Young, *Science*, Vol. 308 (June 2005), pp. 1630-4.
"Ruthlessness gene" discovered. Michael Hookin, *Naturenews*, published online, 4 April 2008.
Are We Genetically Programmed to Be Generous? Israeli Scientists Say Yes. Physorg.com, 6 December 2007.
AVPR1a and SLC6A4 Gene Polymorphisms Are Associated with Creative Dance Performance. Rachel Bachner-Melman et al., *PLoS Genetics*, Vol. 1 (September 2005), pp. 394-403.
Genetic Variation in the Vasopressin Receptor 1a Gene (AVRP1A) Associates with Pair-Bonding Behavior in Humans. Hasse Walum et al., *Proceedings of the National Academy of Sciences*, Vol. 105 (16 September 2008), pp. 14153-6.
Linkig Emotion to the Social Brain. Klaus-Peter Lesch, *EMBO Reports*, Vol. 8, 2007.

5HTT -- Psychiatry's Big Bang. McMan's Depression and Bipolar Web, 〈http://www.mcmanweb.com/〉

Influence of Life Stress on Depression: Moderation by a Polymorphism in the 5-HTT Gene. Avshalom Caspi et al., *Science*, Vol. 301 (18 July 2003), pp. 386-9.

Role of Genotype in the Cycle of Violence in Maltreated Children. Avshalom Caspi et al., *Science*, Vol. 297 (2 August 2002), pp. 851-4.

Nature and Nurture Predispose to Violent Behaviour : Serotonergic Genes and Adverse Childhood Environment. Andreas Reif et al., *Neuropsychopharmacology*, Vol. 32 (2007), pp. 2375-83.

An Interview with Prof. K. P. Lesch. in-cites, May 2007, 〈http://www.in-cites.com/papers/KPLesch.html〉.

Tracking the Evolutionary History of a "Warrior" Gene. *Science*, Vol. 304 (7 May 2004), p. 814.

Neural Mechanisms of Genetic Risk for Impulsivity and Violence in Humans. Andreas Meyer-Lindenberg et al., *Proceedings of the National Academy of Sciences*, Vol. 103 (18 April 2006), pp. 6269-74.

Why are there Shorts and Longs of the Serotonin Transporter Gene? 〈http://www.psycheducation.org/mechanism/4WhyShortsLongs.htm〉.

5-HTTLPR Polymorphism Impacts Human Cingulate-Amygdala Interactions: A Genetic Susceptibility Mechanism for Depression. Lukas Pezawas et al., *Nature Neuroscience*, Vol. 8 (2005), pp. 828-34.

12章　チンパンジーはヒトにあらず

Adaptive Evolution of Genes Underlying Schizophrenia. Bernard Crespi, Kyle Summers, and Steve Dorus, *Proceedings of the Royal Society of London B*, Vol. 274 (2007), pp. 2801-10.

Chimpanzees are Indifferent to the Welfare of Unrelated Group Members. Joan B. Silk et al., *Nature*, Vol. 437 (27 October 2005), pp. 1357-9.

Spontaneous Altruism by Chimpanzees and Young Children. Felix Warneken et al., *PLoS Biology*, Vol. 5 (July 2007).

Other-Regarding Preferences in a Non-Human Primate: Common Marmosets Provision Food Altruistically. Judith M. Burkart et al., *Proceedings of the National Academy of Sciences*, Vol. 104 (11 December 2007), pp. 19762-6.

Causal Knowledge and Imitation/Emulation Switching in Chimpanzees and Children. V. Horner and A. Whiten, *Animal Cognition*, Vol. 8 (July 2005), pp.

164-81.

The Hidden Structure of Overimitation. Derek E. Lyons et al., *Proceedings of the National Academy of Sciences*, Vol. 104（11 December 2007）, pp. 19751-6.

The Evolutionary and Developmental Foundations of Mathematics. Michael J. Beran, *PLoS Biology*, Vol. 6, Issue 2（February 2008）, e19.

Human Evolution: Why We're Different: Probing the Gap Between Apes and Humans. Michael Balter, *Science*, Vol. 319（25 January 2008）, pp. 405-6.

Aping Language. Joel Wallman（Cambridge University Press, 1992）.

The Uniqueness of Human Recursive Thinking. Michael C. Corballis, *American Scientist*, Vol. 95（2007）, pp. 240-8.

Scientist Postulates 4 Aspects of 'Humaniqueness' Differentiating Human and Animal Cognition. *EurekAlert*, 17 February 2008.

The Roots of Morality. Greg Miller, *Science*, Vol. 320（9 May 2008）, pp. 734-7.

Darwin's Mistake: Explaining the Discontinuity between Human and Nonhuman Minds. Derek C. Penn, Keith J. Holyoak, and Daniel J. Povinelli, *Behavioural and Brain Sciences*, Vol. 31（2008）, pp. 109-30.

Kanzi: The Ape at the Brink of the Human Mind. Sue Savage-Rumbaugh and Roger Lewin（New York: John Wiley and Sons, 1994）.（サベージ＝ランバウ&ルーウィン『人と話すサル「カンジ」』石館康平訳，講談社，1997）

Rogue Primate: An Exploration of Human Domestication. John A. Livingston（Toronto: Key Porter Books, 1994）.（リヴィングストン『狂暴なる霊長類――新時代のエコロジーのために』大平章訳，法政大学出版局，1997）

Touched with Fire: Manic-Depressive Illness and the Artistic Temperament. Kay Redfield Jamison（New York: Free Press Paperbacks, 1994）.

図出典リスト

図1　有糸分裂の各段階

図2　落とし穴 - 筒課題
Povinelli, D.J., *Folk Physics for Apes,* 2003 より

図3　落とし穴 - テーブル課題
Povinelli, D.J., *Folk Physics for Apes,* 2003 より

図4　逆さ熊手課題
Povinelli, D.J., *Folk Physics for Apes,* 2003 より

図5　道具の挿入課題
Povinelli, D.J., *Folk Physics for Apes,* 2003 より

図6　道具の変形課題
Povinelli, D.J., *Folk Physics for Apes,* 2003 より

図7　餌をめぐる競合場面を用いたヘアの遮蔽物実験
Hare, B., Call, J., and Tomasello, M., Do chimpanzees know what conspecifics know? *Animal Behaviour,* Vol. 61, 2001 より

図8　製氷皿に餌を隠すアメリカカケス
Prof. Nicola Clayton, University of Cambridge 提供

図9　タコノキの葉から道具を切り出すニューカレドニアガラス
Prof. Gavin Hunt, University of Auckland 提供

図10　タコノキの葉の階段状の道具
Prof. Gavin Hunt, University of Auckland 提供

図11　ニューカレドニアガラスによる鉤状の道具の製作
Prof. Gavin Hunt, University of Auckland 提供

図12　鉤状の道具を使う野生のニューカレドニアガラス
Prof. Gavin Hunt, University of Auckland 提供

図13　筒に入った餌を突いて出すために適切な長さの棒を選ぶベティ
Prof. Alex Kacelnik, University of Oxford 提供

図14　カラスのベティ
Prof. Alex Kacelnik, University of Oxford 提供

図15　鉤状の道具を用いて井戸から餌の入ったバケツを釣り上げるベティ

Prof. Alex Kacelnik, University of Oxford 提供
図 16　ヒトとチンパンジーの脳の比較
Dr. Todd M. Preuss, Yerkes National Primate Research Center, Emory University 提供
図 17　ヒトの大脳皮質の４つの葉（右半球）
図 18　ヒトとチンパンジーの弓状束
図 19　眼窩前頭皮質
図 20　フィニアス・ゲイジの脳の損傷部分の再現
Dr. Hannah Damasio, University of Southern California 提供
図 21　社会脳のおもな構成部分
図 22　ベリャーエフと家畜化されたキツネ
American Scientist/Prof. Lyudmila Trut 提供
図 23　家畜化されたキツネの子ども
American Scientist/Prof. Lyudmila Trut 提供
図 24　セロトニン輸送体の短反復と長反復の遺伝子型と扁桃体 - 前帯状皮質の連絡の強さ

著者紹介

ジェレミー・テイラー（Jeremy Taylor）

科学ドキュメンタリーのプロデューサー・監督。生物学、とくに進化をテーマとした作品を制作している。1981年～1991年にはイギリスBBCの看板科学番組『ホライズン』シリーズを数多く手がけ、リチャード・ドーキンスとの共同プロデュースによる『ブラインド・ウォッチメイカー』も、このシリーズのために制作された。1992年以降はフリーランスのプロデューサーとして、イギリスのチャンネル4、ディスカバリー・チャンネル、ナショナル・ジオグラフィック・チャンネル等で活躍し、科学番組への貢献により多くの賞を受賞している。

訳者紹介

鈴木光太郎（すずき　こうたろう）

新潟大学人文学部教授。専門は実験心理学。東京大学大学院人文科学研究科博士課程中退。著書に『動物は世界をどう見るか』、『オオカミ少女はいなかった』、訳書にプレマック『心の発生と進化』、モーガン『アナログ・ブレイン』、ウィンストン『人間の本能』、ヴォークレール『乳幼児の発達』（以上新曜社）、ベリング『ヒトはなぜ神を信じるのか』（化学同人）などがある。

新曜社

われらはチンパンジーにあらず

ヒト遺伝子の探求

初版第1刷発行　2013年2月20日©

著　者　ジェレミー・テイラー

訳　者　鈴木光太郎

発行者　塩浦　暲

発行所　株式会社　新曜社

〒101-0051　東京都千代田区神田神保町 2-10

電話(03)3264-4973・FAX(03)3239-2958

e-mail：info@shin-yo-sha.co.jp

URL：http://www.shin-yo-sha.co.jp/

印　刷　三協印刷(株)

製　本　難波製本

ISBN978-4-7885-1326-6　C1040